ジェフ・イメルト回顧録
GのEリーダーシップ

HOT SEAT
Jeff Immelt

GE元CEO
ジェフ・イメルト
長谷川 圭 訳

光文社

家族に

目次

まえがき

２０１７年10月に、35年間勤めたゼネラル・エレクトリック（ＧＥ）を去ったとき、私は本を書くことをまだ決めかねていた。

ＣＥＯとして働いた16年間、私は歴史の最前線でさまざまな困難に直面し、多くのことを学んだ。そこで得た教訓は、ほかの人にもきっと役に立つことだろう。しかし、私は痛い目に遭って、失脚した人間だ。

ビジネス書というものは、たいてい次のように始まる。

「あなたに、私のようにとめどない成功を手に入れる方法を教えましょう！」

私には同じことを言う資格がないのである。

私は正と負、両方の財産を後世に残したと言える。ＧＥは、製品やサービスの市場では勝ったが、株式市場では負けた。私は、何百万もの人々の生活を直撃する決断を数多く下してきた。確かな根拠のないまま判断せざるをえなかった場面も多かったし、批評家からも幾度となく批判された。

私は自分のチームに、そしてチームとともに成し遂げた結果に誇りを感じている。しかし、ＣＥＯとしての私は、運にも才能にも恵まれていなかった。やはり、本など書かないほうがいいだろう。

だが、２０１８年６月の出来事をきっかけに考えが変わった。なんと、私はスタンフォード大学経営大学院で授業を受け持つことになったのだ。「デジタル産業転換のためのシステムリーダーシップ」という仰々しいタイトルだが、中身は単純で、変化を乗り切る強さをテーマにしていた。

私は大学で授業をした経験がなかったが、ベンチャーキャピタリストであり長年スタンフォード大学で教職も務めているロブ・シーゲルが、共同講師として私のサポートについてくれた。私たちは世界有数の企業からリーダーたちを招いて、彼らが直面してきたさまざまな難問にどう立ち向かってきたのか、67人の学生たちに向けて話してもらった。

すばらしい面々が協力してくれた。アライン・テクノロジーのCEOは、顧客の歯の矯正用に3Dプリンターを使ってオーダーメイドのトレーをつくる話をした。ジョン・ディア社のCEOは、トラクターを売る秘訣は信頼だと話した。レジェンダリー・エンターテインメント（『ジュラシック・ワールド』などの映画をつくった会社）の元CEOは、イノベーションに乏しい寝ぼけたビジネスを、人工知能の力を借りて〝目覚めさせる〟計画を披露した。

そして、学期が中盤にさしかかったころ、『フォーチュン』誌が「GEでいったい何が？」というタイトルで長文の記事を発表した。ジェフ・コルヴィンが書いたその記事には、事実の点でも、主張にも、数多くの間違いが含まれていると私には思えた。その記事は、私の後継者選びに計画性がなかったと指摘し（もちろんあった）、GEキャピタル（GE Capital：GEの金融サービス部門）が起こした問題はすべて私の責任であると論じていた（問題の多くは私の着任前から存在していた）。

しかし、最も気に食わなかったのはその芝居じみた論調だ。記事によると、私は「無能」で、GEは「どうしようもなくとっちらかっていた」のだそうだ。おそらく、コルヴィンの情報源には私が解雇した人々が少なからず含まれていたのだろう。公平な記事が書けるはずがない。だが、読者はそんなことを知るよしもない。

批判に免疫のある者などいない。私とて同じだ。GEを去って以来、私について数多くのネガティブな記事が書かれた。多くの場合、読みながら冷静さを保つのは難しかった。しかし、『フォーチュン』の記事は絶好の機会だと思えた。

実は、授業で驚いたことがある。学生たちは用意された講義や、何をどうすればいいなどという方法論にはほとんど関心を示さないのだ。彼らが繰り返し口にしたのは、「あなたはどうやってその結論にいたったのか」という問いだった。つまり、学生は不確かな世界で生き残る方法を知りたいのである。

それに気づいたとき、私は、自分こそそれを伝えるのにうってつけの人物だと気づいた。

そこで私は、共同講師のロブに頼んで、経営大学院の学生全員に緊急フォーラムの開催をメールで告知してもらった。フォーラムのタイトルは、「ジェフ・イメルト――本音で話そう」。参加条件は、「私に何かを質問すること」

次の金曜日、学内で最大の教室が満席になった。ある学生が自発的にワインとカップケーキを用意していたこともあり、雰囲気は妙に盛り上がっていた。「最近、たくさんのことが私とGEについて書かれました」。この言葉を、私はスタートの合図にした。「君たちも、きっと聞きたいことがあるでしょう」

それから1時間ほど、学生が質問し、私が答えた。初めのうちは、質問もまだ上品だった。たとえば、「リーダーとして最も困難だった出来事は」などだ。私は、9・11同時多発テロ事件以後のこと、2008年から2009年にかけての金融危機、福島第一原子力発電所（GEが設計）のメルトダウンなど、GEが直面した問題のいくつかについて話した。

私のお気に入りのトピックである「グローバル化」に関する質問もあった。この質問に対しては、世界各地で有能なグループをつくり、各グループにそれぞれの市場で意思決定する権限を与えるというやり方を通じて、私のチームがGEを機敏な体質に変えたという話をした。

しかし、もっと踏み込んだ質問をしてくる学生もいた。「GEパワー（GE Power：GEの発電関連部門）が犯した過ちは何ですか」もその一つだ。私が社員にどんなときもポジティブに考えろと呼びかけ、GEに「成功劇場《サクセスシアター》」の社風を吹き込んだと主張する『ウォール・ストリート・ジャーナル』紙の記事にまつわる質問もあった。

窓の外に見える木々に太陽が沈みはじめたころ、ある学生が手を挙げた。その学生のデスクの上には、『フォーチュン』の記事のコピーが置かれていた。「どうして、ここに書かれているようなことになったのでしょう」と学生は尋ねた。私にできるのは、真実を話すことだけだ。記事に書かれているような事態を招かないように、必死に働いてきたのだ。

「GEが現在、さまざまな問題を抱えていることは残念に思う」と私は答え、こう続けた。「私が会社をダメにしたと思っている人がいることも知っているし、それが私の残りの人生に重くのしかかってくることもわかっている。でも、過ぎたことを非難してもGEの役には立たないし、嘘を放置したり、真実として扱ったりするわけにもいかない。GEは顧客と人材の両方を失いつつある。正すべき問題を正していない」

私は自分が完璧ではないと認める度量も持ち合わせているし、必要ならば冷静にきちんと反論もする。この点を、私はその日、学生たちに見てもらいたかった。それがリーダーというものだ。

しかしのちになって、私はそのフォーラムが予期せぬ結果をもたらしたことに気づいた。私に本を書く資格があることを、それどころか、書くべきであることを気づかせてくれたのだ。

本書の執筆を、私は自分自身、そして自分のCEO在任期間に関する調査とみなすことにした。人は誰もが自分なりの〝真実〟を記憶していて、そこでは自分はいつも最善を尽くしている。私もそうだ。人間の自己防衛本能といえるだろう。しかし私の考えでは、このような本を書く理由は、自分自身の記憶を再現するのではなく、物事をもっと深く掘り下げることにある。

この本をよりよくするために、私は共同執筆者の力を借りながら、GEの内外から七十人を超える関係者をインタビューして、彼らの考えや記憶を集めた。私自身がすっかり忘れていて、聞いて初めて思い出した話をしてくれた人もいる。また、私の思い違いを訂正してくれた人も。しかし最も重要なのは、彼らの多くが、私の批判者が突きつけた疑問のいくつかに向き合うよう、私の背中を押してくれたことだろう。

たとえば、次のような疑問だ。GEが保険事業から撤退したとき、なぜ長期介護施設を売り払わなかったのか。世界がクリーンなエネルギーの方向へ歩みを進めているときに、私はどうしてフランスのアルストムの電力インフラ部門を買収することにこだわったのか。なぜ私の直接の後継者の任期は、あれほどまでに短かったのか。そして、それが私の後継者選びとどう関係しているのか。そして、これはとくにスタンフォード大学の学生たちも知りたがったことだが、GEパワーでいったい何が起こっていたのか。

2001年、私はある会社のCEOになった。その会社は、人々のもつイメージと実像が大きくかけ離れていた。私がジャック・ウェルチから引き継いだその会社は、力強い文化と偉大な人々を擁していた。しかし、私たちはアイデアが尽きてしまっていた。

その1年前、GEヘルスケア（GE Healthcare：GEの医療機器およびサービス部門）を率いていた私は、カリフォルニア州マウンテンビューにあるアキュソンという超音波技術を持つ会社を買おうとしていた。しかし、ジャックが拒否した。「マウンテンビューの連中はみんな頭がおかしい」という理由で。

　これに対して私は、マウンテンビューに拠点を置く会社を手に入れれば、イノベーションの中心地であるシリコンバレーへ進出する際の足がかりにすることができる、と反論した。実際、のちにライバルのシーメンスが、この会社を買ってシリコンバレーに進出した。

　ＧＥ内の一部の者は、自分たちは何をやってもうまくいくと思い込んでいたが、私は過去の成功の上にあぐらをかいて、新しいものへの好奇心を失っているのではないかと心配していた。

　少なくとも10年にわたって、私たちは当時すでに金融サービスの大手に名を連ねていたＧＥキャピタルを使って、ＧＥ本体の成長を後押しし、産業ビジネスをサポートしてきた。だが、ほとんど誰も知らなかったのだが、私がＣＥＯに就任したころのＧＥは、産業ビジネスにはごくわずかしか投資していなかったのである。

　ＧＥは、でたらめに広がった複合企業《コングロマリット》だった。ジェットエンジンからテレビネットワーク、さらには猫や犬のための保険まで、ありとあらゆるものを扱っていた。それなのに、テクノロジー企業として評価され、実際の事業価値を大幅に上回る価値で取引されていた。

　そんな会社のＣＥＯとして、私は組織の改善に取り組み、産業ポートフォリオへの投資を増やし、技術力を高め、グローバルな影響領域《フットプリント》を広げることに努めた。そして、その際ジャック・ウェルチのことを決して悪く言わなかった。

　だが、それは危険な選択だった。部下たちがすべて思い通りにことが運んでいると思い込んでいるときに、変化を促すのは簡単なことではない。しかし、当時の私には、そうすることが正しいと思えた。

私の前任者のジャック・ウェルチは、史上最高のＣＥＯとみなされていた。その彼の遺産――同時に私の目にはもうすぐ破裂しそうに見えるもの――を守り、それが実際に破裂して問題を引き起こす前に修正することが、私の望みだった。

しかし、私の任期中、何度も新たな危機が訪れ、会社の成功――それどころか生き残りが脅《おびや》かされることになった。そのたびに、成長を通じてＧＥを守るというもくろみを後回しにせざるをえなかったのである。

私にとって、ＧＥとの物語はきわめて個人的だ。私の父は、38年にわたって購買担当者としてＧＥで働いた。ＣＥＯになる前の私も、ＧＥでキャリアを積み、三つの部門で経験を積んだ。私は、究極のたき上げだ。真の信者だ。その証拠に、詳しくはのちに説明するが、私の左の腰には「ＧＥミートボール（会社のロゴのニックネーム）」のタトゥーがある。

私は週末も働いたし、オフィスを飾る目的で金を使ったこともない。個人用の手紙を送る際に、会社の切手を貼るようなことは一度もしなかった。もし、私に口癖があるとすれば、「自分のためではなく、ＧＥのために」だろう。

50年もの間、私はまずは父親のレンズを通して、のちには自分の目で、ＧＥを間近で見てきた。チームワークを駆使して難問に取り組むことが、ずっとＧＥの社風だった。人を批判することではない。そして私は時代の変わり目に、このアメリカの象徴的企業を率いる栄誉に与《あずか》ったのである。

私はオバマ、プーチン、メルケル、習近平を個人的に知っている。もちろん、トランプも。なぜなら、ＧＥは数多くの産業分野で最大手であるため、彼らのほうに私と知り合いになるメリットがあったからだ。

CEOとして私は、何度「さて、次はどうすればいいのだろう」という言葉を飲み込んだことだろう。スタンフォード大学の教室でもそうだったが、私はそれ以前も、いつも人から注目されていた。だからしかめ面のまま仕事に行くことは一度もなかったし、誰かが問題を起こして私がそれを解決するはめになっても、決して他人を非難しなかった。

リーダーになるということは、自分自身の内側への険しい道のりを歩むことにほかならない。打ちのめされてベッドに入っても、翌朝には人の声を聞き、そこから学ぶことができる、そんな人物がリーダーになれる。

私がよく引用する言葉は、マイク・タイソンが発したものだ。「誰もが計画を立てるのに、それでもパンチを顔面に食らう」。だからこそ、耳が警報を鳴らしているときも、新しいアイデアにオープンでなければならない。すべてを正しく行うことは、誰にもできない。私もできなかった。尻をたたかれるのが嫌な者は、CEOになるべきではない。

世界規模のトラブルが発生し、その混乱が収まらないとき、リーダーの多くはコントロールを失う。そんなときにできることは、決断しつづけることと我慢だけ。生き残るのが目標だ。つまり、完璧ではなく、前進を目指すのである。

リーダーが下す大きな決断は、批判的な目で見られるのが常であり、私も例外ではなかった。この本の読者も私の立場になって、私とチームが対処しなければならなかった重大局面（何万回あっただろう！）で、私が目にしたものを見てもらいたい。そのとき、あなたなら何をしただろうか。

最近スピーチをするたびに、聴衆に次の質問をすることにしている。「ここに天才はいますか」。誰も答えないのでこう続ける。「自分を幸運だと思っている人はいますか」。すると何人かが手を挙げる。そこで、「わかりました。私がこれからお話しするのは、天才でも幸運でもない人のための物語です」と受けて、スピーチを始めるのだ。

本書を手に取った読者のなかには、私がジャック・ウェルチについて何を書くのかに関心をもっている人も多いに違いない。ここで告白しておくと、ジャックのあとを継ぐのはとても難しかった。しかし、決断を下したのは私自身だ。私が会社を率いたころの時代背景は、ジャックのころとはまったく別物なので、直接比較することに、私は興味がない。それはほかの人に任せよう。しかし本書を読めば、ジャックにも欠点があったにもかかわらず、私が彼から多くを学び、彼を尊敬していたことがわかるだろう。

本書を通じて私は、アメリカで最大にして最も有名な会社の一つの頂点で学んだことを記すつもりだ。世界で一番やりがいがあり、困難で、厳しい目が向けられる仕事において、全責任を負うことの意味を明らかにする。過去20年におけるビジネス界の変化を、私なりの見方で捉えるよう努めた。GEを成功に導いた、あるいは導かなかったアイデアをいくつか紹介しながら、いいときと悪いときをどう生き延びてきたかを説明する。

就任初日のCEOに、「難しい決断の下し方」などといったマニュアルを手渡してくれる者はいない。リーダーという孤独な仕事について述べる私の言葉から、読者が前に進む勇気をもつことができるのなら幸いだ。私は、自分なりに進む道を探していくなかで、数々の障害に直面した。それらについても、オープンに語るよう努めた。すべて本当の、生《なま》の話だ。物語は、CEOとして迎えた最初の月曜日から始まる。それは、2001年9月10日のことだ。

第1章
リーダー登場

2001年の夏、私は大学時代の友人たちとともにゴルフ旅行に出かけていた。GEのCEOになる数週間前のことだ。

私のゴルフの腕前はそれほどでもないが、少し気分転換も必要だということで、友人がシカゴ郊外のスコーキー・カントリー・クラブに招待してくれたのだ。ゴルフシューズに履き替えるためにロッカールームに入ったとき、あるクラブメンバーが自己紹介したうえで、私に何をしているのか尋ねた。私は新しい肩書きをあえて伏せて、「GEで働いています」とだけ答えた。

するとその人は、こう応じた。「GE！　ジャック・ウェルチですね！」。そして続けた。「あの人のあとを継ぐことになるかわいそうな男には、まったく同情しますよ」。その日のスコアがどうだったか、もう覚えていない。しかし、私と友人がそのことを思い出しては何度も笑ったことは、記憶に残っている。当時は、歴史上最も有名なCEOの座を私が受け継ぐことを、誰もが知っているように思えたものだ。

現CEOと前CEOの関係は、例外なく複雑だ。私と今は亡き義理の母との関係に似ていると言えるかもしれない。二人とも私の妻を愛しているが、愛し方がまったく違う。ジャックも私もGEを愛しているが、その愛し方は同じではない。私たちは世代が違う。

私がGEに入社してからというもの、ジャックはずっと私のヒーローだった。最高のボスだった。彼が工場の現場監督とも、顧客とも、他社のCEOとも、とにかく誰とでも打ち解けて話す姿に、私は目を奪われた。気さくで、親しみやすくて、本当に魅力的だった。GEにいる誰もが、ジャックのために働いていると感じていたし、彼から何を求めることができるのかも知っていた。誰とでも打ち解け合える彼の能力には、心底感心せざるをえなかった。

ジャックは芝居じみたふるまいをすることもあり、会議の多くがジャック劇場に変わった。それでも人々は、彼の率直さを楽しんだ。その一方で数字も重要で、ときには数字に埋もれてしまうこともあった。しかし、ほとんどの場合で、数字が私たちの正しさを証明してくれた。ジャックは何を優先すべきかを正しく見極め、それに固執する力をもっていた。この点を、私は見習おうと思った。

しかし、まねしたくない〝ウェルチイズム〟も存在した。長い年月をかけて、ジャックは会社の外で崇拝者や取り巻きを集めて、彼らにGEやジャック自身のことについて非現実的な主張を繰り広げさせた。彼らは喜んでジャック・ウェルチ物語を語り、過去の栄光を何度も追体験した。

ジャックが1980年代によりどころにしていた「1位か2位になれる事業にのみ参戦する」という考え方は、原則としては悪くないのかもしれないが、今や時代遅れだ。GEは成長しなければならなかった。そして成長するには、後れをとっている事業にも参入するほかなかったのである。私は過去を尊重しているが、過去に支配されるのは嫌だった。変化に反対する者たちの、「だが、そんなのはGE

のやり方ではない」という声に耳を傾けるつもりはなかった。

ジャックが私を後継者にすると発表したのは、2000年の感謝祭《サンクスギビング》の直後だった。それからの10カ月、私は次期CEOとして、多くの時間をジャックの隣で過ごした。彼の退任の数カ月前にはロンドンで会食が開かれ、私も参加した。食事の最中、数々の会社を再生させたことで知られる伝説のイギリス人経営者、サー・ジョージ・シンプソンがテーブルに身を乗り出して、せがむように言った。「ジャック、教えてくれよ。君は手に入れたクソ袋からどうやって50PEを引き出すんだ」

私は笑った。しかしそれよりも、GE内の誰一人として口にする勇気のない質問を、シンプソンが冗談めかして発した事実に驚いた。PEとは株価収益率のことで、市場が特定企業の将来性をどれだけ高く買っているかを反映する。その会社の今の収益に対して、投資家が1株に支払う額が多ければ多いほど、その会社の将来性は高く評価されていることになる。

2001年当時、GEの株価を会社の1株あたり利益（EPS）で割ると、実際に50PEという数字が得られた。しかしこの数字が、GEの事業のいくつかが凡庸でしかなかった事実を覆い隠していた。GEの輝きが、会社の価値を実際よりも大きく見せていたのだ。ジャックが統治した20年で、GEの価値は4000パーセントも上昇した。しかし、ジャックがGEを率いたのは経済が成長を続けていた時代で、その成長期は終わろうとしていた。

GEを創業したのは人類史上最大の発明家、トーマス・エジソンだ。そして1986年まで、つまり20世紀のほとんどの期間で、GEはほかのどの企業よりも多くの特許を有していたのだが、最近では技術をあまり重視しなくなっていた。その結果、特許保有数で上位20位にすら入らなくなっていたのである。ジャックはイノベーションを行うのではなく、ミスを減らすためにシックス・シグマなどの経営手法に関心を向けていった。

シックス・シグマは、モトローラ社のエンジニアであるビル・スミスが1980年に開発したデータ駆動型の経営手法だ。マネジャーを、ビジネスプロセスを改善して製品の欠陥を減らすプロ（黒帯《ブラックベルト》）に鍛え上げることを目的にしている。

GEは欠陥があってはならない機械――飛行機のエンジンやMRIスキャナーなど――をつくっていたので、ジャックが1995年にシックス・シグマの五つのシステム（定義・測定・分析・改善・管理）を自身のビジネス戦略の中心に置いたのもうなずける。だが、シックス・シグマは効率性を求める社風を強める役には立ったが、成長はもたらさなかった。

シックス・シグマ以外では、ジャックは金融サービスに力を入れた。実際、金融部門がGEの利益成長の大部分を担っていた。彼が辞任した時点で、会社のトップにいた幹部を見てみると、金融部門のリーダーがエンジニアの5倍もいた。成長が鈍っている時期にイノベーションよりも資金融資に頼る姿勢は失敗につながると、私は恐れていた。

ふたたびイノベーションが生まれる場所に

2001年9月10日、私はCEO就任の挨拶として、サイマル放送を通じて三十万人のGE社員に自己紹介をした。その瞬間のために、何カ月も前から準備を始め、何を、どれだけ、どのように述べるべきかずっと考えてきた。誰かのあとを継ぐとき、とくにその相手が心から尊敬する人物である場合、あたかも針の穴に糸を通すような慎重さが求められる。私は明るい見通しと会社に対する誇りを示すと同時に、変化の必要性にも触れる予定だった。

GEの社員がリーダーに従うことに前向きであることを、私は知っていた。もし新しいリーダーが単純に批判的で、前任者の遺産をけなすようなことをすれば、さまざまな害が生じる。非難の文化が全社に広がり、あらゆるレベルの社員に感染するに違いない。また、社員から責任感が消えてなくなるだろうし、前任者の〝失策〟にかかわっていた人たちはやる気をなくしてしまうかもしれない。GE社員は自信をもって前に進みたいのであって、気まずい思いをしながら過去を振り返るのはごめんだろう。

航空機エンジン、ガスタービン、鉄道機関車、医療用画像機器の分野で、GEが支配的な位置を占めていた事実は、私の誇りだった。しかしそれでも、ジョン・F・ウェルチ・リーダーシップ開発センター（GE社員がクロトンヴィルと呼ぶ場所）のステージ上を歩いているときの私は、逆風が吹きはじめていることをひしひしと感じて、心配していた。

GEで最大の産業部門であるGEパワーが、バブルのど真ん中にあることを私は知っていた。平常時、私たちは年間20基から30基ほどのガスタービンを国内向けに出荷した。しかし、当時は規制緩和と、カリフォルニアでの停電が頻繁な時代だった。1999年から2002年にかけては、国内だけで1000基の大型タービンを出荷し、膨大な需要を牽引することになっていた。だが、それが終われば、市場が一世代は続くであろう大きな停滞に見舞われることは目に見えていた。

また、保険事業や年金収入も心配の種だった。1990年代後半は株式市場が好調だったため、年金制度からの投資収益が、出資額をはるかに超えていた。その超過分は会社の1株あたり利益の10パーセントを占めていたが、そのような状況が長続きするとも思えなかった。

クロトンヴィルは、GEにとって大学のような存在だ。GEの魂と呼ぶ人もいる。ニューヨーク市からハドソン川沿いに北へ1時間ほど行った、ニューヨーク州オシニングにある59エーカーの緑に囲まれた場所だ。私自身、GEのプラスチック、家電、あるいはヘルスケア事業のマネジャーを務めていた19年間に何度も訪れた。そして今私は、「ザ・ピット（穴）」と呼ばれるくぼんだ形をした講堂に入って、司会を務めるCNBCアナウンサーのスー・ヘレーラの横に腰を下ろした。ヘレーラが私のことをGEの新しいCEOと紹介した。

講堂を埋め尽くした数百人の社員の顔が見えた。そこにはいないが、何十万人もの人々が見ていることも、私は知っていた。巨大なテレビ画面に、彼らのうちの数人の顔も映されていた。私は身が引き締まる思いがした。

ジョージア州アトランタを拠点とするGEパワーシステムズ（GE Power Systems：GEパワー傘下の発電系統部門）の面々も、オランダのベルヘン・オプ・ゾームにあるGEプラスチックス（GE Plastics：GEのプラスチック製品製造部門）のメンバーも、私に向けて手を振っていた。GEキャピタルグループはコネチカット州スタンフォードから、航空機エンジンの開発を担っていたチームはオハイオ州シンシナティから、医療システム担当の人々はウィスコンシン州ミルウォーキーからつながっていた。スコットランドやウェールズの仲間たちも、アメリカ各地のほかのチームも、私に注目していた。

私は、自分の生い立ちから話しはじめた。兄と私はシンシナティで育った。父の名はジョー、母のドンナは3年生クラスの教師だった。両親ともに大恐慌の時代に育ったので、父がGEの航空機エンジン部門の中間管理職として就職できたのは本当に幸運だった。

GEで働いていた年月の多くで、父はGEアビエーション（GE Aviation：GEの航空機エンジン開発部門）のビルディング800に通勤した。第二次世界大戦時代に敵の攻撃を避けるために、地下に建てられた建物だ。日光を見ることがほとんどなかった父は、自分は炭坑夫なのかもしれない、などと言って笑ったものだ。ランチとしてゆで卵を二つ持っていき、休憩室で食べていた。

土曜日にはよく、私は父の運転するビュイックに乗って近所にあるランケン市営空港へ行き、ゲートの外に車を停めて空港を眺めた。1930年に建てられたその空港は、アールデコ調のターミナルが特徴的で美しい。ビートルズが1964年に初めて全米ツアーを行ったときにも、そこを利用した。

父と私にとって、そこは飛行機の宝庫だった。金網の隙間からのぞき込む私たちの前に飛行機が着陸してくるたびに、父が説明してくれた。「あれは707で、合衆国の大統領が使っているのと同じ機種」、「あれは727で、エンジンが3基。でも、俺たちがつくったんじゃない。あれをつくったのはプラット・アンド・ホイットニーだ」というように。当時、プラット・アンド・ホイットニー社は、GEアビエーションの強力なライバルだった。

また、優れた上司に恵まれたときの父はやる気満々だったのに対して、よくない上司の下で働いているときにはやる気をなくして不満そうだったのを、私はよく覚えている。父はことあるごとに、「批判ばかりして、解決策をまったく示さない上司は最悪だ」と言っていた。

私は偉大なボスになりたかった。だから、同僚たちに向けては、「勝つ意志を育むためには、頂点に立つCEOが社内で最も競争力のある人物であるべきだ」と話していた。

GEでキャリアを積むにつれ、私はこの会社がどうしてエンジニアを尊重しなくなったのか、不思議に思うことが増えていた。当時のGEは、「ファストフォロワー」戦略――イノベーションはほかの会社に任せて、あとから急いで追いつくこと――に専念したため、研究センターが衰退してしまったのだ。四半期収益の減少や、株価の下落を恐れるあまり、テクノロジー企業を買収しようとしなかった。

そして今私は、GE社員に向けて、テクノロジーを会社の競争力の中心に据えるつもりだと宣言した。GEをふたたびたくさんのイノベーションが生まれる場所にしたかった。

スピーチのあと、私は全世界の社員からの質問に、30分ほど答えた。それから車に飛び乗り、当時GEの本社があったコネチカット州フェアフィールドへ向かった。3階にあるジャックのオフィスだった場所に足を踏み入れたとき、私はある種の既視感《デジャビュ》を覚えた。そのガラス張りのオフィスは、ジャックに会うために私が何度も訪れたことがある場所だった。そこの重厚なオークデスクも、広大な景色も、私のものになったのだ。すばらしい場所だ。しかし、そこで多くの時間を過ごすつもりはなかった。私はオフィスの外で全力を尽くした。

成長エンジンとなったGEキャピタル

CEOになったその日、電話が鳴りやむことはなかった。とりわけ重要だったのは、GEキャピタルの長であるデニス・ネイデンからの電話だった。ネイデンは気性の激しい人物として知られていた。コネチカット大学を卒業したのち、航空および鉄道関連の財務に関わり、それ以来キャリアのすべてをGEに捧げてきた。

GEキャピタルに移ってからは、CEOのゲーリー・ウェントの下で働き、「ウェントのピットブル」の異名をとるほどになった。そして1998年、ウェントのあとを継いでCEOになったのである。ネイデンはあるインタビューでこう述べている。「ゲーリーはどちらかというと戦略家で、私はむしろ実行派だ」

その男が私に、「やりたいことがある」と伝えてきた。ゼロックス社との間で同社の信販部門を買収する最終合意に達したというのだ。

GEは、鉄道機関車や航空機エンジンなど、会社が抱える製品のなかでも最も高価なものに社内融資をするためにGEキャピタルを設立した。しかし、私がCEOに就任する数年前から、GEキャピタルはあまりにも巨大な企業に成長しており、自動車、消費者家電、床張り、医療、家具、保険、宝石、土地開発と灌漑《かんがい》、トレーラーハウス、屋外電力設備、プールやスパ、パワースポーツ、RV車、裁縫用品、スポーツ用品、旅行、掃除機、水処理など、ありとあらゆる業種にクレジットサービスを提供するようになっていた。

多くの人が、ウォルマートやホーム・デポ、あるいはロウズやハロッズのクレジットカードをもっているが、それらも実際にはGEキャピタルが発行しているものだ。ヨーロッパでは自動車ローンも提供しているし、フロリダでは商業用不動産にも投資している。また、世界最大のリース業者でもあり、数十万台の乗用車、トラック、鉄道車両、飛行機、さらには人工衛星も所有している。

1980年には、GEの収益の20パーセントをGEキャピタルが占めていた。それが20年後には2倍以上に増えていた。長年にわたって、強靱なビジネスモデルを貫いた結果だった。GEにはこうした産業用資本の後ろ盾があったので、資本調達コストを低く抑えることができたのだ。

さらにGEは、実用的な営利的貸し手として非常に優れており、銀行の弱点を補う存在でもあった。事業経営からフロアプランまで、とにかくあらゆる面でニッチビジネスを支援したGEキャピタルの収益は、10年続けて毎年20パーセント上昇した。しかも、GEの金融部門は産業部門と直結していたため、金融部門での収益は典型的な金融事業の値引きにはつながらず、産業部門の株価収益率の増加につながった。

だが、もしGEキャピタルが独立した銀行だったら、その株価収益率は12から15ぐらいだっただろう。しかし安価に資金を借り入れできるGEの大きな傘の下にいたため、GEキャピタルの収益は30から40PEになっていた。この数字は、私たちの投資家にとって、およそ2500億ドル分の価値の上乗せに相当した。

しかし私が就任した当時、GEキャピタルはアナリストや投資家、さらには社内の幹部からも、謎めいた存在とみなされていた。ジャック・ウェルチ自身、GEキャピタルを評する手段として「不明瞭理論《ブロブ》」を唱えつづけた。「よくわからないことは放っておいて、結果だけを見ろ」という意味だ。今振り返ってみれば信じられない話かもしれないが、これがGEキャピタルに対する社の内外の人々の見方だったのである。

優れたアイデアも、悪い結果につながることがある。GEの場合、とりわけ保険関連の投資が、私たちが進むべき道からいかに外れているかを示す指標になった。90年代後半、GEキャピタルはプライマリケア保険、再保険(損害保険保険)資産、長期介護保険を次々と飲み込んだ。保険こそが、GEキャピタルにとって最大のビジネスになっていた。

しかし私には、四半期収益を上げるために、私たちがそれらの買収にあまりにも多くの資金をつぎ込み、あまりにも攻撃的にそれらを利用していると思えた。だが、保険資産はロングテールであるため、完全な撤退は不可能だと考えられた。

そして、とくに不動産ローンやクレジットカードの負債を計算に加えた場合、2001年時点でGEの収益のほぼ50パーセントをGEキャピタルが占めていた。GEキャピタルのビジネスは大盛況だったのである。私がCEOになって迎えた初めての月曜日に、ネイデンが電話をかけてきてゼロックスの話をしたという事実は、彼がこの路線をさらに突き進もうとしていたことの何よりの証拠であった。

私はオフィスをあとにして、GEのジェット機に乗り込んだ。翌日に航空会議が開かれるシアトルに向かうためだ。そこで私はスピーチを行う予定になっていた。シアトルに到着するとホテルにチェックインして、CEO初日を無事終えたことにほっと胸をなで下ろした。疲れ切ってベッドに横たわると、日付が変わる前に眠りに落ちた。

9・11の悪夢――アメリカ本土を襲ったテロ攻撃

9月11日火曜日の朝5時に目が覚めた私は、主要顧客であるボーイング社を訪問する前にジムへ行くことにした。踏み台昇降マシン（ステアクライマー）の上にあったテレビをつけると、どのチャンネルも110階建てのワールドトレードセンターのノースタワーが燃える様子を映し出していた。

私が聞いた最初のレポートは、小型の飛行機が誤ってコースを外れたのだろうと推測していた。しかし、ステアクライマーを右、左、右、左と昇り降りする私の目の前で、別の飛行機がサウスタワーに激突した。小型とはとても言えない大きさの飛行機が。ランケン空港で飛行機の話をしてくれた父のおかげで、私にはそれがボーイング767型機だとすぐにわかった。今まさに何か恐ろしいことが起こっていることは間違いなかった。

私は急いでジムを出て部屋に戻った。妻のアンディと14歳の娘のサラはコネチカット州ニューカナーンにいる。最近、ミルウォーキーからそこへ引っ越したばかりだ。家族の安全を確かめたあと、私はテレビをつけてから、最初にGEの最高財務責任者（CFO）であるキース・シェリンに電話をした。彼もちょうどニュースを見ていたところだったが、私たちは想像を絶する映像を脳が処理するまで、あまり多くを話すことができなかった。

飛行機が激突した場所より上の階にいた人たちは避難できたのだろうか。できたとしたら、どうやって。そんなことを話した。その一方で、ツインタワーのすぐそばにあり、ワールドトレードセンターの一画を構成する47階建ての7ワールドトレードセンターのすべての再保険をGEが保有している事実を、二人とも知っていた。保険証券を有している保険会社に、私たちが保険をかけたのだ。

シアトル時間の午前6時59分、サウスタワーが崩れ落ちた。自分の目が信じられなかった。29分後、ノースタワーも崩れ、7ワールドトレードセンターもまもなく倒壊した。ツインタワーは強大な力に押しつぶされたのだ。煤《すす》と不気味な白い灰が、ロウアー・マンハッタンを飲み込んだ。

私はアンディ・ラックに電話した。GEの傘下にある放送局NBCのナンバー2だ。彼のボスであるボブ・ライトが移動中だったため、私はラックを現地ニューヨークの情報源に指名した。ラックはNBCのニュース部門から、2機の旅客機がツインタワーに衝突しただけでなく、別の1機がペンタゴンに墜落し、4機目がペンシルベニアの平地に墜落した情報を得ていた。これは一連のハイジャック事件――テロ行為だったのだ。

アメリカ全土に衝撃が走った。また、GEの航空部門にも直接影響する出来事でもあった。歴史上初めて、飛行機そのものが武器として利用された。そしてGEは飛行機を1200機も所有している。ジェットエンジン事業こそが、GEの未来なのである。

ニュースキャスターが、予想される犠牲者数をレポートしはじめたころ、私はロサンゼルスにいるライト（NBCのCEO）と連絡がついた。私たち二人は追って通知があるまで、コマーシャルなしで放送を続けることに決めた。何百万ドルもの損害になるが、そんなことにかまっていられない。およそ三千人が命を落とし、六千人以上が負傷し、国家が戦争の危機に瀕《ひん》していたのである。テロ攻撃ほぼ一色に染まった報道の合間に宣伝を行うことが、正しいことだとは思えなかった。

まもなく、悲劇のほぼすべての部分に、GEが何らかの形で関わっていることが明らかになってきた。GEのエンジンを積んだ飛行機が、GEの保険に加入している不動産を破壊した。そのニュースを伝えるNBCは、GEが所有するテレビ局だ。二人のGE社員――ツインタワーの一棟の最上階で働いていたNBC技術者と、墜落した飛行機に乗っていた航空部門に属する女性社員――が命を落とした。タワーは火曜日に崩壊した。水曜日、アンディ・ラックと私は話し合い、GEは消防士をはじめとした救助関係者の家族に1000万ドルを寄付すべきだと結論した。私はニューヨーク市長のルドルフ・ジュリアーニの電話番号を知っていたので、電話をかけてみた。アシスタントが応対するのだろうと思っていたのだが、2回ベルが鳴っただけで、ジュリアーニ本人が電話に出た。私は、〝匿名で〟寄付をしたいと伝えた。その申し出をジュリアーニは断固として拒んだ。

「馬鹿を言うな、ジェフ！」と、彼は言った。「GEの寄付を使ってほかの会社に恥をかかせて、寄付をするように仕向けてやる！」。その1～2時間後にジュリアーニは基金を設立し、GEからの寄付を公表した。彼はGEの寄付を呼び水にして、何億ドルもの寄付を集めたのである。

それ自体は喜ばしいことだが、だからといってテロの恐怖を消し去ることはできない。CEOとしての最初の1週間が終わるころ、GEの株は価値を20パーセント失い、会社の時価総額は800億ドル減少した。

そのころ私は、R・H・メイシー社の先駆的な取締役にして、当時のGEの取締役会にも参加していたG・G・マイケルソンに、意見を求めるために電話をした。

マイケルソンはすごい女性だ。何枚もの壁を打ち破り、当時はほぼ男性しかいなかったコロンビア大学ロースクールに通い、デパートチェーンのメイシーズのためにチームスターズなどの労働組合のリーダーたちを相手に交渉し、彼女の助けを求める企業の取締役会で、多くの場合唯一の女性として力を尽くしてきた。

彼女は厳しい環境で育った女性だ。母親が結核を患い闘病生活を送っていたため、何度か孤児院で過ごしたこともある。その母親はマイケルソンが11歳のときに亡くなった。厳しい嵐を乗り越えてきた人物として、彼女ならしっかりとアドバイスしてくれると、私は信じていた。

GEが何を優先して行うべきかずっと考えていると言う私に、彼女は力強く言ってくれた。「あなたは何も間違っていない。直感を信じなさい」。その言葉があまりにもありがたかったので、私は言うつもりのなかった事実までも告白してしまった。「本当のところ」、私は彼女に言った。「この1週間ずっと吐きそうだったのです」

最も重要な顧客、航空会社を守る

9・11からの数日は混乱が続いた。アメリカの空は商業飛行を再開できるほど安全ではないとみなされたため、私の経営陣はさまざまな都市で足止めを食らった。私はシアトル、CFOのキース・シェリンはボストン、GEの副会長で以前はCFOだったデニス・ダマーマンはパームビーチ、そしてボブ・

ライトはロサンゼルスにいた。そこで私たちは、6時間ごとに電話会議をすることにした。

直面するすべての問題を把握しつづけるのは至難の業《わざ》だった。GEのフライトシミュレーターを使っていた顧客に、アタという名の人物がいた。私たちは、この人物がノースタワーにアメリカン航空の飛行機を激突させたハイジャック犯のモハメド・アタと同一人物なのか、確かめなければならなかった。確認するのに時間がかかったが、ありがたいことに同じ人物ではなかった。

次に、7ワールドトレードセンターの再保険がどの程度の損害につながるのか、見極める必要があったが、これについては10億ドルの評価損と考えた。

また私は、亡くなったGE社員の遺族に声をかけ、健在だった社員には励ましの電子メールを書いた。GE内で全社員宛にメールが送られたのは、これが初めてのことだった。私は祖国を、会社を、家族を、同時に案じた。やるべきことのリストは恐ろしい長さになったが、同時にそれが私を奮い立たせた。

GEにとって最も重要な顧客を守る、私はそう心に決めた。最も重要な顧客とは、私たちの航空機エンジンを買い、飛行機をリースするアメリカの航空会社のことだ。飛行機に乗ると離陸前に、緊急時にはまず自分のマスクを着用してからまわりの人を手助けするようアナウンスされるが、私はその逆のパターンを選んだ。GEを守るために、まず航空会社の命を救うことにしたのだ。だが、のちにわかったことだが、それはとても難しいことだった。

テロ攻撃から48時間以上がたった木曜日の夜、私はようやくコネチカットの自宅に戻ることができた。妻と、ハイスクールに入学したばかりの娘に再会できて、ほっと胸をなで下ろした。ただでさえ、私がGEヘルスケアを率いていたころに住んでいたミルウォーキーから見知らぬ土地への引っ越しで、娘は不安になっていた。そこに今回の悲劇が起こったのだから、本当につらかったに違いない。

テロ攻撃の6日後の月曜日、9・11以来閉鎖されていた株式市場が再開した。その週の終わりの時点で、ダウ工業株30種平均は14・3パーセント下落した。当時、1週間の下落ポイントとしては過去最大だった。価値に置き換えると、1・2兆ドルが失われたことになる。私は平静を保つよう心がけたが、GEとて無傷でいられるはずがなかった。

最大株主を含む数多くの株主から、「GEがそこまで保険業に入り込んでいたとは知らなかった」などという声が聞こえてきた。私は、「隠したつもりはない。我々の株を買う前に、なぜもっとよく調べなかったのか」と反論したくてうずうずしたが、じっと無言を貫いた。

毎朝ジムのステアクライマーに乗って、昇り降りを繰り返すことで、自分が正気であることを確かめようとした。『ニューヨーク・タイムズ』や『ウォール・ストリート・ジャーナル』などの主要新聞にGEとして全面広告を出すことにしたのも、平静を失っていないことを示すためでもあった。その広告のなかで、真剣な表情をした自由の女神像が片腕の袖をまくし上げて、今にも台座から降りようとしている。その下にはこう書かれていた。「さあ、袖をまくし上げて取りかかろう。ともに前進して乗り越えよう。決して忘れたりしない」

飛行機の運航が平常通りのスケジュールに戻ってからも、利用しようとする人はほとんどいなかった。航空会社は傷つき、その痛みがGEにも伝わった。本書を書き終えた2020年、コロナウイルスが同じように航空業界を直撃した。おそらく今回のほうが衝撃は大きいだろう。当時も今も、私は自分たちの問題を解くだけではなく、同時に顧客にも手を貸すことが重要だと信じている。人は、最も困難な時に救いの手を差し伸べてくれた人を決して忘れないものだ。

そのころ、私は毎晩のように幹部チームと電話でやりとりして、会社の損害について話し合った。毎晩、新たな問題が生じた。言葉のあやではなく、本当に〝新しい〟問題が。自分が新しい言語を習っているような気になることもあった。

誰かがこう言う。「つまり、明日我々がアメリカン航空のEETCを10億ドルで買わなければ、彼らは破産してしまう」。EETCとは「拡張航空機材信託証券」という債券の一種のことだ。私ですら、ダマーマンが初めてその略語を使ったときには尋ねる必要があった。「おい、EETCって何だ」。これほど短期間で多くを学んだ経験はほかでしたことがない。

私たち全員が「トリプルD」と呼んでいたデニス・ディーン・ダマーマンは、この上なくタフな金融マンだった。1984年、38歳の若さでジャック・ウェルチからGE史上最年少のCFOに任命された彼は、2001年時点でありとあらゆることをすでに経験していた。だからこそ、混乱を目の前にしても落ち着いていられたのだろう。私にとっては指導者のような存在だ。

まだビジネススクールに在学していた私を初めて面接したGE関係者がダマーマンで、それ以来、私は彼のサポートにつねに感謝している。そして今、私は彼の冷静さをいつにも増してありがたいと思った。

走り出した新米リーダー

最高のリーダーは不安を和らげる。けむに巻いたり、できもしないことを約束したりして、落ち着かせるのではない。真実を正しく伝えたうえで、人々に前に進む力を与えるのが最高のリーダーだ。

9・11をきっかけに、GEの社員は私たちには計画があり、その計画の実行には彼らの協力が欠かせないのだというメッセージを聞きたい、信じたいと願っていた。私がうろたえて、吐き気を抑えるのに必死だったなどという話は、誰も聞きたくないのだ。

真のリーダーは率直でありながらも、パニックに陥ることはない。最高のリーダーは過ちを認めるが、自分の後ろめたさを誤魔化すために、同僚に責任を押しつけたりはしない。透明性を目指すのはすばらしいことだ。しかし、本当のゴールは透明性ではなく、問題の解決である。行動計画を示すことなく自分の責任だけを減らそうとする行為は、率直さを装った利己主義に過ぎない。殊勝な態度に見えても、実際には傲慢さの表れなのである。

GEは、航空会社を潰すわけにはいかなかった。だから9月11日から12月1日までに数百億ドルを融資した。だが、たとえそれで航空会社が救われたとしても、その後も厳しい戦いが続くことになる。

この時点で航空会社は、保険契約に含まれる特殊なテロ関連例外条項の審査に合格した外国にしかフライトが認められなかった。当時、そのような審査を通過した国はごくわずかだった。たとえ今後GEがリースした飛行機がテロ攻撃に利用されたとしてもGEが責任を負うことはない、という状況を確保しなければならなかった。だから平日の夕方になると、私たちは審査に合格しなかった国の航空会社に電話をかけたのである。

毎晩、私たちは航空会社のCEOかその国の大統領に電話をして、悪い知らせを伝えた。「明日、GEの飛行機を飛ばさないでください。あなたの国がテロ関連の例外条項審査に合格しなかったのです」。トリプルDことダマーマンがポーランドや日本やオーストラリアのリーダーに電話をかけて、「明日、私たちがリースしている8機のGE飛行機を使わないでくれ」と伝える。すると相手は、そんな話は認められないと答える。それに対してトリプルDは、「頼んだのではない、命じたのだ」と応じる。会話は感情的になる。「ばかばかしい」という言葉が受話器の向こうから聞こえてくると、トリプルDが「絶対に飛ばすなよ。飛ばしたら訴えるからな!」と叫び返す。

私は、そのような言い争いがしばらく続いたあと、トリプルDが受話器をたたきつけるように置いたのを見たことがある。その様子が今でも忘れられない。一呼吸置いてから、私は彼に笑いかけてこう言った。「次の電話、私の代わりにやってくれるか。君のほうが上手だから」

悲劇が起こる前から進行中だった案件にも対処する必要があった。たとえば、デニス・ネイデンが9月10日に私に伝えてきたゼロックスとの取引は、まだ完了していなかった。

ある日、ゼロックス社で新たにCEOに就任したアン・マルケイヒーが連絡してきた。彼女は、私たちに取引から手を引く権利があることを知っていたし、テロ事件の対応に追われていた私たちには、取引をやめる理由はいくらでもあった。しかし、そうすればゼロックスが危機に陥るだろう。私はマルケイヒーをランチに誘い、彼女の納得を取り付けたうえで、取引を進めることに決めた。

当時のGEのビジネスの状況において、ほかの信販会社を買収する必要があっただろうか。答えは「ノー」だ。しかし、アメリカの企業が、そしてアメリカという国家が、存亡の危機に瀕していたのである。私たちは団結しなければならなかった。最終的にこの取引で、GEはわずかな利益を出し、ゼロックスは活動を続けることができた。

もう一つくすぶっていた火種として、9・11をきっかけに鉄鋼価格が急落した際に行われた、破産に陥った鉄鋼業界に対する過剰なてこ入れにおけるGEキャピタルの役割を挙げることができる。私たちはあるコンソーシアムに参加し、ウィルバー・ロス(のちにドナルド・トランプ政権下で商務長官になった人物）のプライベート・エクイティ会社が率いるベスレヘム・スチール社の救済に関わっていた。9月下旬まで決断が下されなければならない急ぎの案件だったため、私自身が交渉に携わることになった。

ニューヨーク市で開かれた会合で、参加者は全員細かな問題に頭を悩ませていた。するとロスが大きな会議テーブルの向こうで顔を上げ、こう言った。「簡単なことから始めよう。それで弾みをつけてから、難しい問題に取り組めばいい」。とても良識のある、ありがたいアドバイスだった。

9月21日の金曜日、私はCEOになって初めてアナリストたちと会合をもった。私は五つか六つのチャートを用意していた。いずれも、航空会社が破産した場合にGEがどう生き残るかを示したものだ。私は大学時代、フットボールチームでオフェンシブタックルとしてプレーしていたので、そのような会合でもアメリカンフットボールの言い回しを使うことが多かった。アナリストに私たちの考えを伝えながら、こう言った。「プレイブックのほこりを払って、少しオフェンスに打って出るつもりだ。これまでまだ、9月11日の対処に向けた練習ができていなかった」

私は、GEが1年以上コストを削減してきた事実と、電力市場は失速の兆候こそ見せながらも、いまだ良好なサイクルを続けている点を強調した。GEのバラエティに富むポートフォリオが、保険や航空機エンジンにおける損失を補ってくれるだろう、と。それこそがコングロマリットの美点だ、と私は主張した。ある分野がダメになっても、ほかの分野が盛り返してくれる。

誰もが、その朝の私に納得した。以前はヘッジファンドのマネジャーを務め、CNBCの『マッド・マネー』で経済予測も行っていたことで知られる、口達者で鋭い目をしたジム・クレイマーでさえ、私のプレゼンテーションを褒め称えた。

そのアナリスト会議後にＣＮＢＣのインタビューに応じたあと、私はグラウンド・ゼロへ向かった。そこで被害の詳細な説明を受けることになっていた。その途中、セント・ビンセント病院に立ち寄った。テロ攻撃があった日の早朝に、ＧＥが所有する数台のＣＴスキャナーを提供した病院だ。出迎えた病院の運営陣は、ＣＴスキャナーには感謝しているが、あまり使っていないと言う。

9月11日の11時以降、救急車は負傷者を搬送しなくなった。彼らが言うには、人はその日の朝を生き延びたか死んだかのどちらかであって、負傷者の診察はほとんど行われていなかった。

私は続けてウォール街へ向かった。コーポレートコミュニケーションの責任者であるベス・コムストックが同伴した。国内の新聞各紙に自由の女神をモチーフにした全面広告を載せることを思いついたのがコムストックだったので、ニューヨーク証券取引所に足を踏み入れたときに温かい歓声が沸き起こったことに、私たち二人は本当に感動した。数多くのトレーダーのブースの壁に、広告の切り取りが貼られていた。

数分後、私たちはグラウンド・ゼロに到着した。ヘルメットと作業靴、そして肺を守るためにフェイスマスクを装着する。がれき撤去を指揮する消防署長のトーマス・フォン・エッセンに会った。彼ががれきの山のなかに私たちを案内してくれたのだが、攻撃から10日が過ぎていたのにいまだに炎が燃えていた事実に、私は驚かざるをえなかった。焼けたプラスチックとワイヤーのにおいが肺を焼いた。フォン・エッセンは、最初に到着した救助隊の一人だった。深い悲しみに包まれ疲れ果てているはずの彼の声に、それでもプロフェッショナルな響きが失われていないことに、私は感動した。

数学者は「存在定理」と呼ばれる公式を利用して、特定の条件セットをともなう特定の問題には一つの解しか存在しないと主張する。大学で数学を専攻していた私には、とてもなじみ深い考え方だ。しかし、このときの私には、目の前にある特定の条件セットがあまりにも異常だったので、存在定理など存在しないとさえ思えた。

私のチームが一部の顧客ベース（航空会社）をサポートするために短期間で集結できたので、私たちはさらに、今後長期にわたってＧＥの産業をどう変えていくかを考えることにした。私たちにできることは、一つずつ決断を下すことだ。

くすぶるがれきの真ん中で、私はフォン・エッセンにＧＥの指導者育成プログラムが、ニューヨーク消防局が失った多くのリーダーたちの穴を補うのに役に立つだろうと伝えた。私たちにできることは、それぐらいしかなかった。

一つの時代の終焉——変容するビジネス

９月22日、ジョージ・Ｗ・ブッシュ大統領がアメリカ合衆国の民間航空制度の「安全と効率と生存」を守ることを目的につくられた「航空運輸安全および システム安定化法」に署名した。同法にもとづき、航空会社への即時の現金注入と、９・11で飛行機をハイジャックされた会社に対する損害賠償保護が行われたことに加え、航空会社が必要とするローン保証の検討と承認を行う目的をもつ委員会の設置が決まった。基本的に、ほかではありえない融資を行うための委員会だ。

この救済委員会は、連邦準備制度理事会（ＦＲＢ）議長のアラン・グリーンスパン、財務長官のポール・オニール、運輸長官のノーマン・ミネタで構成されていた。当時のグリーンスパンは人生の最高潮にあり、その権力はすさまじかった。オニールはアルミニウムを扱うアルコア社を経営し、ミネタは以前商

考えていたのだろう。ミネタはおそらく、二度目の長官の座は気楽で、簡単な仕事になると考えていたのだろう。国内のハイウェイや空路を監視するだけの仕事が難しいはずがないと思っていたに違いない。ところが突然、彼の仕事は世界で最も難しい仕事の一つになった。

私自身、すぐにワシントンDCに通い詰めて、航空会社の窮状をグリーンスパンとオニール、ミネタに訴えるつもりだった。どうして航空会社のCEOたち自身が委員会の三人に会いに行かないのだろうと、読者は不思議に思われるかもしれない。もともと多くの負債を抱え財政難にあった航空会社は、9・11以前からさほど強い立場になかった。航空会社のほとんどは、テロ攻撃以前から追い詰められていたので、今さらロビー活動をしても意味がないと思い込んでいたのだ。

一方GEは、過度に航空業界に依存していた。私たちは景気がよかった90年代の終わりに飛行機をどんどん買い入れ、最終的にはほかのどの国家よりも多い1200機もの飛行機を所有していた。つまり、私には航空業界のスポークスマンになる理由があったのである。

この時期にGEがどれほど航空業界に肩入れしていたかを示す例として、フェニックスに本拠を置いていたアメリカウエスト航空の事例を紹介しよう。

2001年にアメリカウエスト航空のCEOだったダグ・パーカーは、GEとヨーロッパのエアバスの力を借りて、生存に必要だった一連の融資を得ることに成功していた。ところが、9・11のあおりを受けて融資計画が消えてなくなってしまった。元々過剰なまでにてこ入れされていたビジネスが、80パーセントも縮小したのだ。そんな会社に金を貸そうとする者などいない。アメリカウエスト航空は破産に向かっていた。

そこで私は、GEキャピタル・アビエーション・サービス（GE Capital Aviation Services：GEアビエーション傘下の航空機リース部門）の責任者であるヘンリー・ハブシュマンに何とかするように声をかけたのである。いつものように冷静かつ論理的に、ハブシュマンはGEのワシントン地区の責任者を担当に任命し、GEのロビイストがパーカーのためにグリーンスパンとオニールとミネタを説得し、この小さな航空会社はローン保証に値すると納得させたのだった。その結果、アメリカウエスト航空は生き残ることができた。

この出来事は、アメリカウエスト航空という会社の名前を聞いたことがない者にとっては、だからどうしたと思える話かもしれない。しかし、同社が救われたことで、たくさんのポジティブな波及効果が生じた。まず、アメリカウエスト航空の一万三千人の社員が職を失わずに済んだ。4年後、今度はUSエアウェイズが傾きかけたとき、アメリカウエストがGEのサポートを得ながら統合計画を立てて同社を倒産から救い、三万人の雇用を守ったのである。

その後、業界は統合再編の時期を迎えるが、その先陣を切ったのがアメリカウエスト航空だった。それにより、個々の航空会社だけでなく、利用者も大いに恩恵を受けることになった。パーカーは今、アメリカン航空のCEOを務めている。

もう一つの例を紹介しよう。9・11の直後、トニー・フェルナンデスと名乗る37歳のマレーシア人起業家がGEキャピタルに接触してきた。ボーイング737型機を2機リースしたいと言うのだ。フェルナンデスは、今こそ余計なサービスを省いた旅行市場に参入するチャンスだと考えたのだ。彼はマレーシア政府が所有する借金まみれのエアアジアを買うために、自分の家を抵当に入れた。

次に必要だったのは、数機の飛行機だった。しかし、彼には担保にするものがなかったので、GEキャピタルは申し出を断った。ところがそれが伝わっていなかったようで、どうしたわけか、フェルナンデスが私のオフィスに現れたのだ。

「あなたのまわりで、今たくさんの大問題が起こっていることは知っています。でもね、飛行機さえ貸してくれたら、私にだってできることがあるんです！」。あまりに楽観的な彼に圧倒されて、私は倒産やそのほかの大問題について話し合う会議に行く時間に遅れそうになっていた。だからこう言ってしまった。「今、忙しいんだ。わかった、やるよ」

あとになって、この決断に部下からどれほど文句を聞かされたことか。彼らが私を非難するのも当然だろう。彼らはフェルナンデスをドアから引きずり出そうとしていたのに、私が逆のことをしたのだから。しかし、フェルナンデスは約束を果たした。わずか1年のうちにエアアジアは借金を返し、フェルナンデスは億万長者になった。それ以来、ＧＥはエアアジアのビジネスに本格的に参入している。

当時の私はまだ気づいていなかったが、９・11をもって一つの時代が突然の終わりを迎えた。それまで、私と同年代のアメリカの実業家が〝テールリスク〟に遭遇したことは一度もなかった。テールリスクとは、ほとんど起こるはずのないことが〝実際に〟起こることを意味している。

しかし、一度テールリスクに遭遇すると、決してそれを忘れることはできない。平穏な90年代、世界は平和で、中国はまだ眠れる巨人に過ぎず、アメリカ経済は時計のように正確に毎年４・５パーセントずつ成長していた。この10年は、「信じてくれ」でビジネスが進む時代だった。しかし、テロ攻撃とそれに続く経済の低迷、そして粗悪なビジネスの増加をきっかけに、信頼が消えてなくなった。

本書を書き終えた２０２０年、私の次の世代のリーダーたちがコロナ危機に見舞われている。人は――危機のさなかではとくに――自分たちを導いてくれる者を望むという事実を、彼らは今まさに学んでいるところだ。人々は完璧さを求めていない。彼らはリーダーがどこにいるのか知りたいのだ。彼らはリーダーの口から、何がリーダーの思考を動かしているのかを聞きたがっている。彼らは信頼と誠実さと結果にもとづいた単純な言葉を求める。それを、私は2001年に人々に伝えようと思った。テロ攻撃から2週間が過ぎた。私はオフィスの窓から外を眺めながら、初めて最悪の時期は過ぎ去ったような気がした。「乗り越えてみせる」と、私は声に出して言った。

まさにその数分後、電話が鳴った。かけてきたのはNBCのボブ・ライトだ。その声から、何か重大な話があることがわかった。NBCの『ナイトリー・ニュース』のアンカーを務めるトム・ブロコウが手書きの脅迫状を受け取ったのだ。炭疽菌《たんそきん》のような粉といっしょに入っていた手紙には、こう書かれていた。「091101。次はこれだ。ペナシリン［原文のまま］をすぐに使え。アメリカに死を。イスラエルに死を。アッラーは偉大だ」。私はライトを保留にしてから、叫び声を上げた。攻撃はまだ続いていたのだ。

3日後の9月28日、ブロコウのアシスタントであるエリン・オコナーがインフルエンザに似た症状に見舞われ、赤黒い病変が現れた。本当に封筒に、炭疽菌が入っていたのである。全社員にとって恐ろしい知らせだったが、オコナーは母親になったばかりだったので、さらにつらい出来事だった。

オコナーは最終的には回復できたが、この一連の出来事で、GE内に恐れと不安が広がった。企業セキュリティを全社的に刷新することになり、私は9・11がGEの未来に対する私の計画をどう変えることになるだろうかと、考えつづけなければならなかった。

第2章
リーダーは学びつづける

9・11直後の数カ月間は何が起こってもおかしくない状況だったので、気を抜くことはできなかった。そんななか、2001年10月に掲載された『ニューヨーク・デイリーニューズ』紙の社説は今も忘れられない。

「ニューヨーク市にとっても、国にとっても、9月11日の出来事は世界の終わりのような惨事だった」という書き出しに続けてこう書かれていた。「どうやら、ゼネラル・エレクトリックにとっては方向転換に好都合だったようだ」。

つまりこの記事は、GEが国家の一大事を利用して、「国民がほかのことに気をとられている隙に」環境保護庁と交渉したと主張しているのである。汚染されたハドソン川を浄化するという私たちの義務から「こそこそと逃れる」ために。

疲れていたせいかもしれないが、私はその記事に激怒し、すぐさま新聞社のオーナーである不動産投資家のモート・ズッカーマンに怒りを伝える手紙を書いた。80年以上にわたってこの国の安全を守るために、アメリカ軍と密接に協調しながらジェットエンジンをつくりつづけてきたGEに向かって、2996人のアメリカ人が殺された事件を交渉のために利用しているなどと批判するのは馬鹿げたことだ、と私は主張した。しかし、信じられない思いで首を横に振った経験は、それが最後ではなかった。テロ攻撃からちょうど1カ月がたった2001年10月11日、GEは第3四半期の収益を発表した。ありがたいことに、前年の同じ時期に比べて、3パーセントの上げだった。さらにいい知らせがあった。3週間前の底値から、一般株価は11パーセントの伸びを見せていたが、GEの株価にいたっては29パーセントも上昇していたのである。

これで一息つけると思った矢先、世界に大きなニュースが伝えられた。エンロン社が収益を不正に報告していたのだ。2000年、テキサスに本拠を置く電力取引会社のエンロンは、電気や天然ガス関連の製品やサービスで世界をリードする存在であり、1110億ドルの収益を報告していた。だが、そのわずか1年後、同社の複雑で不可解な財務諸表や不正な収益の発表などが、同社はもちろんのこと、関連する事業、とくにGEキャピタルをも揺るがした。

一度崩れた信用は、二度と取り戻せない。エンロン幹部のジェフリー・スキリングが議会の証言台に立って、エンロンをGEと比べたとき、私はトラブルに巻き込まれたことを悟った。GEはエンロンの不正会計に何の責任も負わないのではあるが、このスキャンダルが我々の所有資産の複雑さに新たな光を当てたのだ。その結果、監視機関が企業に透明性を求めるようになった。状況の変化について行くために、GEにも迅速に対応する必要が生じた。

2002年の1月、私はCNNの楽屋でテレビを眺めながら、公表したばかりのGEの四半期収益についてインタビューが行われるのを待っていた。テレビのなかでは、CNNのアンカーが私の前のゲストに厳しい質問を浴びせている。そのゲストは、五大会計事務所の一角を占めるアーサー・アンダーセン社のCEO、ジョセフ・ベラルディーノだ。

私は、それまでの人生でアーサー・アンダーセンのことを悪く言う人に会ったことはなかった。ところが、同社がエンロンの監査に関する文書をシュレッダーにかけたという事実が明るみに出ると、たちまち状況は一変した。その後わずか数カ月のうちに、アーサー・アンダーセンは公認会計士として営業するライセンスを放棄することになるのである。前例のない出来事だった。

1カ月後の2002年2月、冬季オリンピックが行われていたソルトレイクシティで、GEの取締役会が開かれた。エンロンスキャンダルがあったため、GEキャピタルのバランスシートを深く掘り下げないわけにはいかない。その会議で初めて私は、GEキャピタルのやっていることの詳細を完全に理解するには、取締役員と上級幹部がもっとたくさん仕事をしなければならないと理解した。

また、GEが所有する多くの不可解な金融資産についても話し合った。そこには特別目的事業体、いわゆるSPV（Special Purpose Vehicle）も含まれていた。エンロンの問題行動の中心は、SPVの不正利用である。GEも数多くのSPVを所有していた。調べてみると、それらは正しく運用されていたのではあるが、数をかなり減らさなければならないことは明らかだった。

この12時間の会合の最中に見たシェリー・ラザルスの様子を、私は今でも覚えている。GEの取締役会に新たに加わった広告分野の責任者だ。彼女は自問していたのである。「私はいったい何に巻き込まれてしまったの」と。その気持ちは、私にもある程度理解できた。

9・11やドットコムバブルの崩壊とは違い、むしろエンロンの不正事件が、GEのビジネスを永遠に変える引き金になった。エンロンスキャンダル以前は、GEキャピタルの仕組みを明らかにしろ、などというアナリストや投資家は存在しなかった。それが一瞬にして変わったのである。GEも、それに対応しなければならなかった。

2002年の前半、私たちは米国財務会計基準審議会のメンバーだった経歴をもつボブ・スウィーリンガをGE取締役会に加えた。また、以前はJPモルガン・チェースの取締役会長で、今はずいぶん前からGEの取締役を務めているダグラス・〝サンディ〟・ワーナーにGEの監査委員会の会長になるよう依頼した。そして、会社の監査委員が取締役会に直属するようになった。また、創業以来初めて、取締役会のメンバーに、毎年数カ所のGEの事業を私やほかのGE幹部の引率なしで訪問するように求めた。いずれも、役員と部門責任者のあいだの透明性を高めることが目的だった。そして最後に、15人で構成される〝開示委員会〟を設置した。この委員会が一般投資家向けの声明を承認するのである。

2002年の夏にサーベンス・オクスリー法が法制化され、公開会社が投資家に情報公開をする際に守らなければならないルールが変更されたが、上記のような改革がすでに行われていたため、GEは足下がぐらつくことはなかった。

連続して起こった9・11とエンロンスキャンダルから学んだ教訓があるとすれば、危機的な状況下で頼りにできるのは、すでに手元にあるツールだけということだろう。

ゼネラル・エレクトリックで過ごした20年間に、私は三つの部門で働いた。プラスチックと家電とヘルスケアだ。それぞれで、私はリーダーシップと私自身について貴重な教訓を得た。ジャックの後継者を決めるための過酷な三者決選投票も経験した。この選挙戦もまた、ビジネススクールでは決して学べない教育だった。

私はずっと、人が成功できるかどうかの重要な決定要因は、次の三つの質問に対する答えだと信じている。どれだけ速く学ぶことができるか。どれだけ耐えることができるか。そして、まわりの人々にどれだけ与えることができるか。

私は自分の強さも弱さも知っている。だが、私は必要とするすべてのツールをもっているのだろうか。すでに学んだ教訓と、これからもっと成長しなければならないエリアを見極めるために、ツールの吟味をするときが来たのである。

父母の教え――文句を言わずに自分で何とかしなさい

私の両親のしつけは厳しかった。母方の祖母は1940年代にすでにフルタイムの秘書として働いていて、祖父は、私の母が12歳のときに亡くなった。父は10人きょうだいの末っ子で、ハイスクールを卒業する前にすでに働きはじめ、カーチス・ライト社のヘルダイバー型爆撃機の製造に携わっていた。1946年、18歳の青年として海軍に加わり、太平洋上の駆逐艦に所属した。

私の両親は私と兄のスティーブに、この世界では自分の力で自分の道を進んでいかなければならないと教えた。安定した仕事を当たり前とみなすこともなかったし、家を買う財力もなかった。同時に、誰かの援助を得ることもなかったし、私たち兄弟にも他人の助けを当てにするなと言いつづけた。

両親は教育熱心ではなかったが、私たちが自分のことを犠牲者と考えるのは望まなかった。兄か私が家に帰ってきて何か不満を漏らすと、いつもこう言ったものだ。「文句を言わずに自分で何とかしなさい」

また両親は、人が自分自身であることの大切さも教えてくれた。「まがいもの」が、彼らがある人について最大限に悪く言うときの、お決まりのひとことだった。とはいえ、シンシナティ郊外のフィニータウンに、まがいものはあまり多くなかった。

その街で、両親は袋小路に建つ段差のあるレンガづくりの黄色い3ベッドルームの住宅を2万3000ドルで購入した。そのころ私は5歳で、兄のスティーブは9歳。私たちの住むこぢんまりとした住宅はほぼ新築だった。住所は9060コティヨン・ドライブで、近所の通りにはチェリーブロッサム・レーンやフォンテーヌブロー・テラスなど、華やかな名前が付けられていた。しかし、フィニータウンは決して上流ではなく、まさに中流そのものだった。

私の遊び友達の母親たちは、ほとんどが専業主婦だった。私の母はスティーブが生まれたときに教職を離れた。父親たちは保険のセールスマン、教師、薬のセールスマン、GEの機械工など、どれも当時「立派な仕事」と呼ばれていた職業だ。父も例外ではなかった。GEエアクラフト・エンジンズ社(GE Aircraft Engines:民間および軍用飛行機エンジンおよび部品の開発事業)における調達部門の現場マネジャーだった父は、専門職に就くホワイトカラーだった。

私はよく、ここに住む人は絶対にコティヨン(フランス発祥の社交ダンス)を踊る舞踏会に出席することはないと言って笑ったものだ。何しろ、私たちにはエアコンすらなかったのだから。

ハイスクールに上がった私は、オハイオ州の暑い夏にはフットボールの練習から帰ってくると一目散に地下に向かい、ひんやりとしたコンクリートの床に寝転ぶのが習慣だった。そうでもしないと汗が止まらないのだ。

今でも覚えているが、父がついにエアコンの購入に踏み切ったのは、私が16歳のときだった。妻と結婚した日と娘が生まれた日と並んで、エアコンが設置されたその日が、人生最高の日として、いつまでも色鮮やかに私の記憶にとどまりつづけるだろう。

私はフットボールが大好きだったが、チームワークと互いを尊重することの大切さを学んだのは野球からだ。1973年、ハイスクール3年生のときだ。私はピッチャーマウンドに立っていた。当時、私の身長はすでに193センチ。巻き毛の17歳の少年で、白いユニフォームの胸元にはフィニータウンを表す大きな赤い「F」が記されていた。

スタンドを見上げると、いつものように両親が座っていた。野球場でも、フットボールフィールドでも、バスケットボールのコートでも、見上げるといつも息子の好プレーを期待する父と目が合った。その時点で、スティーブはもう大学へ行っていたので、イメルト一家の誇りはすべて私に向けられていた。いい気分だった。

その日の私は絶好調で、バッターを次々と三振に切ってとり、ゲーム展開は完璧だった。ところが、ショートを守っていた選手がエラーをしたとき、私は不満を爆発させてしまった。はずしたグローブを、思わず地面にたたきつけたのだ。私にとっては、どうということのない一瞬の出来事であり、すぐにグローブを拾って、試合を続けた。ところが、再び観客席に目を向けると、そこに父の姿はなかった。奇妙な感覚だった。試合には勝ったが、モヤモヤとした気分は晴れなかった。

コーチが解散を告げると、私は運動場を横切って家路を急いだ。父の言い回しを借りると、私たちの住む家はハイスクールからドライバーと9番アイアンの距離にあった。父はゴルフクラブの会員ではなかったが、玄関ポーチでボールをたたくのが好きだった。

5分後、私はコティヨン・ドライブに到着した。父はキッチンにいた。「ダッド、どこにいたの」。私は少し不満そうに尋ねた。「今年最高の試合だったのに」。父は振り向きもせずに、すぐにこう答えた。

「あのな、お前が愚かなふるまいでチームメイトに恥をかかせるようなまねをするのなら、そんなものをじっと座って見ているつもりはないんだ」

父の体は大きくはなかった。その当時で、私のほうが8センチほど背が高かっただろう。しかし、そう言われたとき、私は自分をとても弱く感じた。「お前に、そんな態度をとってほしくないんだ。チームの前で偉そうなまねはするな。絶対にだ」

その日の試合のスコアはもう忘れてしまったが、顔が真っ赤にほてったことは覚えている。本当に恥ずかしかった。みっともないふるまいをした私に、父は警告を発したのだ。父は相手が誰であろうとも、どこの出身でも、裕福でも、貧しくても、尊重しろと私たちに言いつづけた。

父のお気に入りのジョークは、「息子たちは格言集で育った」というものだ。私たちにつねに正しいことを教え、そして実践させてきたと言いたいのだ。父が頻繁に口にした格言の一つは、「問題は小さいうちに片付けろ」。もう一つは、「自分でやるか、やらないか。誰もお前のためにやってくれない」。そして三つ目のお気に入りが、「公平《フェア》は公平《フェア》」。これらの原則が、のちに私の経営スタイルを決めることになる。

深い学びを得た学生時代

私は、運動能力は優れていたが、特別な才能に恵まれていたわけではない。スポーツ選手として成功できたのは、ひとえに努力のたまものだ。夏のあいだは、ずっとランニングとウエイトトレーニングを欠かさなかった。実際にそれが役に立った。

ハイスクール3年生のとき、フィニータウンで私ほど多くの大学から勧誘を受けた者はほかにいない。いくつかの有力大学が、私をフットボールの選手として迎え入れようとした。しかしダートマス大学を訪れたとき、私は新しい故郷を見つけたと感じた。

最終候補として、ダートマス大学とヴァンダービルト大学が残っていて、ヴァンダービルト大学のほうがダートマスよりもいい条件の学費支援を提案していた。しかし、私はダートマス大学にぞっこんだった。「ビッググリーン」ことダートマス大学に入学させてくれるなら、できるだけ多くの現金を借りて、夏のあいだに仕事をして借金を返すと言って、父を説得した。

私は約束を守った。夏休みのたびに工事現場で働き、スクラップ場で手伝い、フォード・モーター社のために部品をつくり、倉庫を管理した。期末試験が終わればすぐに帰宅して、汚れた洗濯物を預けて、次の日にはもうフォードの部品工場の組み立てラインに立って働いた。時給は8ドル。私にとっては大きな額だ。その夏だけで、3000ドルほど稼いだだろうか。

夏休みが終わればニューハンプシャーの大学に戻り、そこでは、数学者にしてコンピュータサイエンティストでもあるジョン・G・ケメニーと密に交流した。彼はハンガリーから移住してきた人物で、プログラム言語のBASICを開発したことでよく知られている。ケメニーは天才的な教師であり、私の在学中には学長も務めていた。

また、教授陣と同じくらい多くの忘れがたいレッスンを、フットボールチームからも得ることができた。たとえば2年生のとき、私たちのチームはアイビー・リーグの優勝候補と考えられていたが、結果がついてこなかった。2試合連続で負けたあとの月曜日、チームは毎週恒例のミーティングを開いた。

最初に口を開いたのはマイク・ブリッグスだった。マイクは私の先輩で、控えのクォーターバック。

懸命に練習していたが、いつもベンチを温める役割に甘んじていた。そのマイクが、「一つ、言わなきゃならないことがある」と話しはじめた。そして、「レジー、君のことだ」とチームメイトのレジー・ウィリアムズを見つめた。

私たちは息をのんだ。ギリシャ彫刻のように筋骨隆々のレジーは、いつも先発を務めるスター選手だ。しかし、試合中以外あまり全力を出すことがない。「君には天賦の才能がある」とマイクは続けた。「間違いなく、チームで一番の選手だ。でも、俺たちのことを何とも思っていない」

これにどう応じるべきか、レジーはわからないようだった。おそらく、自分が弱く見られるのを避けるためだろう、彼はただ立ち上がった。しかし、レジー自身気づいていなかったが、自分にはチームの助けが必要だと認めるのは弱さの証だと考えるその態度こそが、彼を弱くしていたのだった。

のちになって知ったことだが、ハリー・ウィルソンという別のチームメイトもまた、練習後にレジーを呼び出し、マイクの言葉に向き合うように諭したのだという。多くのチームメイトが、マイクの指摘が的を射ていると感じていたのだ。

マイクやハリーの言葉を理解したとき、レジーは変わった。以降彼はメンバーとして、そしてリーダーとしてチームを率い、のちにNFLで14年間にわたって活躍することになる。一方、ハリー・ウィルソンにはのちに息子が生まれる。それが、シアトル・シーホークスのクォーターバックとしてプレーしたラッセル・ウィルソンだ。この出来事から、私はひとつの教訓を得た。何か言いたいことがあるのなら、たとえどんなに難しくても率直に言うべきなのだ。

苦学生が目指したもの——人々の生活をよりよくしたい

1978年に大学を卒業した私は、ハーバード・ビジネス・スクールに出願した。私にはまだ学ぶべきことがたくさんあったからだ。大学の仲間と楽しく過ごす日々は終わり、身を引き締めるには大学院へ行くのがいいと思えた。

フットボールのコーチの一人だったジェイク・クルーサメルがすばらしい推薦状を書いてくれたおかげで、ハーバードが入学を認めた。しかし、まずは学費を得る必要があったので、私は入学を2年間延期し、プロクター・アンド・ギャンブル（P&G）社で働くために故郷シンシナティに戻ることにした。

私はP&G傘下のダンカン・ハインズで、ブランドマネジメントに携わった。そのときの仕事仲間の一人が、のちにマイクロソフトで2番目の社員になるスティーブ・バルマーだ。もしあなたが、デスクスペースの間仕切り越しにクリップを貸し借りする当時の私たちの姿を見たなら、この二人が50歳にもならないうちに会社のCEOになるとは、想像できなかっただろう。上昇志向の強い典型的なキャリアと違って、バルマーも私も、むしろ漫画『ディルバート』に出てきそうなのんびりした人種だった。

そんな私たちも、フォーマイカ樹脂製のデスクで長時間仕事をした。私たちにとって最も重要な製品は、ブルーベリーマフィンとブラウニーとモイスト&イージー・スナック・ケーキのミックスボックスだった。目標は、ダンカン・ハインズのために、ベティクロッカー社から市場シェアを奪うこと。そのために何をすべきか、さまざまな戦略が議論された。

ベティクロッカーの特徴はどのブラウニーの箱にもハーシーのチョコレートの小さな缶が入っている

ことだったので、それに対抗するために、ダンカン・ハインズはミックスボックスに1袋の「液体フレーバー」を足すことにした。それを売るのが私たちの仕事だった。

ダンカン・ハインズがすでに強さを誇っている地域に販売努力を集中すべきか、それとも、ベティクロッカーの支配する地域に活路を見いだすべきか、私たちは話し合った。価格を分析的に検討する方法も学んだ。マフィンミックスを30セント値引きして2箱売ることができるのなら、1箱を定価で売るよりももうけは多くなるのだった。

バルマーも、私と同じく大学院へ進学した。先にP&Gを去ったのはバルマーの方で、スタンフォードへ向かった。私はもう少し仕事を続けてから、東へ向かった。

ケンブリッジ地区にあるハーバードの赤レンガのキャンパスに足を踏み入れたときには、心が震えた。ハーバードは、本当に蔦《アイビー》で覆われていた。しかし、ここで最高の学歴を手に入れようとする私に、厳しい現実が突きつけられた。破産していたのだ。私のクレジットカードは利用限度額が200ドルに制限されていたのだが、VISAはそれに加えて限度額を半分にし、さらにはカードを返送するよう求めていた。出費を減らすために、私は「ピーボディ・テラス」と呼ばれる場所にある3ベッドルームのアパートで、四人目の男として住むことを自ら申し出た。私の部屋はクローゼットだった。

ハーバード・ビジネス・スクール（HBS）での生活は楽しかった。ケーススタディがたくさん行われていて、ともに学ぶ仲間たちも活発だった。教室は円形劇場のような形で、何列かの座席が並んでおり、私たちは後列の席に陣取った。HBSの学生たちが「スカイデッキ」と呼ぶ場所だ。我々スカイデッカーは、下の列にいる学生たちを品定めしながら、誰にも注意されることなくおしゃべりを楽しめた。

私はいつもジュディ・ケントの横に座った。2年生のときにもう一人のクラスメイトであるジェイミー・ダイモンに紹介したところ、のちに二人は結婚した。このジェイミーこそ、アメリカ四大銀行のなかでも最大のJPモルガン・チェースの会長兼CEOとなる男だ。

私のもう一方の横には、スー・ザデックが座っていた。私のルームメイトだったスティーブ・マンデルとやがて結婚する女性だ。スティーブはのちにヘッジファンドのマネジャーとなり、慈善活動を始める。さらにタイガーマネジメント社でマネジングディレクターを務めたのち、ローンパインキャピタル社を興した。

他のクラスメイトも同じように大物になっている。スティーブ・バークはNBCユニバーサルのCEOとなり、スコット・マルキンはバリュー・リテイル社を設立した。私の親友であるピート・マグラスリンとその妻のローリーは、通信販売の大手であるMBIを率いることになる。

私は、自らのキャリアについて大きな計画を立てていなかった。誰かが当時の私にどんな本を読んでいるか尋ねてきたら、答えは『スポーツ・イラストレイテッド』だった。

1982年に卒業したとき、誰もが投資銀行を目指しているようだった。しかし、私は違った。私はひと夏をボストン・コンサルティング・グループ（BCG）で過ごし、仕事仲間たちとも馬が合ったが、仕事の内容には満足できなかった。

最終的に、BCGは私に5万ドルの年俸を提示して、就職するよう促した。モルガン・スタンレーも同じような額を提示した。1982年時点ではかなりの額だ。それに私には、ダートマス大学とHBSの学費ローンも返済する義務があった。しかし、投資銀行での仕事はあまりにも抽象的だったので、興味がもてなかった。私は、人々の生活をよりよくする具体的な何かをつくる仕事に携わりたいと思っていた。だから、GEが年収3万ドルを約束したとき、私はすぐに応じた。GEに包まれて成長した私は、やはりGEがお気に入りだった。

そのころ私は、モルガン・スタンレーに所属するジョー・フォッグという有名なバンカーに出会った。GEで働くつもりだと言った私を、彼はこうあざ笑った。「モルガン・スタンレーで働けば、君は1年目でジャック・ウェルチに会えるだろう。GEで働くなら、20年たっても無理だろうね」。私はその言葉を決して忘れず、フォッグが間違っていたことを証明した。

GEに入社しておよそ1年後、私はジャックと面会した。ジャックが六人の若いマネジャーをオフィスに集めたのだ。上司が私たちをジャックに推薦してくれたらしい。およそ1時間、私たちはGEの目標やそこにいたる道筋などについて語り合った。27歳だった私は、ジャックとそのような時間が過ごせることに興奮した。

しばらくすると、ジャックから手書きのメモが送られてきた。そこには「君はいい仕事をしている。本当に感心している」と書かれていた。私はそのコピーを両親に送り、オリジナルは自分で保管した。今もまだもっている。

私を導いたリーダーたち

1982年にGEにやってきたとき、私の最初の所属はプラスチック部門だった。南西地区のセールスマネジャーになるため、私はダラスへ引っ越した。チームを率いて、ノリル樹脂という小さなプラスチックペレットを売るのだ。企業はそれを溶かして、計器のパネルや車のバンパーなどさまざまな製品に加工するのである。顧客は七つの州にまたがり、自動車会社やコンピュータ企業が多かった。

私の下には8人のセールス要員がいた。テレビドラマの『ジ・オフィス』を見たことがある人には、彼らがどんな個性の持ち主か、想像できるだろう。

大学を出ていなくて、いつもカウボーイシューズをはいたテキサス出身の背の高いセールスマンがいた。求めなくても、いつも率先してドアを開けてくれるモデルのようにかっこいい男もいた。いつも誰かを訴えようとしているのではないかと思えるほど過激な女性もいた。しかしその過激さが仕事の役に立っていた。そして、アンディがいた。私の妻となる女性だ。

アンディは、私が赴任してきた最初の日に、彼女と同僚たちが私にした挨拶の様子を今でもよく話題にする。ひとことで言ってしまえば、彼らは疑いの目で私を迎え入れた。その理由の一部は身なりだった。私の出で立ちは、ブルックス・ブラザーズの5ピーススーツだった。彼らの目には、私がお高くとまったハーバード野郎に見えたのだ。

すると、例のブーツを履いたセールスマンがこう言った。「スーツを脱いだらどうですか。間抜けに見えますよ」。その彼の付き添いで私はショッピングに出かけ、ブレザーとカーキ色のズボン、そしてもちろんカウボーイブーツを買った。私は部下たちに何度もこう言った。「それが役に立つのなら、私も君たちといっしょにセールスに出てもかまわない。とにかく、私に仕事を教えてくれ」と。彼らは私が命令を出すだけではなく、本当に一緒に働こうとしていることに気づいた。

アンディと私は、その年のうちにテキサスで親密になった。彼女がパナマで生まれたあと、南米のベネズエラとブラジルで生活したのは、父親がフォード・モーター社の輸出部門で働いていたからだ。そして10歳のとき、家族とともにデトロイトの郊外に位置するミシガン州バーミンガムに引っ越した。世界を見てきたアンディは、人付き合いに長《た》けている。だから私は、いつもこう言う。「私の妻を嫌う人はいない」。彼女は誠実だ。嘘ではない。しかも、セールスウーマンとしても優れていた。

プラスチック部門の社風はワイルドでクレイジーだった。そして、そのことを誇りにしていた。ランチのときにマティーニを4杯飲む連中もいた。彼らが自分たちのことを「マッドドッグ・プラスチックス」と呼んでいたのにも、ちゃんと理由があった。

化学エンジニアだったジャック・ウェルチもスタートはプラスチック部門で、ここの「よく働きよく遊ぶ」風土の形成に一役買っている。そのアプローチが、他社との競争において役に立つのだ。私たちの主要なライバルはバイエルやBASFなどドイツの化学会社で、それらのセールスパーソンはどちらかといえば、ボトムアップ型でルールに従っていた。一方、GEプラスチックスはそんな役所じみた堅苦しさとは無縁で、売るためなら何だってした。おそらくジャックは、プラスチック業界をユニークな存在とみなしていたから、手綱を緩めることにしたのだろう。

ほとんどの分野で、人は他社と競争しながら、すでに存在するパイの取り分をできるだけ大きくしようとする。しかし、1980年代のGEプラスチックスが戦うのは市場シェアを増やすためではなく、市場シェアを〝つくる〟ためだった。私たちはもっと大きなパイを焼きたかったのだ。プラスチックでつくる製品の数を増やすために、私たちは新しいポリマーや樹脂を次々に発明した。誰かが金属で何かをつくったのなら、私たちはもっといいものをプラスチックでつくる方法を見つけようとした。

私はあまりアルコールを飲まない。付き合いでメルローワインを注文して一口は飲むけど、すぐにダイエット・コークを頼む。そんな男だ。私が当時はまっていたのはダンキンドーナツだ。しかし、仲間との付き合いも大切なことを知っていた。だから、呼ばれればパーティに赴いた。あまり長居することはなかったが。

当時私は、実際に売ることを通じて、セールスのしかたを学んだ。私を指導したのは、上司のPDとパトリック・デーン・ベイズだ。彼ほど対面販売に優れた者を、私はほかに知らない。現場で培った知識が豊富で、賢く、歯に衣着せぬ物言いが特徴だった。

「靴を磨け」と、彼はいつも吠えた。「靴が汚れていたら、注文なんかとれないぞ」。直感にも優れていた。どうやって取引を成立させればいいか。いつ退席するのか。PDは答えを知っていた。潜在的な買い手に、チームとしてどう歩調を合わせて売り込めばいいかを教えてくれたのも、最初に「ノー」と言われたときに何と言い返せばいいのかも、彼から教わった。重要ではないことに時間を浪費するなとも教えてくれた。

いかにもPDらしいエピソードを紹介しよう。ある日、GEの戦略担当がPDに電話越しに尋ねた。「西部地区で、GEのポリカーボネートのシェアはどれくらいだ」。PDは「ちょっと待てよ」と言って、一瞬受話器に手を置いてからためらうことなく、こう答えた。「47パーセント」。相手は礼を言い、PDは受話器を置いた。「正確な数字は知らない」とPDは白状した。「だが、あいつも知らなかったから電話をかけてきたんだ。46か48か、正確な数字を知るために数週間を費やす必要があるか。どっちでも同じだろ」

PDは日ごろから自分の母校であるマーシャル大学を、嘲《あざけ》り半分自慢半分で、「ウエストバージニアのハーバード」と呼んでいた。これもまたPDの性格を色濃く物語っている。PDの自信とおおらかさは、誰をも虜にした。本当にすばらしい指導者だった。

PDは私に、真のリーダーはここぞというときに決断を下し、たとえ批判されてもその決断を曲げないと教えてくれた。優れた管理者であることは、人気コンテストではない。勇気と責任感が欠かせない。顧客のニーズを理解し、それに応じながらも、同時に利益を上げる技術を、私はＰＤから学んだ。自分の部下あるいは自分自身に賭けてみることの大切さも。

当時はマキラドーラ制度が始まってまだ間もないころだった。メキシコに免税区域を設けて、そこで工場を建てるのだ。そのころ私はＰＤに、私たちの製品が出荷されるまでの時間の長さにイライラしている顧客がいると話した。そこで私は、メキシコに在庫を保管しようと考えた。「私に４万５０００ドルくれたら、あそこに倉庫を買って在庫を置きます。そうすれば、注文もあまり減らなくなるはずです」と私は言った。ＰＤはうなずき、私たちはその倉庫を買った。その後、注文の減少はぴたりと収まった。

まもなく、私はシカゴに転勤した。同じプラスチックペレットを、今度はアメリカの西半分で売るためだ。そのころから私は、アンディとデートをするようになり、それまでも仲のよかった二人のあいだが急速に接近していった。そして１９８６年の２月、多くのプラスチック仲間に祝福されて、私たちは結婚した。そして１年後、娘のサラが生まれる。

１９８７年12月、私のもとにハーバード大学から２万５０００ドルの請求書が送られてきた。卒業時に学生ローンの残高一括返済を５年間先送りにする申し込みをしており、その支払期限が来たのだ。アンディは泣き崩れた。「これからどうすればいいの」。彼女は叫んだ。「クリスマスを迎えられないわ」。一方の私は、自分自身に腹を立てていた。「くそ、何かを忘れているような気がしていたんだ」。私たちはＧＥで大金を稼いでいたわけではない。請求書もたまっていた。貯金もない。給料日から次の給料日までを、何とかしのいでいた。しかし、成功するための知識は学んでいた。

私はまだ出世の階段の下のほうにいたが、それでもジャック・ウェルチのために働いていると実感していたし、それでいいと思えた。ジャックのことが大好きだったし、彼から大いに刺激も受けていた。

GE会長として初期のころ、GEは自らがリードしている市場でのみビジネスを続けるべきだという自身の宣言を実行に移すために、ジャックは数十万の雇用を減らした。そのため彼は、「ニュートロン・ジャック（中性子爆弾のジャック）」と呼ばれるようになっていた。しかし、この異名は彼の人柄の一部しか反映していない。ある考えの是と非を、彼ほど正確に見抜ける人物を、私はほかに知らない。私はジャックが怒りっぽいという話を聞いたこともあるし、彼のことを「パットン将軍」と比較する同僚がいることも知っている。しかし、私自身はジャックのことを怖いと思ったことはない。彼のまっすぐな気性は、私にとっては魅力だった。

ジャック・ウェルチについては、すでにたくさんのことが書かれている。しかし、もし誰かが私に、彼から学んだことで最も大切なのは何かと尋ねたら、私は即座に、「大きな会社を率いる方法」と答えるだろう。ジャックは、誰もが頼りにされ、誰の声も聞き入れられる文化を築き上げた。彼は、GEのマネジャーにオフィスから出て、すべての人と顔見知りであることを求めた。閉ざされた扉の後ろに居座ろうとした官僚的な人々は皆会社を去った、あるいは追い出された。

ジャックは、プロトコルや組織図などにはあまり興味がなかった。誰にでも、自分で電話をかけた。マネジャーたちを横一直線で対等に扱った。それぞれが異なる事業に携わっていても、彼らマネジャーたちから変化が起こり、それが会社全体に広がると信じていたからだ。

上位500人のGEリーダーたちには、とくに注意を払っていた。この500人に対し、ジャック自らが報酬や昇進を管理していた。その際、誰もが、ジャックは人を本能的に見抜く力があって、その力を信じていることを知っていた。「あなたは私のために働いている」と、彼はよく言った。また、「会社はあなたを借りているだけだ」とも。

ジャックはGE内でのコミュニケーションを支配し、メッセージを管理していた。彼から私は、リーダーとは全社員（数千人）に向けては一つの声で話し、数百人が集まる講堂や十人程度の会議室、あるいは一対一で面と向かっているときは、それぞれ少しずつ違う声で話すことを学んだ。ジャックは、自分がどこで何を話すかをよく理解し、それぞれのグループに対する自分の言葉の影響も熟知していた。必要に応じて、口調も使う言葉も変えた。

私がヘルスケア事業を率いていたころ、ジャックが私の仕事ぶりを見に来たことがある。そのとき、私たちは人選を巡って意見が食い違った。ジャックはある人物を最高財務責任者に推したのだが、私はふさわしくないと考えたので、その案を拒否した。ジャックを相手に危険なことだ。

ジャックは私の判断力や忠誠心に次々と疑問を投げかけ、私をズタズタに引き裂いた。ここは譲れないという場面では、猛然と責め立ててくる。ところが次の瞬間、隣の部屋で待つ組合指導者たちの前に立つと、彼はまた魅力的になり、懐の深さを示すのだ。まるで、まったくの別人のように。

組合指導者の一人が四度の結婚を重ねたのち、五度目の結婚として、最初の妻と再婚することになったのだという。ジャックは15分もかけて、どうしてめでたく再婚することになったのか、根掘り葉掘り尋ねる。節度をわきまえながらも、明るく、親しみやすく会話を弾ませる。しかし、話が本題に移ると一気にギアを上げて、次の契約交渉ではどんなパラメータが考慮される可能性があるか、自説を披露するのである。それはまさに名人芸だった。

批判に耐えることを学ぶ——GE史上最大のリコールを乗り越えて

奇妙に聞こえるかもしれないが、もし最初に冷蔵庫の直し方を習っていなかったとしたら、決してGEのCEOになることはなかっただろう。1989年、私は妻のアンディと娘を連れてケンタッキー州ルイビルに移り住んだ。GEアプライアンシズ（GE Appliances：GEの家電部門）のカスタマーサービス部門の長に任命されたのだ。しかし、当時の私はこれを昇進と受け取ることはできなかった。

なぜなら、GEの冷蔵庫が次から次へと故障していたからだ。原因はすぐにわかった。コンプレッサーの不具合だった。冷媒蒸気を冷蔵庫の外側のコイルに送り込むコンプレッサーは、気温が暑い日にはフル稼働しなければならない。暑ければ暑いほど、故障するコンプレッサーの数も増えた。

最初に不具合を報告したのは、プエルトリコの顧客だった。次がフロリダだ。調べてみると〝330万台すべて〟の冷蔵庫のコンプレッサーが順番に壊れ、故障の波が暑い地域から涼しい地域へと広がっていくことが予想できた。最後に壊れるのはメイン州の冷蔵庫で、その日は必ず来ると私たちは確信した。修理には1台につき210ドルかかる。顧客が冷蔵庫を買ったときに支払った代金の半分以上だ。大惨事である。

ジャックと相談しなければならない。そこで家電部門の社長とCFOと私の3人がGEのコネチカット本社に向かった。役員室に入ると、およそ二十人の男たちが大きなテーブルを囲んで座っている。上座にいるのはジャックだ。

私の上司とCFOが状況を大まかに描写した。そして私に、どれほど短い期間でコンプレッサーが壊れつづけることになるか、詳しく説明するよう求める。私はチャート図とグラフに加え、知識豊富なアシスタントを連れてきていた。GEの統計担当者で、故障の波がどう広がるかを説明するときにサポートしてくれるよう、私が頼んだのである。彼は六十代の前半で、定年間近だったが、その場の様子におびえてすくみ上がっていた。

私はまず、それまでの修理の様子を説明した。この点は誰かに任せる必要はない。私も含め、マネジャーの全員が作業服を着て、実際に修理に出ていたからだ。故障した冷蔵庫の下に手を伸ばしたときの、まるで溶けつつあるアイスクリームに腕を突っ込むような感覚を、私は決して忘れないだろう。私は、できるだけ効率的に修理するよう努めてはいるが、該当する冷蔵庫の数があまりにも多いので、最終的にはGE史上最高額である約5億ドルの損害額になるであろうと話した。そのときのジャックの反応を、私は忘れることはできない。乱暴に頭を後ろに倒して天井を見上げ、「ああああ」と叫んだのだ。

そこから会議の空気は険悪になった。何人かはジャックをなだめようとした。「コンプレッサーに酸化亜鉛を吹きかけたら壊れなくなるかもしれません」とGEのリサーチ・ラボを運営するウォルト・ロブが言った。これを聞いたジャックは、「ウォルター、お前は黙ってろ!」と怒鳴りつけた。それでもロブは話しつづけたが、ジャックは一向に聞こうとしない。「黙れ。窓から放り出すぞ!」と再び雷を落とした。

続いて私が連れてきた統計担当者が立ち上がって話しはじめたが、彼はあまりにもおびえていて、まったくと言っていいほど声が出ていなかった。その様子は、まるで『オズの魔法使い』のブリキの木こりのようで、口が開きもしなかった。

そこで、私がふたたび立ち上がり、統計担当者がもってきていた故障曲線図や対数表などを使いながら、次の故障の波がどこを襲うか、予想を披露した。それが私の得意分野ではないことを知っていたジャックは、「お前は何を言っているのか、自分でもわかっていないのだろ!」と叫んだ。

公平に言うと、私が正気を失ってもおかしくない時間があったとするなら、この瞬間だっただろう。

想像してもらいたい。当時は世界的にコンプレッサーが不足していた。そのため、しばらくのあいだ私たちは壊れたコンプレッサーを、まだ壊れていない欠陥コンプレッサーと取り替えていたのだ。そのコンプレッサーも、いずれ壊れることを知りながら。これほどむなしいことがほかにあるだろうか。修理した冷蔵庫のすべてを、例外なく、近いうちにまた修理しなければならないのだ。顧客を怒らせるだけでなく、働きづめのサービス技術者にとっても、とてつもないストレスだ。私たちは追加の修理要員を雇い入れたが、修理が一段落つけば、また解雇しなければならない。一つ問題を解けば、また新しい問題が生じた。

環境問題にも気を付けなければならなかった。壊れたコンプレッサーを交換するために冷蔵庫を分解するのだが、そのときホースの1本に布をかぶせる必要があった。一般にフロンガスとして知られるクロロフルオロカーボン（CFC）が、ホースから放出されるのを少しでも防ぐためだ。

ワシントン州で、技術者がある女性の顧客から何をしているのか尋ねられたところ、彼はこう答えたそうだ。「CFCが漏れている、なんて話を聞きたくないでしょ」。ところが運の悪いことに、その顧客は顔の広い環境保護論者だった。早速彼女は、上院議員のアル・ゴアに電話した。間もなく私はゴアのオフィスに呼び出され、こてんぱんにやられた。

1988年当時、私たちの修理工たちが大気に放ったフロンガスがどれほどの害をなすか、一般にはあまり知られていなかった。しかし、ゴアはそのあたりの事情に詳しかったので、ワシントンDCに現れた私に、詳しく説明した。私は、初めのうちは礼儀正しかった。「ゴア議員。お話を伺いにまいりました。あなたが何を不満に思っているのか、本当に理解したいと思っています」と挨拶すると、ゴアはぶっきらぼうに「私が問題視しているのは、あなた方が私たち全員を殺そうとしているという点だ」と応答した。

よく覚えていないが、私は何か言い訳じみたことを言ったのだろう。「私はまったくそう思わない」とゴアが声を荒げた。彼は大声で15分ほど、私がそれまで聞いたことのない現象についてレクチャーした。それは「気候変動」についてだった。

彼を嫌いになってもおかしくない状況だったのに、話が終わったとき、私は心を奪われていた。それから数年、誰かがゴアの名前を出すたびに、私はこう言った。「彼は必要なときに必要なものを調達できる男だ。尊敬に値する」

すべてひっくるめると、私は複数の分野で七千人の社員を監視する立場にあった。それをうまくこなすには、セールスのスキルだけに頼っているわけにはいかない。私のオフィスはビルディング6と呼ばれる建物にあったジャックが製造拠点をアジアへ移すまで、エアコンをつくっていたアプライアンスパークの大きな空き工場だ。この隔離された空間を使って、私は社員との対話集会を開いた。状況の厳しさを人々に知ってもらうためだ。

しかし、むしろ私が学んだのは、私の社員がコントロールできる側面に意識を集中することだった。たとえば、修理にかかる時間などである。平均的な修理時間は106分だった。私たちは、最適な方法を共有できるように、互いに教え合う機会などを設けた。コンテストも開き、最も速く修理した者に賞を与えた。そうやって、毎日大変な思いをして修理にいそしんでいる人々に、何かを得る機会を設けたのである。

それはGEの歴史で最大のリコールで、私はその渦中にいた。しかし、この件に携われたことに、私はこれからもずっと感謝しつづけるだろう。それは、まったくもって不可能な仕事だった。しかし、最初に不可能と思える問題に取り組んだら、その後はどんな問題が生じてもたいしたことないと思えるのだ。

大きな会社では、数百人が決断に関与していることもある。その決断が正しければ、数千人が信用を得る。決断が間違っていたり、困難に直面したりすれば、ほとんどの人が「だからやめておけと言ったんだ」などと批判するだろう。この考えは役員室にも、組立ラインにも、同様に当てはまる。

コンプレッサー危機で印象的だったのは、そして同時に教訓的でもあったのは、ジャックが責任をもって決断したという点だ。彼はとやかく言ってくるまわりの声に動じなかったし、顧客を守るために短期的な利益を犠牲にすることをためらわなかった。この重要な教訓を、私はのちに私の部下たちとの関係にも応用しようとした。

どのような圧力にも屈しない鉄面皮

1992年、私はGEアプライアンシズを離れ、GEプラスチックスに舞い戻った。全事業の3分の2、言い換えればアメリカ全体の利益と損失の責任を私が負っていた。この異動で、私はマサチューセッツ州のピッツフィールドに移った。

1994年、インフレで石油価格が高騰し、ポリマーや樹脂の製造に用いる素材の価格が上昇した。その結果、その年のGEプラスチックスは収益が5000万ドル目減りした。1995年1月、そのような状況下で、GEのトップマネジャーだけが集まる毎年恒例の3日間の慰安会合がフロリダのボカラトンで開かれた。

私はジャック・ウェルチにこっぴどく叱られるものと覚悟していた。実際に会合最終日の晩、同僚たちとエレベーターへ向かう私をジャックが腕をつかんで引き留め、こう宣告した。「会社全体を最悪の1年にしてくれたのは君だ。全社で最悪の人物は君だ！」

同僚たちは一目散にその場を立ち去り、廊下の角を曲がっていった。私はまるでネズミのように追い詰められ、ジャックと二人きりになった。「君はもっとできるはずだ」とジャックは吠えた。「挽回するチャンスを一度だけ与える。だが、それに失敗したら出て行ってもらう」。ジャックは本気だった。「わかりました」と、私は答えた。「もし結果がお気に召さなければ、私をクビにする必要もありません。自ら退職します」。幸いにも、私は事態を好転する方法を見つけた。私たちの製品の価格を上げればいいのである。しかし、それは簡単なことではなかった。

GEのプラスチックペレットにとって、最大にして最も重要な顧客は自動車産業だ。自動車メーカーは、プラスチックからバンパーやダッシュボードをつくるのである。GEのセールス職員は、自動車メーカーのバイヤーたちをとくに恐れていた。私たちGEのセールスチームはデトロイトに行くたびに、ゼネラルモーターズ（GM）の購買部門の向かいにあるレストランに集まって、厳しくなるであろうセールスに向けて対策を話し合った。

想像してみよう。一団の大人の男たちが、ビクビク震えながら爪をかんでいるのである。それが私たちだ。恐れる相手は、強敵のハロルド・カトナー――GMのグローバル購買部門の副社長だ。

カトナーは伝説的存在だった。23歳でキャリアをスタートさせたカトナーは、当時GMで20年近くを過ごしてきたベテランだった。しかもうわさによると、バッファロー出身の彼は8歳で仕事に就き、それ以来1日たりとも休んだことがないというのである。彼は自分のことを「厳しい《タフ》だが公平《フェア》」と言っていたが、私たちにとっては服従を強《し》いる純然たる支配者だった。

そして1994年、私はカトナーにGEのプラスチックペレットの値上がりを伝えた。予想通り彼は、支払いを拒んだ。私は、GMに製品を納入するのをやめた。宣戦布告である。プラスチックペレットがなければ、GMは生産ラインをストップせざるをえない。

私はカトナーと膠着状態の打破について話し合うために、デトロイトに赴いた。そこにジャックが電話をかけてきて、私と自動車部門のセールス責任者に戦術を授けたのである。そのとき、私たちはGMの駐車場でレンタカーのなかにいた。ジャックは私に、この重要な交渉に私が勝つことを望んでいると伝えた。いかにもジャックらしいやり方だった。私の上には数多くの上級マネジャーがいたのにもかかわらず、それらをすべてすっ飛ばして私に直接電話をかけてきたのだ。

数分後、私がGMの会議室に入ると、カトナーが大声を張り上げた。「このろくでなし! お前を『ウォール・ストリート・ジャーナル』の一面に載せてやる。お前の会社は大炎上するだろうよ。ジャック・ウェルチは国民から目の敵《かたき》にされるぞ。すべてお前のせいだ!」。私は座ったたまましじっと耐えた。カトナーに、自ら落ち着きを取り戻すまで話させ、あるいは叫ばせ、それから交渉を始める。それが私の戦略だった。

数時間を要したが、私は動じなかった。GMは、GEの「レキサン」――DVDのようにデリケートなものをつくるのに使えるほど柔軟でありながら、銃弾を止められるほど強固でもある熱可塑性ポリカーボネート樹脂に、1ポンドにつき10セント多く支払うことに同意した。それ以降、私が指揮していた時代にGEプラスチックスが期待を裏切ることは一度もなかった。

成長の評価――医療分野における超音波事業の急成長

1996年、ジャック・ウェルチが私をGEヘルスケアのCEOに任命した。ただし、当時その会社はまだGEメディカルシステムズ（GEMS）という名だった。

光栄なことだ。ヘルスケア分野は、人々の生活をよりよくする数多くの信頼できる製品をつくっているという点で、GEのなかでも最も気に入っている分野であり、その意味でGEMSに勝る部門はほかにない。家族とともにミルウォーキーに行くのが、待ち遠しくてならなかった。

だがそのころ、GEMSの経営は簡単なことではなかった。夫が選出されてすぐ、ヒラリー・クリントン大統領夫人が先陣を切って医療改革を推し進めたが、全国民に医療保険を提供するという試みは、1994年に民主党に支配された議会ですらじゅうぶんな支持を得ることができなかった。

単一支払者制度の可能性はまだ残されていたが、それでも医療産業は縮小していた。また、今にして思えば、GE内の観点からも、GEMSを会社で最も多くの収益を上げる組織に変えるのは、困難を極めたはずだ。

私がウィスコンシン州にやってきた年は、たまたまGEの歴史上最高の1年だったが、そんな年でもGEMSの成長軌道は緩やかだった。実際には、私がやってくるまでの3年、横ばい状態が続いていた。理由は簡単だ。GEは医療部門における努力を画像診断装置の一点に集中していたからだ。そして、GEの画像診断装置はすでに市場を支配していたのである。

4兆ドル規模の市場で、GEMSはすでに35億ドルのビジネスだったのだが、私は変化が必要だと感じた。この部門の成長を促すために、できることは三つあった。すでに存在する製品の市場を世界に拡大する、画像分野に新製品を導入する、新しい分野に参入するために隣接分野の事業を買収する、この三つだ。私はすべてを行うことにした。

私が任期中に最初に行った買収の相手は、ダイアソニックス・ビングメド・ウルトラサウンドという会社だった。私たちはダイアソニックスのことをよく知っていた。私の前任者が、ダイアソニックスで製品開発を担当していたオマール・イシュラクという人物を引き抜き、GEのグローバル超音波事業を委ねたからだ。その時点で、超音波市場におけるGEMSの市場シェアは10パーセントに満たなかったが、イシュラクにはシェアを伸ばす秘策があった。

毎年確実に高性能化した新製品を開発しながら、同時に価格を毎年10パーセント下げるというのである。彼の野望は、当時にしては無謀とも思えるもので、パーソナルコンピュータを利用して低価格な超音波機器をつくることにあった。ノルウェーの会社だったダイアソニックスはその開発に取りかかり、イシュラクはPCをもとにしたユニットが実現すれば、そこからできた製品はGEを超音波市場で7位から1位に押し上げると確信していた。

GEとダイアソニックスの両社のメンバーの多くが、この買収に懐疑的だった。しかし、私はイシュラクを信じた。バングラデシュで生まれ、キングス・カレッジ・ロンドンで博士課程を終えたイシュラクは、私がこれまで出会ったなかでも最高のリーダーの一人だ。キャリア全体を通しても、イノベーションと経営手腕と才能開発という3点のすべてで秀でている存在に出会うことはほとんどない。イシュラクは起業家精神にあふれ、経営のノウハウを知っていて、人心掌握に長け、しかも――これが最も大切な点だが――人と違うことをいとわなかった。私は医療チームの全員に、彼を見習うよう促した。

だから私は、ダイアソニックスの買収に前向きだった。私はイシュラクが有言実行できると確信していたので、否定的な者たちを押さえつけた。そして、私とGEMSのCFOであるキース・シェリンがノルウェーのホルテンへ飛び、ダイアソニックス社の質素な本社ビルに足を踏み入れたのである。少し大きめの小屋、それが最初の印象だった。それでも、私たちは2億2800万ドルで取引を結んだ。

この買収により、私たちの超音波部門は2倍に拡大し、出遅れていた心臓超音波分野でも成長する足がかりを得た。ダイアソニックスの買収はもう一つの点でも有益だった。事業が本当の意味でグローバルに広がったのだ。長年にわたって、GEは韓国、インド、中国、日本の中小の超音波企業とジョイントベンチャー（JV）を設立し、そこを販売窓口としていた。GEがそれら企業の研究に資金を出すのだが、厳しく監視することはしなかった。JVの本当の意義は、私たちのつくる高価なMRI機やCTスキャナーを売ることだったからだ。

イシュラクはこの点に手を加えた。グローバルエンジニアリンググループを作り、GEの世界的な潜在価値を調べ、それを活用することに力を入れたのである。イシュラクの指揮下で、このチームは彼が夢見てきたPCをもとにした超音波機器を発明した。ビビッドと名付けられた一連の製品だ。続けてイシュラクは賢明にも超音波専属のセールスチームを組み、彼らの低価格製品が市場で注目を集めるように仕向けた。

ダイアソニックスの買収は、大企業と小企業の結婚が完全にうまくいった例だと言える。ダイアソニックスが我々に高い技術力と、業界の知識と、そして顧客との密接な関係をもたらした。GEはダイアソニックスに、成長と改善に必要な資本を与えた。さらに重要なことに、小企業には閉ざされている扉を開く力がGEにはある。大と小が正しく結びつくことが、将来のさまざまな成功に結びつく方程式になる、私はそう感じた。

わずか数年で、イシュラクの努力はじゅうぶんすぎるほど報われた。私がGEMSを去った2000年の時点で、GEは超音波部門でグローバルリーダーになっていた。

ライトスピードの発売

長年にわたり、私たちは最高級のマルチスライスCTスキャナーの開発に取り組んできた。CTとはコンピュータ断層撮影のことだ。マルチスライススキャナーはX線ビームを応用していて画質がよく、シングルスライススキャナーよりも高速で診断情報を集めることができる。私がCEOになったときにはすでに開発が行われていたが、私はこの新しい技術をさらに力強く推し進めることにした。私はこの分野で、GEを技術的なリーダーにしたかった。GEがナンバー1になるには、ほかに道がないと思えたからだ。

開発とテストが成功するまでには数年を要したが、1998年に「ライトスピードQX/i」を発表したとき、私たちはその出来栄えに興奮した。その機械を使えば、断層撮影がたった20秒でできたからだ。体の弱った人が息を止めていられる平均的な時間が20秒なのだ。以前の低品質な機械では、9倍の時間がかかっていた。

私たちはニューヨーク市で祝賀発表会を開き、そこでライトスピードQX/iの発売を宣言することにした。ロックフェラーセンターにあるNBCのスタジオ8H――『サタデー・ナイト・ライブ』が毎週放送されていた場所――に顧客を招待し、そこからウォルドーフ・アストリア・ホテルに向かう。そこで機械を間近で眺めながら、それらを発明したエンジニアと話をすることになっていた。

それまで、GEMSがそのような豪華な場所で、それほどまで大々的に製品の発表会を行ったことは一度もなかったが、私たちは極力、場所ではなく製品に注目が向くように工夫した。

私が招待したジャックは、ほかの出席者とおしゃべりをしながら、そのスキャナーをあらゆる人に「シックス・シグマの成果を実際に見て触れさせる」ための機械と呼んで賞賛した。当時デューク大学の放射線学の学部長だったカール・ラヴィンが、発表会でこう言った。「ようやくシックス・シグマの意味がわかりました。プラグを差し込めばすぐに機能する、ということです」

まもなく、ライトスピードQX／iはGE史上もっとも速く売れたCTスキャナーになった。この機械は三つのタイプの顧客のニーズに応えた。診断がとても難しい患者、患者をたくさん抱える医者、そしてこの機械がもつすばらしい性能を提供するために高額を支払う、競争の非常に激しい環境にいる者たちだ。そして、医療関連ユーザーのほとんどは、この三つのカテゴリーのどこかに属していた。

しかし、一つ大きな問題があった。何百台もの注文を受けたあと、機械の主要機能である検出器の製造が追いつきそうにないことがわかったのだ。その検出器は患者の体を光子が通り抜けた際にデータを〝キャッシュする〟ために必要だった。プラグを差し込めばすぐに機能するほど、単純ではないのだ。

そんなとき、GEも含めほとんどの会社は、急いで製品を市場に送るだろう。つまり、信頼性に問題があり、多くの場合一連の機能が未完成なまま発売するということだ。そして、通常は欠けている部分をのちに現場で修正する。しかし、ライトスピードQX／iの場合、問題を前もって解決することにした。そこで私はジャックに電話をして、こう伝えた。「いい知らせと悪い知らせがあります。いい知らせは、市場シェアが10ポイント増えました。今回が、これまでで最もすばらしい新製品の発売だったのです。悪い知らせは、検出器をどうやってつくるか、アイデアがないことです」

私は、GEで働く秀でたエンジニアとして知られる、ベラルーシ人のマイク・イデルチクに声をかけた。航空機エンジンからX線チューブにいたるまで、たくさんの製品の開発に携わってきた彼に、問題を解決するよう頼んだのだ。ありがたいことに、イデルチクのおかげで、まもなく私はジャックに二度目の電話をかけて、問題がなくなったことを報告できた。

私はGEMSの成長に着手し、チームが成果を出した。3年のあいだで、医療部門の売り上げが75パーセント増えたのである。2000年時点で、私たちは60億ドル強の事業に成長していた。私がやってきたころは35億ドルだった。サービスだけで年間売上高が30億ドルに達していた。さらに私たちは、我々を向上させてくれるさまざまな背景と経験をもつ外部の人々を招き、開放的な文化を築き上げた。

次は誰だ――課せられた過酷な生き残り戦

ライトスピードを発売したころから、ジャック・ウェルチと取締役会はジャックの後継者を誰にするか真剣に考えはじめ、1998年にはすでに秘密裏のうちに候補を3人に絞っていた。GEアビエーションを率いていたジム・マックナーニ。GEパワーを指揮し、一部の人から「リトル・ジャック」と呼ばれるほどジャックと近い関係にあったボブ・ナルデリ。そして私だ。

それからの年月、ジャックのようなやり方で継承への準備を進めた経営者はほかにいない。2000年半ばまで、彼が正式に後継候補の名を挙げることはなかったが、数年前からすでに、私たち3人が候補者であることが公然とうわさされていた。『フォーチュン』が、「世紀の経営者」に選んだばかりのジャックから権力を譲り受けるのは誰かを予想する雑誌記事が、毎月のように掲載された。こちらにも言いたいことはたくさんあったし、仕事には集中できないし、奇妙な期間だった。

マックナーニとナルデリと私は、ジャックが後継者を指名するまでは、今の仕事を続けるが、最終的に選ばれなかった者はGEを去ることになると言われていた。選ばれなかった者がGEに留まると、一部の社員は新しいCEOではなく落選者に忠誠を誓うのではないか。そうなると、新しいリーダーは派閥や不和に妨害されてしまう。ジャックが立場上そう考えるのは当然なのだが、その結果として、彼は自分が最も信頼する3人の部下を生きるか死ぬかのデスマッチに陥れてしまった。

2001年4月をもって引退するとジャックが公表すると、緊張感はさらに高まった。ウォール街を落ち着かせるために、ジャックはアビエーション、パワー、そしてGEMSに、それぞれ副官を指名した。デイブ・カルフーン、ジョン・ライス、ジョー・ホーガンの3人だ。彼らが、マックナーニ、ナルデリ、そして私が昇進あるいは退社したときにあとを継ぐのだ。

私はGEプラスチックスのころからホーガンを知っていて、高く評価していた。彼なら立派なCEOになって、GEMSを率いてくれると確信していた。それでも私は、最高の2人を会社から追い出すことは間違いだと考えていた。ジャックの後継になれなかった者がGEを去らなければならない理由はない。3人とも有能で、経験豊富で、会社に大いに貢献できるリーダーだ。私には、ジャックが自分の退任劇に派手な演出を施そうとしているように思えた。

確かに、そのおかげでプロセスの一部は、とても刺激的なものになったといえる。単純に、候補者に電話をして、役員たちに会うために本社へ来るよう伝えるのではなく、ジャックはGEの役員たちを私たちの率いる部門へ赴かせ、私たちの現場での仕事ぶりを見せようとした。そのような訪問がきっかけになって、私はＧＥＭＳの全体像を考える必要に迫られた。

これなどは本当に重要なのに、雑事に追われる日々の経営でないがしろにされがちなことだ。役員たちに、なぜ私たちが特定の決断を行い、どの分野で成長しようとしているのかを説明することで、私も考えを整理することができた。

ジャックは、私たち候補者がゴルフをしながら、あるいは定期的なディナーダンスの場などで、リラックスして取締役員と話すことを望んでいた。私にもその理由は理解できた。しかし次第に、そのような後継者レースがＧＥのビジネスに暗い影を落としているように感じはじめた。

忘れようにも忘れられない出来事として、私がＧＥキャピタルの役員会の会合に出席できなかったことがある。その会合には、リーダー教育の一環として、ジャックから出席するよう命じられていた。もちろん、出席できなかったことには理由がある。私はマレーシアにいて、ＧＥＭＳの顧客と会っていたのだ。それなのにジャックは、そのことで気を悪くした。役員たちに顔を見せることが大切なのだ、と彼は私に言った。

私は反論した。もし私が顧客を第一にすることが役員たちの気に入らないのなら、それはそれでいい、と。私はおしゃべりではなく、仕事で評価されたかった。ＧＥのためなら何だってしたが、選挙運動にかまけるのはごめんだ。私は44歳だった。選ばれたいと願ってはいたが、同時に、もしジャックがほかの誰かを選んだなら、転職先を見つけなければならないことはわかっていた。それでもなお、今の責任をないがしろにしてまで、後継者としての自分をアピールするのは間違っていると感じていた。

そのころだ、ジャックがスケジュールを変更したのは。ＧＥがアメリカの多国籍コングロマリットであるハネウェルを買収するつもりだと、２０００年10月に発表した。ＧＥにとって過去最大の買収劇だ。ジャックはこの買収で、会社の産業は70パーセント、財務は30パーセント立ち直るだろうと考えていた。それが本当なら、価値のあることだ。

ところが、この二つの巨大企業の統合を取り仕切るために、ジャックは2001年の終わりまでCEOを続けると発表したのである。予定より8カ月も長くなる。この知らせを、私はつらい気持ちで受け取った。私は生きるか死ぬかの選挙戦にうんざりしていたのだ。絶えず人から注目されるのがいやになっていた。

そこで、頭をすっきりさせるために、二つのことをした。まず、GEMSの副官に指名されていたジョー・ホーガンに私といっしょに中国へ行くよう頼んだ。私たちは中国でCTスキャナーの製造を始めようとしていて、また超音波機器の導入も始めたばかりだったので、やることがたくさんあったのだ。しかし同時に、後継者争いのスポットライトから逃げたいとも思っていた。中国なら頭を切り替えることができると、私は確信していた。

次に行ったのは、ゲリー・ロシュというエグゼクティブヘッドハンターに電話をしたことだ。中国から戻ってきた私とディナーをするために、ハイドリック&ストラグルズの伝説的なリクルーターであるロシュがミルウォーキーへやってきた。

私はロシュに、壁にぶつかっていると話した。私はマラソンを走ったことはないが、おそらく、42キロ地点に到達したときにコースが変更になって、15キロほどレースが延びたと言われたら、そのときの私のような心境になるのではないだろうか。私は騒動に疲れ果てていた。

ただ仕事がしたかった。どんな仕事でもいい、ゆっくりと働かせてくれ。私はロシュに、ほかの選択肢について話し合いたいと伝えた。彼はプロだ。だから、私の興味をそそりそうな仕事をいくつか提案した。しかし、すぐに腹を割って話してくれた。

ロシュは言った。「ジェフ、こんなことはしないほうがいい。あなたが大変なストレスにさらされているのはわかる。だが、GE以外のことに時間を無駄にするな。もし、思い通りに行かなければ、仕事を探す時間なんていくらでもあるのだから」

私はロシュに敬意を覚えた。私の望みに応じて、私をヘッドハントしたなら、彼は大金を手に入れることができただろう。それなのに彼は、私に気を引き締めるよう勧めた。そしてのちに、その助言が正しかったことがわかった。

2000年の感謝祭《サンクスギビング》の翌日、午後5時半ごろ、サウスカロライナ州にあるアンディと私の別荘の電話が鳴った。ジャックだ。彼は心を決めたと言った。私を後継者にする、と。もちろん光栄な話だ。しかし、ジャックの声を聞いたその瞬間は、ほかの何よりも、レースが終わったという事実のほうがうれしかった。

数分後、母と父に電話でそのことを伝えたとき、誇りに胸が膨らんだ。電話を切るときには、父は冗談めかして「年金をどうにかしてくれ」と言った。

「荷造りしろ」とジャックが言った。アンディと私を迎えるために飛行機がこちらへ向かっているので、それに乗ってパームビーチにある彼の自宅に来いと言う。GEの幹部陣がもう集まっているそうだ。

電話を切る直前、まるでスパイ映画のようにジャックが付け加えた。私を迎えに来るのはGEのジェット機ではないし、私も名前を伏せて旅することになる、と。GEの飛行機を飛ばして私を呼び寄せたら、数時間のうちに会社の誰もが後継者が誰に決まったのかを知ってしまうだろう。ジャックが2日後に正式に発表するまで、私が後継者に選ばれた事実が漏れてはならない。

だから私は、イリノイズ・ツール・ワークスの元CEOで、GEの取締役として最もベテランであるサイラス・キャスカートの息子ジェームズ・キャスカートとして、レンタルしたジェット機に乗った。アンディと私がフロリダに着陸してからの週末は、スケジュールがびっしりだった。ジャックと私は土曜日をともに過ごし、会社について話し合った。興味深いことに、私を選んだ理由を、ジャックは一切説明しなかった。話すのは未来のことばかり。過去は振り返らない。

土曜日の晩はみんなで祝いのディナーを楽しんだが、秘密を守るためにレストランは使わず、ジャックの自宅に料理を取り寄せた。日曜日、ジャックはシンシナティに飛んだ。マックナーニに悪い知らせを伝えるためだ。そのあとはニューヨークのアルバニーへ向かう。同じことをナルデリに伝えるのだ。月曜日の記者会見に備えるために、アンディと私はニューヨークに飛んだ。記者会見はスタジオ8Hで開かれることになった。そこでようやく——およそ6年半の期間をへて——ジャックの決断が公表されるのである。

発表はとてもシンプルだった。パネルの前のジャックと私をメディアが取り囲む。それが終わったとき、私はシカゴへ行くために空港へ向かった。北米放射線学会の年次集会というGEMSにとって重大なイベントがもう始まっていて、私は是が非でも出席したかったからだ。私たちはCTスキャナーを売らなければならない。

その後もジャックは、私に、そしておそらく私以外の誰かにも、なぜ彼がマックナーニやナルデリではなく私を選んだのか、決して話さなかった。口にしたのは、「直感に従っただけ」のひとことのみだった。

マックナーニは冷静に知らせを受けとめたが、ナルデリはなぜ自分が選ばれなかったのか、ジャックを問い詰めた。ナルデリは『フォーチュン』のインタビューでこう語っている。「私はジャックに言ったんだ。今ここで解剖が必要です……。私に何が足りなかったのでしょう。……。理由を教えてください」。しかし、ジャックは何も説明しなかった。

その後、マックナーニは3M社を、続けてボーイング社を経営した。私たちは今も良好な関係を築いている。ナルデリとは、あまりうまくいっていない。ナルデリはリフォーム大手のホーム・デポ社でCEOになり、それから1年もたたないうちに同社とGEとの照明の契約を終了し、ホーム・デポのクレジットカード——長年、GEキャピタルが取り扱ってきた——を銀行に委ねた。要するに、GEがホーム・デポに売ってきた三つの製品——家電、電球、クレジットカード——のうち、GEに利益をもたらしていた二つを追放したのだった。

就任前にたちこめた暗雲——ハネウェル買収の頓挫

次期CEOに指名された数カ月後、私はいつものようにフロリダ州ボカラトンで開かれる毎年恒例のマネジャー集会に参加していた。私は話の枕をどうするかで、ずっと頭を悩ませていたのだが、舞台に立ったとたんアイデアがわいてきた。「こうして見渡してみると」、私はそう言いながら集まったGEの六百人の主要幹部たちを眺めた。「私には何が見えるでしょう」。そこで短いインターバルを置いて続けた。「友の顔です」

もちろん、彼らは友人以上の存在だ。みんな賢くて経験豊富なリーダーで、すばらしい仕事仲間である。しかし、この言葉を通じて、私はメッセージを伝えたかったのだ。みんな同じだと。私たちは仲間なのだと。

一方、提案されていたハネウェルの買収は暗礁に乗り上げていた。ハネウェルとＧＥは同じものをつくっているわけでも、直接競合しているわけでもなかったので、私たちは規制当局が買収を承認するはずと高をくくっていた。実際、連邦司法省は２００１年５月にゴーサインを出した。

ところが欧州委員会が、「範囲効果《レンジ・エフェクト》」という新しい概念を持ち出したのである。その考え方によると、独占禁止法はこれまでとはまったく違う形で解釈および適用される。簡単に言えば、欧州委員会はハネウェルとＧＥの合併により、欧州連合内で競争が減ってしまうと主張してきたのである。

２００１年の半ば、欧州委員会はＧＥによるハネウェル・インターナショナルの買収を却下した。まだ取引の余地はあったが、そのためにはハネウェルのいくつかの部門を処分する必要があった。そんなことをすれば合併する戦略的理由のいくつかを失うと、ジャックも私も考えたので、私たちは買収を見送ることにした。

私たちは、その合併をＧＥの金融サービス依存を減らすための手段とみなしていたのである。この目標を、私は追いつづけた。だから、何か違う方法を見つけなければならない。今回の失敗は、企業のグローバル化には落とし穴があることを私に教えてくれた。

ＧＥの大きさやこれまでの成功にもかかわらず、ＥＵの多くの人はＧＥに疑いの目を向け、取引を阻止しようとするのである。ちなみに、その後「範囲効果」という考えがほかの場面で使われたことは一度もない。この問題点をただすために、私は何年も力を尽くすことになる。

今でも、ハネウェルの買収を強硬に推し進めるべきだっただろうかと考えることがある。一つ確かなのは、ジャックが買収の主な理由としていた点――産業分野を拡大することでＧＥキャピタルの影響力を薄める——を投資家たちは重視していなかったことだ。しかし、私にとってそれは大切なテーマであり、その後もそうでありつづけた。

さらに言えば、私たちは欧州委員会が提案した譲歩案――競争を維持するために、委員会はGEに航空機関連の資産を手放すことを望んでいた――にたじろいでしまったが、今思うと、その可能性についてもっと徹底的に検討すべきだったかもしれない。もし、私たちが買収の道を選んでいたら、GEは金融部門への依存が比較的少ない大手産業会社として生まれ変わっていたかもしれない。

ハネウェルとの取引が消滅したあと、ジャックは辞任を表明し、GEはそれからの2カ月間、彼の信じがたい功績を賞賛した。テレビ局を所有している者は、練りに練ったイベントに事欠かない。ジャックを祝福するパーティは、当時引退した多くの経営者と同じで、とても贅沢で、見事に編集された祝いの言葉のビデオと、終わりのないビュッフェで彩られていた。

合計して、私は9カ月間ジャックの横で過ごした。正式な役職は、GEの社長兼次期会長。ジャックはほとんどの時間を、彼にとって最初の著作『ジャック・ウェルチ　わが経営』の執筆に費やしていたが、私には寛大だった。

ジャックと同じ部屋にいると、いつも象の背中に乗ったノミになったような気がした。彼は世界で最も力強い人物の一人だった。彼がそこにいる限り、GE内で私自身の信頼を築くのは至難の業だと、私は悟っていた。そんなある日、ジャックが私に最後のアドバイスをした。「覚えておきなさい。夜、家に帰るのは、疲れたから、あるいは家族に会いたいからだ。仕事が終わったからではない。ブリーフケースが空になることなんてない」

私がジャックから指揮権を引き継ぐ数日前、『フォーチュン』が記事を発表した。タイトルは「すべてがあなたのものだ、ジェフ。さあ、どうする?」。そのなかで著者は、現在の規模の成長を続けるには、GEはその年のうちにおよそ170億ドル拡大しなければならないと書いていた。「3M社と同じぐらいの額だ。……翌年にはフェデラル・エクスプレス規模が、2003年にはコカ・コーラ社規模の成長が必要になるだろう。……したがって、イメルトは映画『スピード』でサンドラ・ブロックが置かれていたような立場に追いやられる。巨大な車を運転しながら、どんな理由であれ少しでも速度を落としたら大炎上する」

GEは109歳、私は9代目の会長兼CEOに就任しようとしていた。私はいつものように覚悟ができていた。

第3章

リーダーは成長に投資する

私と仕事をしたことがある人は、誰もが私が時間に厳格なことを知っている。私は大抵予定時間の前に到着する。両親は私に他人を尊重する態度を養うために多くのことを教えてくれたが、なかでも深く心に残っているのは、「約束の時間より前に行かなければ、必ず遅れる」だ。

だから、2001年9月28日、GEキャピタルの不動産部門の幹部であるキャシー・キャシディを私のオフィスの前で2時間以上待たせたとき、彼女は何かがおかしいと気づいた。その朝、トム・ブロコウのアシスタントが炭疽菌の入った手紙を開けた。だからその日の私は、ずっとNBCのチームと戦略を練っていたのだ。

「すまない、キャシー」。急いで到着した私は言った。それ以上待たすわけにはいかないので、すぐに本題に入った。「手助けしてもらいたい差し迫った問題があるのだ。GEの会計係になってくれないか」と私は依頼した。ありがたいことに、彼女はこの申し出を受けてくれた。

私がCEOになったとき、GEの財務部は日陰の存在だった。GEに所属するほとんどの人にとって財務部は、二百人所帯の何をやっているのかよくわからないミステリアスな部署だった。私もあまり理解していなかった。だからキャシディに私の教育係になってもらいたかったのだ。

彼女の財務担当としての仕事始めは12月1日だった。その3日後、エンロンは破綻し、未曽有の債危機を引き起こした。それを追うように通信業者のワールドコムが2002年に破産し、パニックはさらに広がった。

そのような状況でも、キャシディは冷静さを失わなかった。そして私に、ジャック・ウェルチがやったことのないことをやってくれと頼んだ。GEがAAAランクを維持できるように、信用格付け機関のムーディーズ・インベスターズ・サービスとスタンダード&プアーズの人々と話をしてほしいと言うのだ。

その時点で、GEはアメリカで6社しかないトリプルAの1社だった。このレーティングがあるからこそ、私たちは安価に融資を受けることができ、それをもとに利益を上げることができた。私たちは借りた資金を高いレートで貸し出していた。商業手形《コマーシャルペーパー》（CP）の回転と呼ばれるやり方だ。しかし、AAAを維持するには、かなりの量の現金を手元に置いておかなければならない。私たちにはそれができていなかった。

では、その問題はどれくらいの大きさなのだろうか。それは巨大であった。キャシディが私と格付け会社のミーティングを準備したとき、その規模が明らかになった。「我々はGEを格下げするつもりであることを知っておいてください」。ムーディーズの幹部がキャシディにそう言ったのである。驚いたキャシディは、何の話かと問い返した。相手は喜んで説明した。

ムーディーズは、GEがとくに巨大な保険ビジネスとの関係で、現金に不足していることを問題視しているとしたうえで、保険ビジネスでGEは8対1の割合でしかレバレッジしていないと指摘した。つまり、1ドルのエクイティに対して8ドルの借金をしているという意味だ。問題の深刻さを理解するために補足しておくと、ほかの保険業者は2対1だ。

しかも、その数カ月前に、ムーディーズはキャシディの前任者に、もし資産の流動性を高めることができなければ、GEはAAAランクを失うことになると、書面で警告していたのだ。それに対して、財務部は何の対応もしていなかった。

キャシディが調査を進めると、前任者が実際にその手紙を受け取っていたにもかかわらず、それを中身のない脅しとみなして無視していたことがわかった。しかし、それは誤った判断だった。だから今、私が格付け会社との関係を修復しなければならなくなったのである。

2002年の3月、ムーディーズとの会合の席上で、私と私のチームが格下げを思いとどまるよう説得しているとき、ムーディーズの主要幹部がGEキャピタルの連中は、いつもとても横柄で失礼だったと教えてくれた。

GEキャピタルから送られてきた電子メールのいくつかを見せてもらったところ、それらはいずれも〝横柄〟どころの話ではなかった。GEは態度を改めなければならない。同時に、GEキャピタルのもつ2500億ドルの負債を減らす必要もあった。

数日後、世界最大の確定利付投資会社PIMCOのビル・グロスが、公の場でGEの支払能力と信頼性に疑問を呈したとき、GEの財政難はさらに浮き彫りになった。グロスは有能で有力な市場アナリストだ。彼がGEについて厳しいレポートを公表したのは、私たちにとって悪い知らせだった。

そのレポートには、この数十年間のGE自慢の成長は金で買われたものであり、GEは過剰なまでにクレジット市場に依存していると書かれていた。それによると、GEは「ウェルチやイメルトが主張するような経営の巧みさや事業の多様性ではなく、強力かつ高収益のGE株や短期国債に近い安価なコマーシャルペーパーを活用した買収――過去5年では毎年100社以上――を通じて収益を伸ばしている」のだそうだ。このグロスの攻撃をきっかけに、GEの株価は6パーセント下落した。

GEは買収以外のこともやってきたので、グロスの意見には同意できないが、私たちが問題――受け取り方ではなく、実在する問題を抱えていることは確かだった。それが、私が受け継いだ遺産の一部なのである。

誰もそのような問題の存在に注目していなかったので、買収を通じて収益を上げることが可能だった。私は違う経営法を目指したのではあるが、その際、短期的にGEキャピタルを戦略の中心に据えざるをえなかった。ほかに成長エンジンはない。だから今になって、頭を下げてでも、審査の嵐を通り抜ける必要があったのだ。

私はキャシディに、GEキャピタルの主要メンバーに向けて会社がどのように資金繰りをしてきたのか、レクチャーするように頼んだ。彼らでさえ、そのあたりの事情に詳しくなかったからだ。加えて、キャシディは負債を減らす案を立てた。その時点では、彼女は批評家たちに先んじていた。

しかし、別の問題が燃え上がった。証券取引委員会がウェルチの退職手当を調査したのだ。退職手当の内容は、1996年に取り決められたもので、ニューヨークのアパートメントの生涯利用、会社の飛行機の使用、カントリークラブの会費の支払いなどの項目も含まれていた。エンロンとワールドコムの破綻を機に、そのような項目は問題視されるようになったため、私たちは彼の退職手当を再検討しなければならなくなった。

そんななか、2002年4月11日に私たちは決算を報告した。収益はほぼ横ばいだったが、会計方法の変更もあり、純利益は目減りしていた。投資家はGEの株を売り捨てた。ニューヨーク証券取引所でおよそ7900万株が所有者を変え、その日、同市場で最も多く取引された株がGE株だった。株価は9パーセント以上下落し、市場価値はほぼ350億ドル分削り取られた。

さらに3日後、『ニューヨーク・タイムズ』のグレッチェン・モーゲンソンが爆弾を投下した。GEキャピタルの分析記事を書いたのだ。その記事の影響で株価はさらに下落した。見出しは「ちょっと待て、どんな悪魔が細部に潜んでいるのだろう?」。記事のなかで、モーゲンソンが「短期的な成果をキラキラと輝かせるが、長期的には必ずしも収益増につながらない資金繰りを見つけ出す専門家」と呼ぶファンドマネジャーの言葉が引用されていた。

そのマネジャーによると、GEは不正なことは何もしていないそうだ。しかし、彼はGEの収益の質を問題視していた。最も懸念されたのは、そのファンドマネジャーが「2001年時点でGEの収益の40パーセントを占めるGEキャピタルの全利益が、きわめて低い税率の産物だと推測している」ことだった。その恩恵により、GEの収益には1株ごとに5セントがプラスされていると指摘したのである。

ムーディーズの苦情、グロスの攻撃、モーゲンソンの一撃にどう対処すべきか相談しようとしたとき、GEキャピタルのCEOであるデニス・ネイデンが、あんたは自分の仕事だけやっていろとばかりに、私との対話を突っぱねた。「あなたは自分の仕事を、私は私の仕事をやるのはどうですか」と言うのだ。

私は、ネイデンが一筋縄ではいかない人物であることを知っていたが、彼は明らかに限度を越えた。しかも、越えつづけようと決心しているようにも見えた。初めからそうだったわけではないが、GEという犬のしっぽだったはずのGEキャピタルが、まるで自分が本体であるかのようにふるまいはじめたのである。そして、リーダーであるネイデンがそれを率先した。私はGEキャピタルの指揮官が、会社を去るときが来たと判断した。

つらい判断だった。ネイデンは自分のやり方でGEキャピタルを運営する権利があると信じているし、私にも彼がそう考える理由がわかる。それまでの10年、彼ほどGEに多くの利益をもたらした者はほかにいないのだ。

しかし、彼は自分にボスが必要だとは思っていなかった。そして時代が変わり、彼の不遜な態度は受け入れられなくなったのである。

私は、人事担当のビル・コナティに電話をした。ふだん私は、コナティを、クエンティン・タランティーノの映画『パルプ・フィクション』でハーヴェイ・カイテルが演じた黒幕になぞらえて、「ミスター・ウルフ」と呼んでいた。電話に出たコナティに私は言った。「ミスター・ウルフ、やってもらいたいことがある。ついさっき、ネイデンを排除した」。コナティは言った。「ありえない」。私は応じる。「本当だ。すまない」。詳細を取りまとめるのはコナティの仕事だった。

私たちはGEキャピタルを、GEコマーシャル・ファイナンス（GE Commercial Finance：GEキャピタル傘下でクレジット業務、機器リース、不動産サービスなどを展開）、GEインシュアランス・ソリューションズ（GE Insurance Solutions：GEコマーシャル・ファイナンスに属する保険会社）、GEコンシューマー・ファイナンス（GE Consumer Finance：GEコマーシャル・ファイナンスに属する消費者向け金融サービス事業）、GEイクイップメント・サービシズ（GE Equipment Services：ビジネス機器および資本設備のリース事業）の四つの事業に分割した。そして、そのそれぞれに私の直属の部下となるボスを置いた。2002年7月にこの再編案を発表したとき、株価が5パーセント上昇した。一方のネイデンは、成功している金融サービスコンサルタント会社の経営者になった。のちに、私たちはまた手を結ぶことになる。

変化のとき

9・11とエンロンおよびワールドコムの崩壊をきっかけに、GE内で最もうまくいっていたGEキャピタルに亀裂が生じはじめた。しかし、それら以外にも、私たちは数多くの問題に直面した。すでに述べたように、GEパワーは、アメリカにおけるガスタービン需要を15年にわたり加速してきたバブルに対応していた。テロ攻撃の影響をまともに受けたGEアビエーションは、事件から翌2002年11月に、さらなる打撃を被ることになる。中国で重症急性呼吸器症候群（SARS）が大流行し、アジアへの空の道が封鎖されたのだ。

一方では、NBCへの投資が足りていなかったので、ケーブルが普及しはじめた時期に、ケーブル分野で存在感を示すことができなかった。GEプラスチックス、GEアプライアンシズ、GEライティング（GE Lighting：GEの照明機器部門）への投資も不足していた。GEトランスポーテーション・システム（GE Transportation Systems：機関車車両、船舶エンジンなどを製造）は、エンジンの欠陥問題で顧客を怒らせているさなかだった。

そんななか、GEMSの業績は順調だったが、GE全体のポートフォリオのなかでは比較的小さな部分でしかない。GEの事業どれ一つをとっても、本当の意味で世界クラスと呼べる状態ではなかった。なぜならどの部門も、技術的にも、世界的な広がりにおいても、コストの面でも、安定したリーダーシップを発揮していなかったからだ。

CEOになってわずか数カ月で、私は大胆な投資を今すぐ行うことが重要だと、以前にも増して確信するようになっていた。GEの成長は鈍りつつあり、いくつかの事業は停滞していた。一連の繊細な問題に取り組むため、私は最高の投資銀行家とコンサルティング会社を雇い入れた。

彼らのアドバイスのいくつかは有益（ライフサイエンスへの投資）で、いくつかは筋違い（銀行の買収）だったが、どれ一つとして進むべき道を示していなかった。実際問題として、もし私たちが何もしなくても、事業そのものはうまく運営できるだろうが、おそらくGEの評価は〝並〟に下がり、株式プレミアムは溶け出すことだろう。

私はGEの将来について、取締役会から明確な指示を受けていなかった。彼らはジャック・ウェルチの業績に満足していて、それがずっと続くことを望んでいた。GEのような大きな企業では、どんな仕事をするかをすべて計画してからCEOの座に就く者などいない。就任するまでわからないことがあまりにも多いため、しばらくはチームの準備に時間を割かなければならないからだ。

しかし私は、目指す方向を心に決めていた。会社の技術面を強めようと考えたのだ。技術力こそ、会社の価値の本質だと感じていたからである。また、GEのアメリカ国外での市場シェアは国内のそれの半分でしかなかったため、グローバル化も推し進めるつもりだった。

顧客との距離を縮めることも望んだ。顧客のビジネス収益を高めるサービスを提供するのである。そして、会社の多様性を高めたかった。2001年時点で、才能ある人は山ほどいるのに、GE幹部の85パーセントが白人のアメリカ人男性だった。多くの点で、このような方向感覚が任期中の私を導いたと言える。

私たちはＧＥの産業部門を活気づかせるために、新しい技術に多額の投資をすることに決めた。次に、キャッシュフローを損なう原因になっていた保険事業から撤退する必要があった。そして最後に、私たちはあえてＧＥキャピタルの残りの分野はそのまま成長させることにした。そうやって、着実に収益を得ながら、産業部門の底上げをしようと考えたのだ。

ほかのどのＣＥＯと同じように、私も株価を気にかけていた。人から「株価なんて気にするな。正しいことさえやっていればいい！」などと言われると、笑ってしまうこともあった。あまりにも甘い考えだからだ。しかし同時に、私がＣＥＯに就任したときと同じぐらい高い評価額や株価収益率を実現することはないだろうとも確信していた。

できる最善は、１株あたり利益とＧＥの配当を着実に増やすことぐらいかもしれない。この点は、投資家に対するアピールになる。そうやって投資家たちを満足させながら、その裏ではポートフォリオの再構築を並行して行うつもりだった。いわば、「走っている車のタイヤを交換」しようとしていたのである。

まもなく、私たちはライフサイエンス、航空電子工学、そして再生可能エネルギーの事業に参入する。ビル・グロスの批判にも動じず、私たちは２００３年にＧＥ史上最高額を買収に投じた。合計で３００億ドルを超える額だ。

私たちの事業のいくつかは、時代に取り残されていた。会社が有する専門能力をうまく活用できていない事業もあった。私たちは、一方では他社を買収して拡大を続けながら、もう一方ではすでに所有しているビジネスも厳しい目で見つめ直した。変化のときが目前に迫っていた。

GEの未来を拓いた技術最優先

GEの研究センターは、GEが有する最も強力な内部エンジンと言える。GE社員のなかには、そこを「魔法の館《ハウス・オブ・マジック》」と呼ぶ者もいる。それには理由がある。

GEリサーチ・ラボラトリーは、トーマス・エジソンらによって1900年に設立されたアメリカで最初の産業研究施設だ。設立のきっかけは、GEは科学的発明の商業利用だけでなく、自ら発明することでも利益を上げられるはず、という考え方だった。GEの最初の製品である白熱電球の改良で活動を始めたリサーチ・ラボは何十年にもわたって、GEを技術革新の最先端に位置づけてきた。

1906年、スウェーデン出身の電気技師であるアーンスト・アレキサンダーソンがラボで高周波発電機を発明した。これをもとに、最初のラジオ放送が可能になった。1913年には物理学者のウィリアム・クーリッジが、当時GEが電球に使っていたタングステンフィラメントを応用したX線管を開発した。さらに1932年には、GEの科学者であるアーヴィング・ラングミュアが表面化学における功績を理由にノーベル賞を受賞する。

しかし、私がCEOになるまでの数十年間、ニューヨーク州スケネクタディ郊外のニスカユナにある研究所は輝きを失っていた。1950年代にGEの社長だったラルフ・コーディナーが基礎科学に背を向け、科学的管理法、すなわちGE内部の管理機構の仕組みに主眼を置くようになった。さらにジャック・ウェルチがCEOになる1981年時点では、専門的経営法に対する依存がすでに定着していたため、ウェルチもその路線を踏襲した。その際、基礎研究への出資を縮小した。ジャックは、別のどこかで開発された、仕上がった技術を買うことを好んだ。

GEにいた天才たちの多くは学術界、あるいはロッキード・マーティンやIBMのような会社へ去って行った。私がCEOに就任したときには、研究所は見た目さえみすぼらしくなっていた。科学の最先端を行くシンクタンクの居城というよりも、忘れ去られた博物館のようだった。

そこで私は、研究所を活気づかせることをCEOになって最初の仕事の一つと位置づけ、1億ドルの投資を決めた。GEでは全部門でおよそ五万人のエンジニアが働いていたが、彼らのほとんどは目の前にある任務に集中していた。

一方、「グローバル・リサーチ・センター（GRC）」と改名されたニスカユナ研究所のエンジニアたちには、違う働きが期待された。彼らはGEという組織の記憶であり、未来への鍵でもあった。彼らこそ、想像し、試し、仮説を立てながら、培われてきた専門知識を未解決な問題に応用する存在なのである。彼らがGEにいる天才、頼りになる飽くなき探求者なのだ。

GRCには金属とセラミックとコーティングの構造処理特性に精通し、110以上の特許を有する世界屈指の専門家であるバーナード・ビューレイがいる。コンポジットファンブレードの知識に関しては右に出る者がいないピート・ファニンガンもいる。彼らがGEをよりよくするアイデアを生み出す企業間技術コミュニティを構成していた。彼らの努力がGEを改善するのだ。

私はつねづね、彼ら科学者と彼らと同ランクのファイナンス部門のメンバーのあいだに横たわる給与格差の大きさに心を痛めていた。GEキャピタルのローン発行者は年間200万ドルほどの稼ぎを得ることもある。博士号を有し、30から40の特許をもつ化学エンジニアの年収は25万ドルぐらいだろう。しかし、彼らにとって重要なのは金銭ではなかった。彼らを動かすのは使命感なのである。

かつてのGEでは、研究開発費を削って粗末な製品をつくったとしても、優れたマネジャーとみなされることがあった。その見方を、私たちが変えた。リーダーたちを市場シェアとイノベーションで測ることにより、彼らに長期的な成果に責任をもたせるようにしたのだ。どの事業にも、年間で2件から3件の技術的なブレークスルーを行うよう期待し、年次報告で申告するよう求めた。私はリーダーたちが製品選びで才能を示すことを望んだ。

そうするうちに、ミーティングで行われるプレゼンテーションの大半が、エンジニアによるものになりはじめた。イノベーションの観点から製品発売や収益を測ったことで、さまざまな成果が得られた。たとえば、2001年時点でGEパワーは収益の90パーセントをたった一つの製品から得ていたが、数年後には製品の数が七つに増え、それぞれが5億ドルを超える売り上げを出していた。

現在、GEを去ってベンチャーキャピタリストになって以来、私は企業内におけるイノベーションと価値創造の関連によりいっそう意識を向けるようになった。さまざまな業界で最高の技術を優れた製品づくりに結びつけてきたイーロン・マスクのようなリーダーたちには、頭が下がる思いだ。

すでに2001年の時点で、プライベート・エクイティが増加していたこともあり、私は、多くの産業企業とそのリーダーたちは技術的に大きな賭けに出なくても何とかうまくやっていけると理解していた。しかし、GEにはそのような道を選ぶ余裕はないと感じられた。だから、GRCに力を入れたのである。

技術には、垂直的、水平的、指数関数的の三つの種類がある。GRCはその三つすべてに価値をもたらした。垂直技術は、GEの全事業のスイムレーンの中心に位置している。GEアビエーションで、GEパワーで、あるいはGEトランスポーテーションで次にどんな製品が開発され、改良が行われ、問題が解決されなければならないとしても、GRCが必ずサポートに当たる。水平技術は会社全体に利をもたらし、情報の共有と製品やプロセスの改善に役立つ。この点におけるGRCの仕事には、数多くの見返りがある。

当然ながら、GRCは指数関数的技術――人工知能（AI）、仮想現実（VR）、ナノ技術などの開発にはとくに力を入れるべきだった。1970年代、コンピュータ分野では2年ごとにマイクロチップ上のトランジスターの数が2倍になると同時に、コンピュータの価格が半分になっていく現象を指して「ムーアの法則」と呼んだが、指数関数的技術とは、そのムーアの法則と同等あるいはそれ以上のペースで拡大していく技術を意味する。

GEはコンピュータ事業には携わっていないが、AIを使う理由があった。欠陥を予測する方法として、主要製品――機関車、ジェットエンジン、MIスキャナーなどの〝デジタルな双子〟をつくるためだ。

また、学術界や政府機関とも深く関係していたGRCには、水晶玉としての働きも期待されていた。「もしも」の思考を働かせる場所だ。もしも、北アメリカのどの場所にでも20分で行けるようにするとしたら、極超音速《ハイパーソニック》移動ができなければならない。つまり、音速の5倍以上のスピードで飛ぶ飛行機が必要だ。現時点ではまだ不可能だが、ペンタゴンはハイパーソニックミサイル技術の開発に着手している。

ジェットエンジンのメーカーとして、GEはハイパーソニック移動を少なくとも主要な空輸形態の要素とみなしておく必要があり、その種の思索をする場所がGRCなのである。たとえ近いうちに市場に送り出せる製品がなくても、いつか会社の主要事業で必要とされるであろう技術に関心を向けておくことは、将来も競争力を維持するために不可欠だ。

もう一つの例として、セラミックマトリックス複合材料（CMC）を挙げることができる。エンジンやタービンに利用する目的で開発された、硬くて軽い素材のことだ。CMCは燃料効率を高めるため、LEAPエンジンやHシステムタービンなど、GEで最もよく売れている製品のいくつかに欠かせない。開発の開始から終了まで15年がかかった。四半期ごとに収益を発表するのが当たり前の世界では、15年はきわめて長い期間だ。しかし、私たちは開発を諦めなかった。

＊　＊　＊

私はエンジニアではないが、セールスに長く携わった者として、エンジニアに敬意を抱いている。リーダーが技術に資金を費やし、エンジニアが優れた製品をつくる。それぞれが自らの仕事を正しく行えば、両者ともに繁栄できるのだ。

セールスチームとミーティングをするとき、私は冗談として、よくこんなことを言う。

「製品が優れていれば優れているほど、君たちに会う必要はなくなる。でも、そんな製品なら、私にだって売ることができる。君たちにここに来てもらうのは、製品がろくでもないからだ」

するとみんな笑うのだが、私が何を言いたいのかは理解していた。エンジニアとセールス要員はそれぞれの仕事に責任を負う。私は彼らにそのことを思い出させたのである。

私は、GEがインフラストラクチャ製品をつくっており、顧客はそれがなければやっていけないことも知っていた。流行にもとづいてインフラストラクチャを売ることはない。大切なのは経済だ。顧客は支払った額に対して、どのような見返りを得ることができるのか。我々の製品の見返りを確実に大きくすることも、リサーチセンターの仕事だ。

私が重視したもう一つの方向性は、世界的な研究においてGEの存在感を増すことだ。私が就任したとき、GEはインドのバンガロールで巨大な研究センターを立ち上げたばかりだった。最終的には、そこで六千人を超える科学者が働くことになっていた。円形劇場風ビルなど見事な建物の並ぶ様子は壮観だった。しかし、見た目よりもすばらしかったのは、その場所がGEに24時間休みのない研究を提供してくれることだった。

平日の終わりにシンシナティから質問のメールを送ると、バンガロールの人々が、こちらが寝ているあいだに仕事を済ませてくれるのだ。それによって、GEはスピードが増し、より効果的になった。頼りになる才能の蓄えも増した。

CEOになった私は、この路線の拡大を決意し、世界中で新規市場に参入するために、いくつかの研究所を新設することにした。2004年には、ドイツのミュンヘンで研究センターを開設すると、まもなくヨーロッパでの売上が伸びはじめた。新しいGRCハブがGEのブランドの拡大に功を奏したのは明らかだった。南アメリカでも同じことが起こった。ブラジルでGRCを立ち上げると、売上が増えた。中国でも、サウジアラビアでもそうだった。

私は、ニスカユナとバンガロールの研究センターを、真の意味で全社的な多事業研究センターとみなした。ほかのGRCは、やや狭い範囲に対象を絞っていた。たとえば、のちにオクラホマシティに開設するオイル&ガステクノロジーセンターは、水圧破砕法と呼ばれる斬新なガス抽出法に特化した施設だ。そのオフィスで、ジェットエンジンやMRI機器の話を聞くことはほとんどない。

同じように、ドイツの会社を数社買収したミュンヘンGRCは、GEにおける付加製造法《アディティブ・マニュファクチャリング》——

３Ｄ印刷技術、ラピッドプロトタイピングなど、軽量かつ強固なパーツをつくる技術の中枢に成長した。ミュンヘンでほかのビジネスの会合を開いたこともあるが、結局のところ、付加製造法に重点を置くようになった。

なかには、「鶏か卵か」の問題になぞらえる人もいる。世界のＧＲＣに、本当に収益を増やす力があったのだろうか。グローバル化がそれらに有利に働いただけではないのか。私は前者が正解だと信じている。

ＧＲＣを拡大する前、顧客はおもにＧＥのセールスマンとやりとりをしていた。ＧＲＣを拡大してからは、彼らはＧＥのエンジニアに相談できるようになった。ビジネスにとってすばらしい前進だ。また、各地で存在感を示すこともできる。私は、自分自身がセールスマンだったこともあり、セールス担当者に愛着を感じている。しかし、エンジニアの専門知識は、営業要員のセールストークよりもはるかに説得力がある。ドイツにおけるＧＥの医療事業は、市場シェアを2倍に増やした。ブラジルでは機関車の売上が激増した。

中国では、上海のＧＲＣオフィスが、私たちが中国国営企業と親睦を深め、彼らの信頼を得るための舞台になっている。温家宝が中国の総理だった時代は、彼が電話をかけてきて「私たちが、外国投資と西側パートナーを歓迎していると発表するための記者会見を、ＧＥの技術センターで開きたい」などと言うことは、珍しいことではなかった。中国でも、ほかの場所でも、ＧＲＣへの投資が価値ある一手だったことが証明された。

風力への投資——既存技術を活かす

風力発電事業について話しはじめると、マーク・リトルは歯止めがきかなくなった。私はリトルが気に入っていたし、尊重もしていた。彼は機械工学の分野で三つの学位をもっていたのに加えて、努力を通じて信頼も勝ち得ていた。

90年代半ば、新しいガスタービンに故障が相次いだつらい時期に、GEの発電事業を導いたのがリトルだったのだ。だが、その彼が風力発電に魅せられている理由が、私にはわからなかった。

リトルは私を説得しようと躍起になった。風力発電事業はGEが市場を制するガスタービン事業の延長線上にあると、彼は言う。風車もタービンも、どちらも回転する部品が電気を発生させる機械だ。タービンづくりで培った経験を風力発電に活かさない理由があるだろうか。そう問いかけてくるのだ。

GEのエンジニアの多くは、ローターやギアに精通している。それらの動きを制御する複雑なコントロールパネルをつくるノウハウももっている。GEは航空機エンジン用に、最も軽いうえに性能も最高のプロペラブレードをつくってきた。それに、GEパワーのセールスマンたちは顧客ベースを把握している。そのような言葉を並べながら、風力こそが未来であり、GEも参入しなければならない、とリトルは何度も繰り返すのだ。

3回は電話を切っただろうか、しかしその後、私は彼の考えに納得しはじめた。「そんなのはフラフープみたいなもので、ただの流行だ」。リトルに何度もそう言い聞かせようとした。

というのも、風力発電事業はあまりにも政府の補助金に依存しすぎていた。たくさんの小さな会社が参入している小さな業界で、そのどれ一つとして、技術的に突出したものを示していない。GEの技術力をもってすれば、明らかに優位な立場に立てるのか。そこに時間を費やす価値は、本当にあるのだろうか。

最終的に、私は「イエス」の答えを出した。そう答えていいという確信を私にくれたのは、やはりGRCの研究者だった。ニスカユナの電気・電子技術部門にジム・ライオンズという主任エンジニアがいる。その彼が、風力発電事業の可能性を高く買っていた。彼がコーネル大学で書いた博士論文は、速度可変風力タービン発電機をテーマにしていた。

のちにリトルが白状したところによると、彼が私にしつこく迫ったのは、もとはと言えば、彼自身もライオンズから風力をチャンスとみなすように熱心に説得されたからだった。

数字が決断の後押しをした。窮地に陥ったエンロンが、同社の風力発電事業を処分価格で投げ売りしていた。エンロンは、風力発電事業には不動産開発として取り組んでいたのだ。よりよい風車を建てるつもりがなかったことは、事実が証明している。2000年に設置した3基の風力タービンのうち2基は、2005年には早くも停止していた。

それに対してGEは、堅牢なマシンの製造ならお手のものである。エンロンが劣っていた領域で優位に立つことができる。2002年3月、CEOになって初期の買収の1件として、私はエンロン・ウインドを3億5800万ドルで買い上げた。

この買収がすぐに成果を見せることはなかった。私たちが買ったビジネスは信頼性に問題があり、私が最初にGEウインドエナジー（GE Wind Energy：GEの風力発電部門）を任せたメンバーは、技術的な問題を解消できなかった。

風車のビジネスでは、サイズがすべてだ。風車のブレードが小さいほど、コスト効率は悪くなる。電力を得るために、数多くのデバイスを建てて維持しなければならないからだ。この問題を解消するには、今よりはるかに大きな風車を建てるしかない。ところが、それが難しい。

25階建てのビルの高さの風車がそびえ立ち、サッカーフィールドと同じ幅のブレードが回っていると想像してみよう。それほど突飛なものを建てることができれば、一つの風車で5000件の家屋に電力を供給できるだろう。しかし、そのためには、折れることなくすべての風を力に変えることができるほど強いブレードが必要になる。

基礎部分――巨大な木の幹を想像してほしい――も、どんな風が吹いても倒れないほど強靱でなければならない。加えて、その風車の回転回数を最大にする方法を見つける必要もある。たとえば、風車が東を向いていて、風が南から吹いてきたら、天候が変わるまでずっと停止していることになる。

こうした問題が解決するまで、GEウインドは着実に現金を失っていった。まるで、2002年にその事業を買収したあと、2003年にもう一度同じものを買い、2004年にもまた買った、という状態だった。

2004年の終わり、私たちは主要公共事業のCEOをクロトンヴィルに集めて、「フューチャー・オブ・エナジー」サミットを開催した。私は、当時頭を満たしていたアイデア――それを私たちは「エコマジネーション」と名付けた――について、いくつかの種をまいておきたいと望んでいた。同時に、CEOたちが風力についてどう考えているのかも知りたかった。

私は、気候変動をテーマにした基調講演を、当時コロンビア大学地球研究所長であったジェフリー・サックスに依頼した。会場の人々のボディランゲージを読み解くのは、難しいことではなかった。サックスが持続可能な開発の重要性について話しはじめたとき、ＣＥＯたちは座席で姿勢を正し、初めのうちはサックスに注目した。サックスはとても口達者で説得力もあったため、ＣＥＯの多くは彼の主張は正しいと考えたのではないだろうか。

話題が風力になると、騒々しい議論が始まった。カリフォルニア州やミネソタ州、あるいは北東部や中西部の公共事業のＣＥＯたちはこう言った。「これこそが未来だ。将来必ず重要になる。やるべきだ」と。しかし、南東部、南西部、あるいは中部の州の面々は頑固だった。

「もしＧＥが大々的に風力に参入するのなら、我々のビジネスが台無しになってしまう。なぜなら、ＧＥが風力に力を入れるということは、石炭は悪いものに違いないと誰もが考えるからだ」

ＧＥの大口顧客であるサザン・カンパニー・エナジー・ソリューションズのＣＥＯを務めるデビッド・ラトクリフは、風力よりも原子力の方が優れていると主張した。そしてこう脅した。もしＧＥが風力に力を入れるのなら、「あなた方は我々を破産に追い込むだろう」と。最終的に私たちは、環境派と公共事業のあいだに立って、両者の橋渡しをすることに決めた。

並行して、風力部門のマネジメントを刷新した。マーク・リトルと彼のチームに任せることにしたのだ。リトルはヴィック・アベートをチームに招き入れた。当時、ＧＥパワーのエンジニアリング副社長だった人物だ。彼らがほかの部門の強みを利用しながら、生産を安定させ、技術的な問題を解決する方法を見つけた。

ＧＥアビエーションのエンジニアが今までよりも軽いタービンブレードを開発するとともに、ＧＥトランスポーテーションのメンバーは高効率で稼働するギアシステムの製造法を熟知していた。リトルとアベートは、エンロンから買い上げた70メートル級の風車を廃棄処分にして、直径１５０メートルの風車の製造に取りかかった。チームが電気管理システムを改善し、ブレードをつねに風に向ける方法を考案したので、常時回転が可能になった。

GEウインドにはモットーがあり、チームはジャケットにそれを刺繍している。「98アウト・オブ・ゲート（しょっぱなから98）」――GEの風車は信頼性が高く、初めから98パーセントの時間回りつづけるという意味だ。さらに私たちは、風車を遠くから監視し、リセットする技術も開発した。ほとんどの風力発電施設は遠隔地にあるので、強力なセールスポイントだ。

GEウインドが上向きに転じることができたのは、古きよきコスト管理のおかげでもある。風車のように巨大なものをつくる場合、それを現地へ輸送するだけでも困難で、多大な費用がかかる。他の製造業者にGE仕様のタワーとブレードの製造を委託し、現地に運ばせることで、多くの資金を節約することができた。

また、風力事業はGEキャピタルのサポートを受けることもできた。GEキャピタルが150億ドル規模の風力プロジェクトに出資したのだ。価格を一気に引き上げたとき――業界を驚かせ、再編成に導いた一手――、私たちは報酬を得ることができた。

40カ月ほどの期間で、GEウインドは金食い虫から華麗な勝者に生まれ変わった。技術とビジネスモデルの両方を改善することで、120億ドル規模の再生可能風力発電事業を生み出すことに成功したのである。

GEウインドを巡るギャンブルは、基本的にGEの経営力への賭けだったと言える。幸運なことに、市場も、ちょうどいい時期に私たちに有利な方向へと向きを変えた。しかし、もし私たちにエンロン・ウインドから買ったものを差別化し、改善する力がなければ、成功することはなかっただろう。

航空機業界の希望、ドリームライナー

航空機のエンジンは奇跡の産物だ。軽いうえに丈夫でなければならず、しかも、相反する二つのタスクをこなす性能が求められる。つまり、離陸の際には飛行機を空に打ち上げ、軌道に乗れば効率的に巡航しなければならないのだ。さらに、上空4万フィート（約1万2000メートル）、気温華氏マイナス40度（摂氏マイナス40度）以下でも正しく動作しなければならない。

そのような環境で、燃焼システムがファンブレードの融点よりも高い温度——華氏2400度（摂氏約1300度）——のプラズマを、ファンブレードからわずか数メートルの位置で発生させるのである。エンジンが壊れることなくそのように機能しつづけられるのは、エンジン内に冷気の通路——この装置のブレードは毎分1万6000回転する——が設けられているからだ。

ところが、航空機エンジン事業は低迷していた。投資の回収には非常に長い時間がかかる。というのも、メーカーはエンジンそのもので金儲けをするのではなく、20年から30年におよぶ保守や部品交換で不足分を補うのだ。そのような形で収益を得るには、競争に勝ってボーイングやエアバスなどの大手航空機メーカーに、特定の飛行機に利用できるエンジンとして選ばれなければならない。どのエンジンが選ばれるかは、基本的に三つの要素で決まる。コスト、性能、そして重量だ。

9・11を機に、この3点で競争力を保つには、航空関連の研究開発への投資を大幅に増やさなければならないことが明らかになった。これは単に予算の問題ではなかった。ビジネスを続けるかどうかを左右する決断だった。

私がCEOになってから数年の世界情勢を見ても、航空機エンジン事業に待ったをかける理由はいくらでもあった。もし私たちが、同事業への出費を減らすことを目指していたのなら、そのための理由など簡単に見つけることができただろう。しかし、行動のタイミングを逃すと、20年の努力が無駄になる。私たちにつまずく余裕はなかった。

そこでGEは、2002年の航空研究への投資を増やし、1年で10億ドル以上を商業航空部門だけに投じることにした。狙いはいくつかのエンジンを新開発することで、なかでもGEnxエンジンに大いに期待を寄せていた。そして実際に、同エンジンはまったく新しい飛行機に搭載されることが決まった。それがボーイング787型機、通称ドリームライナーだ。

ボーイング・コマーシャル・エアプレーンズ社のCEOであるアラン・マラリーが率いるボーイング主要幹部チームは、ドリームライナーに二つの目標を設定していた。ビジネスを変える画期的な飛行機の開発と業界そのものの若返りだ。危機的な状況下で最悪の事態に備えながらも、必要な改善のためにフルスイングするお膳立てを整える、という二つの真実を同時に胸に抱くことができるのが優れたリーダーだ。

数百人の客を乗せることができて、しかもかなりの長距離を飛行できるほど燃料効率の高い長距離用で中型、ツインエンジンを搭載したワイドボディの飛行機を開発する。それがあれば、世界中の乗客をハブ空港に集めて、また別の飛行機でそれぞれの目的地へ運ぶのではなく、出発地から目的地まで一気に運ぶことができるだろう。

以前は2回か3回乗り換えるのが当たり前だったニューヨーク—シドニー間も、乗り換えなしで行けるようになる。もしそんな飛行機が開発されれば、多くの航空会社、とくにアジアと中東の会社にとっては天の恵みとなるだろう。ボーイングの競争力も増すはずだ。

しかし、そこには問題があった。ボーイングのエンジニアは、そのような革新的な飛行機をどうつくればいいか知らなかったし、私たちもその高い要求に応えるエンジンをどうすれば開発できるのか、見当もつかずにいた。

ボーイングは初めから、ドリームライナーのエンジンに前例のないほど高い燃料効率を想定して、15パーセントという大幅な改善を求めた。効率をわずか1パーセント高めるだけでも、設計にかなりの変更を加えなければならないのに。実現するためのアイデアはなかったにもかかわらず私たちは要求を受け入れ、GEアビエーションが、ロールスロイス社とともにエンジン契約を勝ち取った。

9・11日以来、航空業界は低迷していた。ドリームライナーは業界のフライト構造を一変する提案——業界に是が非でも必要な活気をもたらすアイデア——だった。しかし、GEにとってそれは、見返りの保証がない状態での多額の投資を意味していた。

ある日、CFOのキース・シェリンと私は、当時デイブ・カルフーン（ボーイングの現CEO）が率いていたGEアビエーションのチームを招いて、AR（概算要求）という名でミーティングを開いた。我々のいるコネチカットと彼らのいるシンシナティを結んでビデオ会議を開き、チャートやグラフなどのデータをやりとりした。私たち全員が目を通した80ページのレポートは、15億ドルの投資に対し、30年で12パーセントのリターンがあると約束していた。

読むだけで4時間がかかった。接続を切ったとき、シェリンと私は顔を見合わせ、結局のところ疑問は2点に尽きると話し合った。我々は、GEが業界をリードすることを望むのか。チームを信じていいのか。この2点の答えはいずれも「イエス」だった。そこで私はシェリンにこう伝えた。

「このレポートの20ページ目や40ページ目、あるいは60ページ目に書かれていることを決断の理由にするべきではないだろう。むしろ、このビジネスを続けたいのなら、やらなければならないと考えるべきだ。チームを信頼するのなら、やるしかない」

それが最終決断だった。

すでに述べたように、ボーイングはGEとロールスロイスの2社にエンジンを注文した。これは、ボーイングに新しいドリームライナー787を注文する各航空会社が、どちらのメーカーのエンジンを載せるか、自分で選べるということだ。ボーイングは、顧客に3種のエンジンから選ばせたいと考えていたのだが、プラット・アンド・ホイットニーは契約を見送った。

私たちは契約を結んだことには満足していたが、売れた飛行機にGEのエンジンを積んでもらえるように努力する覚悟も必要だった。加えて、航空会社が潰れることなく生き残ってくれるものと信じてやっていかなければならなかった。2003年のある役員会議で、四つの航空会社が倒産した場合の影響を想定したことがあるのだが、その結果はおぞましかった。

GEアビエーションにとって、GEnxエンジンの開発は全財産と全名誉を賭けた30年に一度あるかないかの大勝負だった。そして、誰もがそのことを知っていた。私たちは乗客の安全を最優先に考えながら、限られた時間で新しい素材の新しい使い方を発明し、エンジンを一から設計し直さなければならなかった。

「医者とエンジニアの違いは、ミスをしたときに医者は一人を埋めるだけ」というジョークがある。しかし、エンジニアはそうはいかない。橋でも、飛行機でも、欠陥があれば、一瞬で多くの命が失われる恐れがあるのだ。リスクはつねに高い。

ＧＥｎｘエンジンの開発と試験には数年の時間がかかった。コストを下げるために部品を減らそうとしたが、燃料効率が悪くなった。明らかに重すぎた時期もあった。そのような問題をなくすために、航空エンジニアたちはＧＲＣの研究員たちの協力を仰いだ。どんな問題が見つかった場合も、まずは「以前、同じ問題に直面した者がいるだろうか」と問いかけたのだ。いた場合、たとえ彼らがどこにいようとも、雇い入れた。すでに引退した人でさえ雇った。

エンジニアの学校では、製品は成熟した既存の技術を使ってデザインするのが理想だと教える。しかし、今回は話が別だ。新しい技術を開発して、それを直接ＧＥｎｘエンジンに活かすのである。ＧＥアビエーションの朝は早い。早朝7時にはミーティングを開いて進捗を確認した。一日の終わりにはさらにミーティングが開かれ、翌日何をすべきか、翌朝までの夜中に何ができるか、話し合った。

最終的にＧＥｎｘエンジンでは、重量を落とすために18本の合成ファンブレードしか使わないことに決まった。旧タイプのＧＥ90エンジンの22本から4本減ったことになる。私たちは燃料効率優先の仕様にしたのだが、その際にミスを犯してしまった。パートナーのサポートなしにコンプレッサーを独自設計したのだ。そのため、初めのうちはうまくいかず、3回ほど設計をやり直す必要があった。

しかし、苦労のかいはあった。業界内で、ＧＥｎｘは技術とエンジニアリングと揺るがぬ意志の結晶とみなされたのだ。開発をやり遂げたとき、会社の士気も、そして収益も、一気に上がった。予定していたよりも、5億ドルもの超過コストが発生していたにもかかわらず、だ。ＧＥｎｘを巡る物語は、人々が成功する意志をもって行動するとき、何が起こるのかを示している。

私たちは、このエンジンの開発を見送ることもできただろう。航空業界はぐらぐらと揺らいでいたし、テロ攻撃以後、ＧＥには決断すべきことがほかにも山ほどあった。私は、ドリームライナー契約よりも先にすべきことがある、と主張することもできたに違いない。

しかし、それでは目先のことしか見ていないことになる。投資を未来に先送りするのは、四半期業績報告の上では正しい決断のように見えるかもしれないが、最終的には必ず会社を傷つけ、遅れを取り戻すためのコストも莫大なものになるだろう。

ボーイングがエンジン契約の勝者を発表したとき、GE株は下落した。逆にコンペを見送ったユナイテッド・テクノロジーズ社の株価は上がった。しかし、イノベーターとみなされなくなれば、次のエンジン契約を勝ち取るのはさらに難しくなることはじゅうぶん予想できた。

GEアビエーションは、ドリームライナーのエンジンだけをつくっているのではない。2007年、私たちはスミス・エアロスペースというイギリスの会社を買収した。飛行機の中枢演算システムや航空電子工学、電力系統、積荷装置などをつくる会社だ。ボーイングとのプロジェクトが、GEに次世代の飛行機のために独自パーツをつくる機会と能力を授けたのである。

私はこれからもずっとGEnxのことを誇りに思うだろう。航空会社が、自分たちの注文したドリームライナーに搭載するエンジンを決めるときが来た。その瞬間、私たちは今後何年も続く勝利を手に入れた。2018年初頭、ボーイング787の注文数は1277件。そのうち53パーセントがGEnxを選んだ。

対するロールスロイスのトレント1000は、32パーセント。残りの14パーセントはまだ決断を下していなかった。GEは現在もまだ、この努力からの恩恵を受けている。

皮肉なことに、私たちはドリームライナーのエンジンを売る最初の試みで痛い目に遭った。それには9・11が関連している。攻撃の直後に、デニス・ダマーマンと私がまだテロ保険を結んでいない国に電話をして、そこに我々の飛行機を飛ばすことはできないと伝えたエピソードを覚えているだろうか。

ＡＮＡの略称で知られる全日本空輸も対象の一つだった。そして数年後、ＧＥのセールスチームがＡＮＡに、ドリームライナーにＧＥのエンジンを積むよう説得しようとしたところ、ＡＮＡからしっぺ返しを食らった。ＡＮＡはすべてのドリームライナーにロールスロイス製のエンジンを積むことに決めたのである。

アイデアに惚れるな

ビル・ウッドバーンが、ＧＥのポートフォリオに水の浄化事業を加えるべきだと熱心に話したとき、私に異論はなかった。水不足が、次に地球が直面する大問題になるという認識が広まりつつある。したがって、水をきれいにする方法の開発は、大きなビジネスに成長する可能性がある。

また、市場も巨大になるだろう。産業廃水はどこにだってあるのだから。同じ理由からウッドバーンも、ＧＥは産業廃水に焦点を絞るべきだと主張した。たとえば、機械を冷やすために水を使う工場では、使ったあとの水に粒子やほかの不純物が混ざってしまうことは避けられない。工場は水を使い捨てではなく、きれいにしてから再利用したほうが効率と採算性を高めることができる。

２００２年、私たちはＧＥウォーター＆プロセステクノロジーズ（GE Water & Process Technologies：水の処理、再利用、加工などを行う部門）という名で新部門を立ち上げ、我々が求める能力をもつ会社の買収に取りかかった。水関連サービスの業界リーダーだったベツディアボーン社と液体濾過機器メーカーのオスモニクス社で、一連の買収劇が始まった。続けて、淡水化で世界をリードするアイオニクス・ウルトラピュア・ウォーター社を、さらには微細孔を用いて汚染物質を除去する膜を製造するゼノンという会社も買収した。まもなく、GEウォーターは世界2位の水処理企業に育っていった。

私たちは大きな期待を寄せていた。2002年の年次報告書に、GEウォーターもまた、GEの社員、技術、そして経験にどれほどの利益をもたらす能力があるか、明らかにしてくれるだろうと書かれているほどだ。「全世界に350億ドル規模の市場が存在し、毎年8パーセント成長しながら高いマージンを誇っている」と私たちは主張した。「業界は細分化しており、自らの水需要をアウトソーシングする顧客が増えている」とも。

GEには技術力も、サービス力も、グローバル化の経験も備わっているため、私たちはこのビジネスが「毎年15パーセント成長し2005年までに40億ドルのグローバルリーダーになる」と考えた。

そのとおりになれば、本当によかったのだが、GEの水浄化技術を他社の技術と差別化することはどうしてもできなかった。すでに述べたように、風力事業に参入したときは、すでにあったノウハウを活かしてGEの製品を際立たせることができた。前もって優れた技術をもっていた空気浄化ビジネスも、同じようにうまくいった。しかし、水ではそうはいかなかった。私たちは他社と同じようなものしかつくれなかった。

水業界は、医療や発電など、GEが競合するほかの産業とはまったく異なる方法で運営されていた。なぜなら、消費者は水を基本的な権利とみなすので、価格を抑える必要があるからだ。水が不足する恐れは大きいものの、消費者はイノベーションに対価を支払おうとしない。その結果として、この業界は国内総生産（GDP）よりも速いペースで成長することが決してないのである。

私たちは典型的なミスに陥ったと言えるだろう。アイデアに惚れ込んで、現実に目を向けなかったのだ。今考えれば、うまくいかないのは明らかなのに。私たちは、GEがこの市場を支配できる理由を頭で考えて理屈を並べ、それが正しいと思い込み、GEの技術力の高さを信じるあまり、大局を見失っていたのである。構成要素のそれぞれに多額を投じても役に立たなかった。結局2007年に、私たちはGEウォーターをスエズ社に売って利益に変えた。しかし、利益を上げたとはいえ、ミスはミスだ。

成長への転換――アマシャム社の買収

2001年に開かれた戦略会議で、私はGEメディカルシステムズのジョー・ホーガンにこう尋ねた。「この世界で1社だけ買うとしたら、どの会社を選ぶか」。GEMSで事業開発を担当していたマイク・ジョーンズもそこにいて、両者は声をそろえて「アマシャム」と答えた。私も、アマシャムのことはよく知っていた。イギリスに拠点を置くライフサイエンス企業で、数年前から関心を寄せていた。

アマシャムは「精密医療」と呼ばれる分野のリーダーだった。そこには分子イメージング法の利用も含まれる。特定の分子と結合する薬剤を注入することで、得られる画像を鮮明にする技術のことだ。当時はまだ新しい技術で、この手法を用いて何を見ることができるか、科学者たちは大いに期待を寄せていた。

そのころまで医療用の画像診断装置は、基本的に〝解剖学的な〟アプローチだった。腫瘍、肺の黒点など、動かない画像を見ることはできたのだが、組織を取り出して検査するまで、それが実際に何なのかはわからなかった。だが、分子イメージングを使えば体内に組織をとどめたまま検査ができると考えられた。

放射性同位体などの造影剤を注入すると、それらが腫瘍の受容体細胞に結合するのが見えるので、それが癌かどうかわかる。したがって、医者は今までより迅速に病気を見つけることができる。ホーガンとジョーンズは興奮していた。「これがイメージング技術の次のステップになるに違いない」と二人は口を揃えた。

しかし、アマシャムが隠しもつ本当の宝石は、医薬品製造のためのシステムをつくる部門だった。その部門は、加工機器から化学物質にいたるまで、製薬会社が薬をつくるのに必要なものをすべて販売していた。2004年の時点で、それは小さなビジネスに過ぎなかったが、GEがその存在とサービススキルを世界に広げるのにうってつけだった。アマシャムを買収すれば、バイオテクノロジーの分野にまで顧客ベースを広げることができるだろう。医薬品開発が爆発的に増加すれば、私たちのビジネスも一気に拡大するはずだ。

そしてある日、私たちは買収への突破口が開いたことを知った。アマシャムの会長兼CEOのサー・ウィリアム・キャステルが、引退するつもりはないものの、退任しようとしていたのである。

私たちはゴールドマン・サックスを雇って、アマシャム買収の可能性を探らせた。ゴールドマン・サックスが接触したところ、キャステルは取引に前向きであることがわかったので、私は彼に直接会うことにした。2001年10月23日、9・11からちょうど6週間後、私たちは初の顔合わせとして、ニューヨーク市にあるNBC所有の30ロック・ビルディングで会合を開いた。

かつて会計士だったキャステルは魅力的な人物で、先見の明もあり、人脈も豊かだった。私は彼のことがすぐに気に入った。しかし、交渉は簡単には進まなかった。それからの数カ月間、私たちは繰り返し話し合った。GEのジェット機のなかで交渉したことも何度もある。私がロンドン南東のビギン・ヒルにある地方空港に飛び、サー・ウィリアムが搭乗し、数時間そこで話し合ったあと、彼が飛行機を降りて、私がまたアメリカに飛ぶのである。

そのような対話がおよそ2年間続いたのだが、私にはそこまでする確固たる理由があった。今後、診断法が変化し、ライフサイエンス分野での知識が必要になると、確信していたのだ。患者の体内を最高の画質で撮影するには、機械が優れているだけではだめで、化学の重要性がますます高まることが予想できた。

私はアマシャムとの取引を成功させたいと願っていたが、どんな条件でものむというわけでもなかった。2003年の9月、キャステルと私は合意を目指してもう一度だけ会うことに決めた。ある木曜日の午後5時、5人のチームメンバーと私はGEが所有する2機のボーイング737型機の1機に乗り込み、最後のチャンスとして大西洋を越えた。

BBJと呼ばれるボーイング・ビジネスジェットは、豪華な改装を加えた旅客機だ。本来175席あった場所に、会議室、8座席のリビングルーム兼オフィスルーム、およそ二十人が座れるU字型の長椅子を置いた空間などを設けている。さらに飛行機の後部には、広々としたベッドルームとバスルームが二つずつあった。それらはジャックがCEOだったときに買ったもので、私は節約のために2005年に売り払った。

6時間のフライトをへた金曜日の早朝、ロンドン郊外のルートン空港に到着した飛行機に、銀行家やアドバイザーも含めたキャステル陣営が乗り込んできた。今回の旅で私のパートナーを務めたのは、合併買収（M&A）を専門にするGE屈指の弁護士であるパム・デイリー。とても賢く、ほかの誰よりも鋭い洞察力をもつ女性だ。1989年にGEに来る以前に、ペンシルバニア大学ロースクールを首席で卒業していた。デイリーがそばにいてくれたので、私はたとえどんな決断を下すにしても、その決断は正しいだろうと安心できた。キャステルと彼の銀行家たちもデイリーのことを気に入っていた。

初めは、両陣営が会議室に集まったのだが、しばらくすると、内密な話をするために各チームが部屋を出て行くことが多くなった。キャステル陣営は飛行機の前部へ、GE陣営は後部へ行って話し込んだ。

私の記憶が正しければ、キャステルの娘が翌日に結婚する予定になっていたが、その事実が彼の気を散らすことはなく、むしろモチベーションを高めていたようだった。彼らにランチを出すことさえしなかったと思う。5時間後の午後2時、私たちは疲れ果てていた。「これ以上譲ることはできない」と私は最後に言った。

キャステルは下を向いてじっとしていた。実際には30秒ほどだったと思うが、永遠に感じられる時間だった。キャステルは顔を上げ、私の目を見てこう言った。「いいでしょう」。価格と重要な取引条件で合意に達したのだ。まもなく、飛行機はアメリカへ向けて離陸した。コネチカットに着陸したのは金曜日の午後4時45分。出発からほぼ24時間が過ぎていた。

多くの人が、私たちがアマシャムを買収した事実に驚いた。アマシャムはハイテクで、グローバルで、高価だった。2004年の4月に買収が成立したとき、私たちは例外的なエクイティスワップの形で98億ドルを支払った。イギリスの株式市場に上場していない株を用いて行われたイギリス国内で最大の全株式取引だった。

私と私のチームは、その買収額のせいで外部からの批判にさらされた。GEには金融サービスの長年の歴史があるため、GEの投資家たちは収益率の低い相手の買収に価値を見いだすことに慣れていた。それまでは、GEが自社の高収益株を使って、低収益の金融サービス事業を買い上げるのが普通だった。GEが買うとすぐに、市場でそれらの価値が上昇したのである。ところが今回は、私たちは自らの株価収益率よりも高い価値をもつ事業に対価を支払った。買収を発表した日、GEの株価は下落した。

しかし、この買収は、GEの成長を早める私の計画には欠かせない要素だった。私たちが行った調査が、アマシャムの収益はGEのそれよりも早く増えると示していた。そしてのちに、アマシャムは、私たちが買収交渉をしていたころに予想していた以上の利益を上げるようになった。

無駄遣いと評価された買い物が、実際には掘り出し物だったのである。数字が優れていただけでなく、アマシャムのおかげで、私たちはビジネスの多様化に成功し、金融サービスへの依存を減らすこともできた。もし、あのころ買っておかなければ、価格はさらに上がっていたに違いない。

私はキャステルを新会社GEヘルスケアの社長兼CEOに指名し、ホーガンをGEヘルスケア・テクノロジーズ――彼がそれまでずっと取り仕切ってきた分野の新名称――の社長兼CEOに据え置いた。この動きは、私の考え方の変化を具現化したものだ。私は、それまでは総合職の育成が重視されていたが、今後は専門化が進み、リーダーたちにも専門分野をもつことが求められるようになるだろうと考えはじめていた。GEMSとアマシャムという二つのビジネスと文化を統合する際に想定される痛みのすべてを経験しながらも、GEヘルスケアは成長を続けた。変化とはたやすいことではない。たとえそれが不可欠であっても。

キャステルのCEO就任が決まったとき、彼自身の言葉を借りると、「GEヘルスケアという怪物」を率いるのは少し不安だったそうだ。しかし、GEの力がすぐに彼を安心させた。ミルウォーキーとイングランドからクロトンヴィルに六十人ほどの最高のメンバーを集めて、共通のビジョンについて話し合っていたとき、その場のクリエイティブな雰囲気に感動したキャステルは、そのセッションの様子をビデオ映像として記録したいものだと何気なく漏らした。すると1時間後、NBCのカメラクルーがやってきて、撮影を始めた。キャステルはのちに語っている。「この会社には本当に力があることを知って、ゼネラル・エレクトリックに来ることに不安がる必要などなかったと気づいた」

市場が成熟すると、優れたビジネスは新しいセグメントに方向転換する。GEはGEプラスチックスでそれに失敗した。競合相手であるダウ、デュポン、モンサントと横並びになって農業事業に参入することで、市場の停滞に応じようとしたのだ。しかしGEヘルスケアは正しい選択だった。

アマシャムはキラキラ光るだけの安物ではなかった。私たちに欠けていた能力をもたらし――私が「強みから強みへ」と呼ぶ動き――、重要な市場に軸足を置く強力なコアビジネスになった。それからの数年で、アマシャムのビジネスは価値のあるものに成長し、将来に投資する勇気をもつことの大切さを証明してくれた。

チャンスをつかむ

アマシャムの買収交渉が行われていたころ、NBCのまわりを嗅ぎ回って買収のチャンスをうかがう連中がいた。しかし、私は売る気にはなれなかった。ジャック・ウェルチは1986年にRCA買収の一環として、テレビ局のNBCも買った。私は同社を巧みに経営してきたリーダーたちを高く買っていた。しかし、2003年にケーブルサービスが従来のネットワーク料金を上回りはじめたので、私はNBCに成長と多様化をもたらすか、あるいは誰かに売ってしまうべきだろうと考えるようになっていた。

すると、2000年にユニバーサル・スタジオを買収したフランスのヴィヴェンディが、ユニバーサルの映画スタジオとテーマパークとケーブルチャンネルを売りに出すと発表した。ヴィヴェンディのCEOだったジャン＝マリー・メシエが辞任し、スタジオチーフにしてメディア界の大物として知られるバリー・ディラーとフランス人のジャン＝ルネ・フルトゥを後継に指名した。

NBCのCEOだったボブ・ライトが私に電話をしてきた。ユニバーサルは「USAネットワーク」や「サイファイ」など、いくつかのケーブルチャンネルを傘下に置いていて、同社の映画スタジオはすばらしい作品を生み出していた。もし、買収できるなら、NBCに欠けている多様性をもたらすことができるだろう。

私はそれまでNBCの舵を取ってきたライトを信頼していた。だから今回の買収交渉の監督を任せることにした。もちろん、できる範囲で私も援助する。幸運にも、以前プラスチック部門にいたころに、私はフルトゥとすでに出会っていた。彼はローヌ・プーランというフランスの国営化学会社を経営していたのだ。この関係があるため、競合入札者よりも我々のほうが有利だろうと思えた。

2003年の労働者の日《レイバー・デー》につながる日曜日の夜、最終入札者――合計およそ百人――が、ヴィヴェンディが会場に選んだニューヨーク市の5番街にある法律会社のオフィスに集まった。私もGEのチームとそこにいたのだが、コムキャストなどほかの候補者と接触できないように会社の隅にある四つの部屋に隔離されていた。

そのような長時間におよぶマラソン交渉では暇を持て余す時間が多い。ある時間帯に、コーヒーをとりに廊下を歩いていた私は、やはりたまたま体を動かすために廊下にいたフルトゥに遭遇した。その仕草から、彼がGEの提示額に満足していることがわかった。しかし、はっきりとしたことは言わない。

それでも私は、チームが待機している会議室に戻ったあと、ドアを閉めて「うまくいったと思う」とみんなに伝えた。

数日後、フルトゥが取引を成立させようともちかけてきた。「そのための道を探ろう」と彼は言う。そして最終的に、GEとヴィヴェンディのあいだに新しいメディアベンチャーのNBCユニバーサル（NBCU）が生まれた。ヴィヴェンディには現金の支払いとNBCユニバーサルの20パーセントが与えられ、GEは同社の80パーセントを所有する。私がそのような独特なベンチャー形態に同意したのは、NBCUをスピンアウトするのは時間の問題だと考えていたからだった。

ユニバーサルのポートフォリオのなかで、私が最も価値を見いだせなかったのは、同社のテーマパークだ。年がら年中ツーリストをおびき寄せ、膨大な数の労働者を最低賃金で働かせるというビジネスモデルに、私はデメリットしか感じなかった。私にとって、それは危険信号だ。

一つ目の懸念として、労組化の動きが迫っているように見えた。加えて、ジェットコースター事故など、大問題が生じる可能性もある。そんなことがあれば、GEのほかのビジネスにも悪影響をおよぼすだろう。GEの高性能機器を買った人が、「安全なジェットコースターもつくれない会社がつくったジェットエンジンを信用できるだろうか」などと言い出しかねない。責任とリスクの問題が私の頭を占めた。

しかしそのころ、私はユニバーサル・パークス&リゾーツのCEOにして、私の知る限り最も有能なマネジャーであるトム・ウィリアムズに出会った。テーマパークの一つを彼と歩いていた私は、彼の姿を見た社員がみんな挨拶するために笑顔で近づいてくることに気づいた。それよりも重要なことに、彼は食事から、乗り物、安全、医療サービスにいたるまで、テーマパーク内での体験のあらゆる側面の経済性を熟知していた。

私はそれまでずっと、テーマパークは映画スタジオのブランド拡大につながるという主張を、そんな考えは希望的観測に過ぎないとして、拒絶してきた。しかし、ウィリアムズがその逆を教えてくれた。現在、それらテーマパークが会社で最も着実に利益を上げる事業の一つに名を連ねている。

GEのすべてのビジネスのなかでも、NBCユニバーサルは例外的存在だ。ほかのビジネスと共通する部分は少ないし、映像エンターテインメントという、私も含めGEマネジャーの大半が理解できないプロダクトを売っている。私には、会議に参加して「こんな退屈な脚本捨ててしまえ！」などと言う資格がない。そのため、GEがNBCUを所有していた6年間、私は同社を任せられる信頼できる人物をハリウッドやニューヨークで探すのに多くの時間を費やした。

彼らはいずれも度胸の据わった成り上がり者で、魅力的な人物だった。産業コングロマリットの内側で育った私には、自らのことをハリウッドと呼ぶ業界がまるで外国のように感じられた。そこには、見習うべき人々がいた。

私の大のお気に入りはロン・メイヤーだ。ユニバーサルの映画スタジオを運営していた男で、ビジネスに精通していながら、純粋な創造力も豊かだった。ナチスドイツから亡命してきたユダヤ人移民を両親にもつ彼は、15歳でハイスクールを中退して海兵隊に入隊、その後ロサンゼルスでタレント・エージェンシーとして底辺から始めたのだった。彼が設立に携わったクリエイティブ・アーティスツ・エージェンシーは、現在最大級にして最も権威のあるタレント事務所だ。また、ほかの誰よりも長く大手映画会社のチーフ職を務めている。

投げキッスと裏切りに満ちたハリウッドで、メイヤーは驚くほど率直に私に接した。GEがユニバーサルを買収してから最初の大ヒット映画は『キング・コング』。2億ドルを超える製作費をつぎ込んでつくった。2億ドルは、産業出身の者にとっては莫大な額だ。私は、「この額があれば、プラスチック工場を建てることができる」と何度も考えたものだ。

NBCUの四半期レビューを行うためにGE本社へやってきたとき、メイヤーは次期リリースのビジネス計画を披露した。『キング・コング』の名が出たとき、彼はこう言った。「これはだめ! まさに駄作!」。そして話を続ける。私は唖然とした。「何かできることはないのか」と尋ねる。「ない」が答えだった。「何やっても無駄。それが映画ビジネス!」。メイヤーが謝ったり、弱気になったり、誰かを非難したりすることは一度もなかった。彼を嫌いになるのは不可能だった。

私はずっと前から『サタデー・ナイト・ライブ』をつくった男であるローン・マイケルズと、NBCエンターテインメント社長のジェフ・ザッカーと知り合いだったが、NBCUをつくってからは彼らとの交流が増えた。私はマイケルズを、ときには『レイト・ナイト・ウィズ・コナン・オブライエン』のホストとして名をはせた背が高くて赤髪のオブライエンとともにディナーに誘い、メディアビジネスの将来について話し合った。また、USAネットワークとサイファイを経営していたケーブル界の重鎮のボニー・ハマー、あるいは『ミート・ザ・プレス』のホストであったティム・ラサートと彼のワシントンDCチームと話すことも多かった。

ザッカーをNBCUのCEOにするのは少し苦労した。2006年、彼の前任者であるボブ・ライトが、メディア界に点在する高齢の巨人たち——そのころ、サマー・レッドストーンは83歳、ルパート・マードックは75歳だった——を眺めて、まだ63歳の自分は引退する必要はないと考えたのだ。ライトはすでに、ジャック・ウェルチが彼の後継にしようとしていたアンディ・ラックを追い出していた。そして今回、彼は『ニューヨーク・タイムズ』日曜版のビジネスページに自分を褒め称える記事を載せさせたのだ。11月19日の記事には、私がライトをザッカーで置き換えようとしているが、ライトが「今引退すべき人物にはまったく見えない」と書かれていた。そして、こう続いていた。「ライト氏はNBCユニバーサルにとってきわめて大きな存在であり、多くの人にとって彼のいないNBCUは想像できない。実際のところ、アナリストやメディア界のインサイダーは、ザッカー氏の適性に疑問を呈している」と。

その朝、新聞を開いた私は激怒した。ライトは、人選に関する情報を他言してはならないというGEのルールを破ったのだ。そこで翌日、私はライトにスケジュールを早めると伝えた。2月にザッカーをCEOにする、と。「もうおしまいだ」。私は言った。ライトは反論して、「その決断は間違っている」と威嚇してくる。「ザッカーにこの仕事はできない。もっと確実な人物に委ねなければ。この事業をスピンアウトすべきだ！　もうすでにジョン・マローンと話を詰めているんだ」

しかし、私はNBCUを売る気になれなかった。そのような取引をすれば、GEの収益におけるGEキャピタルの割合がまた増えることになり、結果としてGEの評価を下げてしまうだろう。ライトは高い地位に必死にしがみつこうとしたが、私の心は決まっていた。ライトはGEのために尽くしてくれた。しかし、今は変化が必要だ。

ザッカーは無愛想なことで知られていたが、きわめて有能な人物だ。フロリダのハイスクールにいたころ、彼は2年生、3年生、そして4年生のときに学年代表に選ばれている。その際に掲げていたスローガンが、「大きなアイデアをもつ小さな男」。彼の身長は約170センチだった。面と向かえば私のほうが25センチほど大きいのだが、こと番組づくりに関しては、彼は見上げる存在だった。

NBCで一番人気のドラマ『フレンズ』の最終回が迫りつつあったとき、彼はニューヨークを訪れ、私に番組を1年延長しなければならないと伝えた。その値札には天文学的な数字がつけられていた。ワーナー・ブラザースは、30分のエピソード1話につき1000万ドルという当時の史上最高額を要求したのだ。だが、私は延長を認めた。NBCはその金額を広告だけで稼ぐことはできなかったが、『フレンズ』は同社が「マスト・シーTV」と名付けて力を入れていた、木曜夜の目玉番組だった。この番組があったからこそ、NBCはもう1年間、ナンバー1ネットワークの座にとどまることができたのである。『フレンズ』の延長は正しい判断だった。

新しいリアリティ番組に実在する不動産王を出演させようと考えて、私に協力を求めてきたのもザッカーだった。その人物こそドナルド・トランプである。2004年、NBCは『アプレンティス』のホスト役となるよう、トランプに声をかけた。

『フレンズ』が終わってから低迷していたNBCには、ヒット作が必要だった。ボブ・ライトとランディ・ファルコというNBC幹部と私の3人がニューヨーク州ベルフォードにある、トランプが所有するゴルフコースへ赴き、数ラウンド回った。片手に5番アイアンをもって立つ、将来アメリカ合衆国の大統領になる男は、私たち3人を見つめて、こう宣言した。「君たちは、私が世界で最も裕福なゴルファーであることをわかっているのだろうな」。そして、ホールインワンをやってのけた。

NBCが、ひいてはGEが、トランプをのちにホワイトハウスへ進出するほどの人気者にした点は否めない。抜け目のない彼のカリスマが、『アプレンティス』をヒット番組にした。ゴルフをともにした日以降、トランプは何度も、あのホールインワンの話を公の場でするよう求めてきた。その際、私の発言をこう修正した。「違う。正確には、私は裕福な人のなかで最高のゴルファーだと言ったんだ。そのあとでホールインワンをたたき出した」。そして続ける。「あれはすごかった」と。

この話で、トランプはある点を省略している。彼は初めから、NBCとの関係に条件をつけていたのだ。「君はすばらしい」。グリーン上でパターを打ちながら私に言った。「君とだけ直接話すことにする。ザッカーを通すようなまねはしない。君とだけだ」

一部の権力者は、トップに直接アクセスすることを、自らの重要性を示す尺度だと思い込んでいる。トランプもそうで、私は彼に合わせることにした。しかし、私はザッカーを高く買っていたし、彼を守ろうともした。

のちに私たちがNBCUをコムキャストに売ったとき、ザッカーに批判の目が向けられたが、今もNBCUに利益をもたらしている数々の決断を下したのは彼なのである。『サンデーナイト・フットボール』の放映権を獲得し、『ザ・ヴォイス』をつくり、ハリー・ポッターのテーマパーク・ライドを建て、いくつかのアニメ映画をヒットに導いたのがザッカーなのだ。

これらのビジネスをやっていく際、私がNBCUのトップの上に立ったことはほとんどない。例外は、2007年の春ぐらいだ。ラジオ司会者のドン・アイマスが自分の番組『アイマス・イン・ザ・モーニング』のなかで、ラトガーズ大学の女子バスケットボールチームを「ばかな売春婦」と呼ぶ事件があった。この番組の制作はCBSだったが、MSNBCで同時放送されていた。それからまもなく、私はGEにいる数人のアフリカ系アメリカ人リーダーたちから話を聞いた。

そのなかには、私が5年前に最高多様性責任者《チーフ・ダイバーシティ・オフィサー》に任命したデボラ・エラムもいた。「私自身、黒人の娘が二人います。これは許せる問題ではありません」と言う彼女の声は震えていた。そして、GEのアフリカ系アメリカ人フォーラム——GE内にある数多くの親睦団体の一つ——の集会が7月に行われると指摘した。

「毎年、私はあなたといっしょにほとんどが黒人社員の千三百人の前に立って、この会社は多様性を尊重していると話しているのに、もしアイマスの態度が許されるのなら、私はもうあなたとはやっていけません」

私はザッカーに、続けてNBCUの社長とCEOに電話した。「明日の朝8時までにアイマスを解雇すること」。そう命じた。「それができないのなら、私がじきじきに首を切る」と。CBSのレス・ムーンヴズに先んじて、ザッカーがアイマスを追放した(ムーンヴズはその翌日に番組の中止を発表した)。アイマスの人種および性差別的な発言を、GEは許さなかった。

行動をためらうな

成長に投資をするのは楽しい。しかしその一方で、混乱を取り除くために、私はつらい決断もしなくてはならなかった。GE最大の悩みは保険だった。本章の冒頭で指摘したように、私たちはムーディーズから厳しい評価を得た。この一件ではっきりしたことがあるとすれば、保険業から撤退しなければならないということだろう。保険はGEキャピタルの収益の40パーセントを占める最大のビジネスだった(全社的にはおよそ20パーセント程度)。しかし、保険頼みが強すぎて大混乱に陥っていた。

90年代後半、GEは多くの企業を買収した。数多くの二級金融保険商品、世界最大の住宅ローン保険企業、高リスク債権保証保険部門、一連の長期介護資産、ペット保険、さまざまな不動産再保険資産など、どれもGEの汚点だ。

GEキャピタルのチームがそのような取引を提案するたびに、GEの多く（ボブ・ナルデリやジム・マックナーニや私）は、彼らは頭がおかしいと考えた。だが、誰も声を上げなかった。多額をつぎ込んでそれらを買いながら、ろくに運用してこなかった。そもそも、規制は厳しいのに、見返りは少ない業種だ。私にしてみれば、撤退以外の選択肢はなかった。

そこで、一連の取引を開始したのだが、なかでも最大だったのがジェンワース・ファイナンシャル社だ。私たちは、GEの歴史で初めて新しい会社をつくり、スピンアウトしようとしていた。すばらしいアドバイザーたち――ゴールドマン・サックスのデビッド・ソロモンとジョン・ワインバーグ、モルガン・スタンレーのスティーブン・クロフォードとルース・ポラト、そしてワイル・ゴチャル&マンジズ法律事務所の最高の弁護士チーム――のサポートを得ながら、2004年の5月に私たちはジェンワース・ファイナンシャルのIPO（新規上場）を開始した。経験則として、「資産の質はそれを売るのに必要な才能の量に反比例する」と言われている。

アドバイザーたちが、株主資本利益率（ROE）が最低でも8パーセントを超えなければならないと言っていたのを、私はよく覚えている。私たちは、その条件を満たそうと躍起になった。ジェンワースの純利益を株主資本で割ると、ぎりぎり何とかその数字を出すことができた。そこで私たちは、株価を18・50ドルに設定した――目標の22ドルの16パーセント下だ。

初めはほとんど取引にならなかった。しかし最終的には、銀行家たちが株式を安定させることに成功したので、ジェンワースのおよそ30パーセントに対して28億3000万ドルを集めることができた。その後まもなく、GEは残りの株をすべて投げ売りすることになる。

私はすでに、アナリストも投資家も、GEキャピタルの中身を理解していなかったと指摘した。この点が、私たちがGEキャピタルという得体の知れないものを解体するときのジレンマでもあった。

保険業を売ることは、20億ドルの収益を売り払うことを意味していた。当時の時価総額に換算すると400億ドルほどだろう。独立した会社として、2005年のジェンワースには100億ドルの価値がついていた。それからの数年で、わずか20億ドルに目減りしていた。つまり、すでに金融危機が生じる前から、それらの資産はGEの傘の外に出たという理由だけで、傘下にいたころの数分の1になっていたのである。投資家にとって難しい状況だった。

最後の最後になって、私たちは利益の大きい住宅ローン保険事業をジェンワースに含めることにした。そう決断したことに、私は今も感謝している。この種の事業は住宅価格に敏感なため、金融危機の際に大きな打撃を被った。同じ時期に、私たちは債券保証業のファイナンシャル・ギャランティ・インシュアランス社（FGIC）も、ブラックストーン・グループを含む投資家コンソーシアムに売却した。

FGICは公共と民間の両セクターの顧客が発行するパブリックファイナンスあるいはストラクチャードファイナンスの債券に対し、金融保証証券を提供する。私はこのビジネスが嫌いだった。決して起こらないであろう結果に対して、最低限の料金で保険をかけるという巨大なリスクを背負うことが求められるからだ。私には、その意義が認められなかった。

この事業もまた、まもなくやってくる金融危機で債券がデフォルトになったときに崩壊の運命をたどる。もし、住宅ローンと債権保証の両ビジネスを売っていなければ、GEは2008年と2009年の金融危機を生き残ることができなかっただろう。

ちょうど同じころ、私はもう一つの難しい決断を下さなければならなかった。ホーム・デポの創業者でジャック・ウェルチの親友でもあるケン・ランゴーンに、GEの取締役会を去るよう申し渡したのだ。そうする理由は複数あった。

まず、ナルデリの指揮下で、ホーム・デポがGEの商品を排除した点が見過ごせなかった。社員との対話集会を開いたと想像してみよう。すると、これは実際にあった話だが、社員の一人がこんな質問をしてくるのだ。「私たちの役員にホーム・デポをつくった人がいるのに、ホーム・デポで私たちの商売はさせてもらえない。そんなことがありえますか」と。

次に、金融に精通しているはずなのに、ランゴーンが私の前任者が行った悲惨な保険買収のすべてを受け入れてきたという事実に、私は落胆していた。そして最後に、ランゴーンはニューヨーク証券取引所前所長のディック・グラッソの報酬に関して、当時ニューヨーク州の司法長官だったエリオット・スピッツァーを相手に、大々的な口論を繰り広げていた点を挙げることができる。当時ゴールドマン・サックスのCEOだったハンク・ポールソンらが、ランゴーンは一線を越えたとみなしていた。当時、「ウォール街の新しいシェリフ」と呼ばれて飛ぶ鳥を落とす勢いだったスピッツァーに公然と盾突くような役員がいては、GEの助けにならない。

加えて、私たちの立てたポートフォリオ戦略を実行に移すには、私たちはポールソン、あるいはニューヨーク証券取引所の役員も務めていたビル・ハリソンといった銀行家の協力が絶対に必要だったのである。ひどい話だが、かつてランゴーンは『フォーチュン』に対し、「ポールソンは恥さらしなだけでなく、ろくでなしだ。こんな目に遭うぐらいなら、高速で回転するフードプロセッサーのなかのほうが快適だと思うぐらい、私が彼ら業界のくそキャプテンたちをコテンパンにやっつけてやる」と言ったことがある。

私たちは非常に困難なポートフォリオ改革に挑もうとしていた。それには、銀行との信頼関係が絶対に必要で、取締役会もそのことを知っていた。ランゴーンを追放することで、私は彼を生涯の敵に回すことはわかっていたが、そうするのが正しいことだったのだ。

最後の仕上げとして、私たちは再保険事業をスイス・リー・グループに売却した。私はダマーマンとともにスイス・リーのCEOであるジャック・エグランを30ロックに迎えて、GEインシュアランス・ソリューションズの買収について話し合った日のことをよく覚えている。私はエレベーターへ向かう途中でもうエグランに襲いかかりたくてうずうずしていた。それほどまでに、再保険事業を手放したかったのだ。彼は事業の大部分の買収に68億ドルで合意し、2005年の12月に正式に発表した。この取引は、私たちに30億ドルの損失をもたらした。それでも私は大満足だった。

近年、私たちが売り払った数多くの保険事業よりも、私たちが維持した事業分野のほうにより多くの注目が集まりつつある。とくに長期介護保険と定期金賠償の両分野に対する関心が高い。それらの維持は、ジェンワースの取引を成立させるのに必要だったので、取締役会に承認され、投資家にも開示されていた。GEキャピタルで撤退した事業からの残り物を保持するときにいつもそうしていたように、私たちはそれらのビジネスについても新たな方針を立てることもないまま、ただ縮小していった。

今、2020年の視点から改めて振り返ってみると、2004年の時点で長期介護保険業を、誰一人として納得のできない価格ででも売り払っておくべきだったと思う。念入りな監視にもかかわらず、2004年時点で、あるいはその後も、GEが1990年代後半に行った投資がのちにどれほど有害なものになるか、誰も予測できなかった。もし、キース・シェリンかサンディ・ワーナーかデニス・ダマーマンが私のオフィスにやってきて、長期介護保険業を手放せと迫ったら、私はそうしていただろう。しかし、誰にも未来が見えていなかった。

私たちは、保険業界は規制が厳しいため、その債務は社内的にも社外的にも精査されるはずなので、それらに伴うリスクにも適切に対処できると油断していた。また、そのような対処を行うために、ジェンワースの監査役も雇っていた。保険のプロがそばにいるという安心感が、GEは長期介護保険を適切に管理しているという思いにつながった。さらに、私はGEの保険準備金は毎年監査役や規制当局によって確認されていることも知っていた。

最終的に、ジェンワースのスピンオフ案はGEキャピタルの取締役会とGEの取締役会の両方から全会一致でサポートを得ることができた。根本的な保険事業は次のような仕組みで成り立っている。保険会社が顧客の現金を預かり、成果を保証したうえで、その現金を顧客に約束した支払いよりも高いリターンを生むと思える何かに投資する。しかし、何十年も続いた低金利時代が、そのような高リターンを困難にしていた。

ジェンワースのスピンオフは、私がCEOとして行った取引のなかでもとくに重要なものの一つだった。今考えると、そこに長期介護保険も含めるべきだったと思うのだが、2018年に明るみに出た長期介護保険のさまざまな問題点を見てみると、もし私たちが、ジャック・ウェルチが買収した保険ビジネスを手放さなかった場合、GEにどれほどの損害を与えていたかがよくわかる。

「チャンスは都合の悪いときにやってくる」というが、まさにその通りだ。2004年、GEの株は苦戦していた。それにもかかわらず、私たちは、ジェンワース、アマシャム、NBCユニバーサルなどと並行して、6カ月のあいだに数十億規模の決断の数々を下した。そのような決断ができたのも、私たちチームが組織運営の原則――市場で勝ち、次を見つけ、技術に投資し、世界で売る――に従ったからだろう。それでも、意志決定を簡単にする方程式など存在しない。どれだけデータを集めても、成功を保証することはできない。

何をすべきかを知ることよりも、いつすべきかを見極めることのほうが難しい場合も多い。決断力のないリーダーはリーダーではない。チームのメンバーを最もイライラさせるリーダーは、自分の考えは口に出すのに、「危険だから」を理由に行動を起こそうとしないリーダーだ。そのような迷いは、企業が潰れる原因になる。「前に進むために不完全な決断を下す」ほうが、「非難を恐れるあまり何もできない」よりもはるかにましなのだ。

第4章
リーダーはシステムを考える

妻と私は殺人ミステリーが大好きだ。とても気に入っているコーエン兄弟の『ファーゴ』のケーブルテレビ放送だろうと、ネットフリックスで配信されているスカンジナビア生まれのドラマ『ブリッジ』だろうと、一度に数エピソードをまとめて観ることが多い。新しいシリーズを発見すると、1話目か2話目を観ている途中に必ず、ソファに座った妻が私に「誰が犯人だと思う」と問いかけてくる。するとは私は、「そのうちわかる」と答える。私はそういう性格なのだ。不確かなことがあっても、さほど気にならない。経験から、8話目か9話目まで観ないと犯人が明らかになってこない場合があることもわかっている。

私がこのような気長な性格になったのは、大学で数学を専攻したからではないかと思う。私の教授たちは、初めから答えがわかっていなくてもいいのだということを、それどころが、わかっていないほうがいいケースさえあることを教えてくれた。おかげで私には、いわゆる「システム思考」が身についた。

システム思考は、最初は抽象的に思えるが、努力して身につける価値のあるものだ。基本的に構成要素それぞれの関係に注意を払うことで、市場や組織の複雑さを分析するために用いる。従来の線的な分析では、システムを個別要素に分解しながら原因や作用を見極めようとする。しかし、たとえばGEのようなコングロマリットのビジネスのように、あるシステムを構成する多数のセグメントがすべて相互に依存し、複雑に絡み合っている場合は、二つの次元でものを考えなければならない。垂直（単一市場）と水平（複数の市場）の二つの次元だ。

GEアビエーションの市場を例に見てみよう。まず、垂直的な問いがある。エンジンに欠かせない精密鋳造部品の製造を外部に委託すれば、第三者企業が我々の顧客に直接部品を売れるようになり、我々のサービス事業に支障が生じるだろうか。もし答えがイエスなら、その部品は自分でつくったほうがいい。

一方、水平的な疑問はこうだ。GEキャピタルがボーイングに787型機の製造資金を貸した場合、それをきっかけに同機に搭載されるGEの部品を増やして、他社を打ち負かすことができるだろうか。この二つの問いに答えるには、GEの複雑な組織に含まれる数多くの構成要素を吟味し、それらを隔てる壁を取り払わなければならない。このように複合的に考えるのがシステム思考だ。

システム思考は、単なるはやりの言葉ではない。リーダーにほかの者たちには見えないものを見せてくれる。そして、うまくいけばほかの者が気づく前に機会を見つけさせてくれる。あなたは、潮目が変わりつつあることを察知し、大胆な行動に出ることができるだろうか。

システム思考のおかげで、GEにはそれができた。1997年、私たちはGEの全事業のバックルーム処理——請求、債権処理、回収管理、顧客サービス、ITヘルプデスクなどを行う部門を立ち上げた。設置場所にはインドを選んだ。

インドは賃金が低い。アメリカでさほど高い教育を受けていない人が得る給料の4分の1で、博士号をもつ人物を雇うことができる。また、初めからその部署を独立した業務として運営するつもりでもあった。

こうした業務を一元化することで、各部門にそれぞれ独自の請求担当者や集金スタッフを雇うよりもはるかに少ない人員でやりくりすることができる。GEにとってウィン・ウィン・ウィンの一手だった。効率が上がり、社員が減り、給与も減ったのだから。

しかし、8年後にさまざまな要因――GEの大きさ、ブランド力、国際的なフットプリントなど――を検査したところ、そのバックルーム処理部門をGEの事務機構の一部としてではなく、スピンアウトしたほうが我々の投資家により多くの価値を生み出せることがわかった。一歩下がってその事業を俯瞰で眺めたところ、GEの外にいる顧客たちにも役に立てるはずだとわかったのだ。

加えて、賃金を減らすことを目的に一つのビジネスを立ち上げるのは、ブランドイメージによくないこともわかっていた。2005年1月、その事業はジェンパクトという名で会社として独立し、GEの外にいるクライアントに向けてサービスを開始した。現在、ジェンパクトは八万人の社員を抱え、およそ30億ドルの収益を上げている。システム思考がなければ、同社は今もGE内の部門に過ぎなかっただろう。

では、どうすればシステム思考ができるようになるのだろうか。まず、イベントやデータをただ観察するだけではなく、もう一歩踏み込んで行動のパターンやそのパターンを促す構造を見極めなければならない。私には、GEの各部門に共通している行動が見えた。

次に、GEの外に目を向けた。GEのビジネスだけでなく、ほかのすべてのビジネスに変化を促している要素に注目したのである。たとえば、中国の成長は数多くの業界にインパクトを与えた。クラウドコンピューティングの誕生もそうだ。

さらに最近の例では、COVID－19の大流行とそれが世界経済にもたらした波紋を挙げることができる。原因は何であれ、市場に変化が現れたとき、リーダーはそれらに注目し、その影響を見極め、適した決断を下さなければならない。

私と私のチームは、いつもGEの顧客の声を聞くことからシステム思考を始める。ほかの誰よりも、顧客が最高のアイデアにつながる洞察やデータをもたらしてくれるからだ。

私が頼りにしていたもう一つのグループは、社の内外の科学者だ。彼らには、システム内の個別モジュールにこだわらずに、システム全体の効率を評価する能力がある。飛行機を所有している者は、飛行機が〝空を飛んでいる時間〟を最大にしたいと願う。そこにはたくさんの要素が関係してくる。一つの要素に焦点を絞ると、大事な点を見落としてしまう。だが、科学者には体系的に考える力がある。それが彼らの仕事だからだ。私も、次第にそれができるようになった。

このことは、実際の現場では何を意味するのだろう。私は定期的に、信頼しそして尊敬もしているCEOたちとディナーを楽しむ機会を設けていた。アメリカン・エキスプレスのケン・シュノールト、ジョンソン・エンド・ジョンソンのビル・ウェルドン、IBMのサム・パルミサーノ、ペプシコのスティーブ・レインムンドだ（のちにインドラ・ヌーイが加わった）。さらに私は、毎年50から60本の年次報告書を読んでいた。私は、新しいアイデアを自分に取り入れようとしていた。

CEOだったころ、システム思考のおかげで方向転換や、ときには大胆な進路変更が必要であると理解できたケースが数多くあった。このテーマだけで、1冊の本が書けるだろう。ここでは二つだけ例を紹介する。一つは2005年に立ち上げた「エコマジネーション」。もう一つは、2011年のGEデジタルの組織化と、そのプラットフォームとなる「プレディックス」の導入だ。どちらも、顧客のニーズだけでなく、もっと幅広い意味での経済、環境、科学、あるいは技術環境に対応するための策だった。いずれも一時は反発を受けたが、のちにGEの内部文化に巨大な変化をもたらすこととなった。

世界とのコミュニケーションから始まった

1998年、ジャック・ウェルチはNBCでの社内コミュニケーションの上級副社長を務めるベス・コムストックに、同職を捨ててGEの最高コミュニケーション責任者になるよう依頼した。その後まもなく、コムストックが私に会うためにウィスコンシンにあるGEメディカルシステムズにやってきた。私は彼女の感性が気に入った。GEMSはマンモグラフィーと超音波機器で数々の進歩を遂げていたので、私たちは女性の健康をテーマにしたキャンペーンを開始していた。コムストックは、世界はGEが行っている努力と、GEが女性を助けているという事実を知るべきだと、熱い思いを吐露した。

もちろん、そうすることが強力なマーケティング策にもなる。何しろ、消費者のほとんどが、GEが癌との闘いに関係していることを知らなかったのだから。しかし、私が最も感心したのは、彼女の旺盛な好奇心と、エンジニアやほかの経営陣たちに気さくに声をかけるその態度だった。

2002年、CEOとしての最初の1年が終わったころ、私はビジネスリーダーの役割が様変わりしたことに思いをはせていた。過去、GEの最高幹部は外の世界の話になると、扉を閉ざして「私に話しかけるな」というスタンスをとることができた。しかし、9・11とエンロンをきっかけとして、企業にも透明性に対する要求が高まっており、GEももっと外に向けてアピールしなければならないことは、誰の目にも明らかだった。

GEにはさまざまな側面があるので、顧客や投資家にとって捉えどころのない企業になっていた。人々にわかる形で、GEの役割を説明できる人物が必要だった。そこで私はコムストックを最高マーケティング責任者に任命した。

マーケティングの責任者にコムストックを選ぶことは、意外な人選だったといえる。自分のことを内気だと言う彼女は、バージニア州の小さな町で育ち、大学も実家に近いウィリアム・アンド・メアリー大学を選んだ。専攻は数学でも経済学でもなく、生物学。ビジネススクールに通ったこともない。しかし、どんなに困難な問題に対しても臆することなく挑みかかる彼女の姿に、私は感銘を受けていた。

そして私には、彼女に解いてもらいたい大きな問題が二つあった。GEは巨大なセールス力を有する一方で、新しいソースを使いこなすことが不得手で、新たな収益源をうまくつくれずにいた。加えて、GEは消費者に直接商品を売るわけではないので、それまではマーケティングをもっぱら新製品のリリース方法として利用してきた。だが、私はマーケティングをもっとクリエイティブに、もっと積極的に活用したいと願っていた。

そこでコムストックに、GEが1979年から使いつづけてきたキャッチコピー「We Bring Good Things to Life（暮らしによい製品を）」を考え直すように頼んだ。このフレーズは、考案された当時はすばらしいモットーだった。しかし、時がたつにつれ、私はGEが消費者と金融サービス中心の会社から技術とイノベーションを軸にした会社へ変貌を遂げるべきだという考えが、ますます強くなってきた。

ブランドイメージを一新する必要はないが、もっと新世紀に見合った形で会社を表現したほうがいい。私たちは、GEで働く人々が出社するたびに、1日も欠かさずに未来を想像することを望んでいた。また、顧客と投資家に、GEの優れたイノベーション力を信頼してもらいたいと願っていた。

広告代理店のBBDOの協力を得て、私たちは新しいスローガンを考え、それを2003年の1月に放送されたゴールデングローブ賞授賞式でテレビコマーシャルとして初披露することにした。ジョニー・キャッシュの歌う「Come Take a Trip in my Airship」に合わせて、ざらざらした映像が映し出された。映像のなかでは、ライト兄弟がキティホークの町で初の動力飛行を行うために、新型飛行機のプロトタイプを整備している。

「100年前、ライト兄弟はすばらしいアイデアを実現するためのインスピレーションを得た」というナレーションの声が聞こえてくる。「その記念すべき日、GEはそこにいなかったが、思いは彼らとともにあった」。画面が切り替わると突然、ライト兄弟の複葉機の上に現代のGEエンジンが搭載されている。エンジンがうなりを上げ、近くの小屋の屋根を吹き飛ばす。飛行機が宙に舞い、白黒だった古い映像が、フルカラーに変わった。「オーヴィルとウィルバーのライト兄弟の発明を、彼ら自身が想像もしていなかったほどの高みへ導くことができたのは、GEの航空機エンジンとアビエーションパートナーの誇り」とナレーションが続き、最後に新しいスローガンを発表した。「GE――Imagination at Work（想像をカタチにするチカラ）」

私がコムストックに望んだのは、新しいスローガンと機知に富んだテレビコマーシャルだけではない。私はより大きな使命を与えていた。チームを組んで市場にギャップを探し、それらをGEがどう埋めるべきかを想像するのだ。その一環として、私たちはイマジネーション・ブレークスルー、通称ＩＢという取り組みをスタートさせた。

すべての部門に、６週間後までに新しい収入源のアイデアを二つか三つ見つけるように命じたのである。中身は製品でも、アプリケーションでも、地理的なエリアでも、あるいはこれまでないがしろにされてきた顧客層でもいい。５年以内で、どの分野も大幅な成長を遂げていなければならない。

まもなく、ＩＢの提案が私のもとに届きはじめた。私とコムストックは、毎月１日を割いて、それらを精査することにした。この方法を用いたのは、まだ完全ではないアイデアを見つけて育てるためだ。それらに資金を投じるだけでなく、保護もする。大きな企業では、アイデアは生まれたばかりの段階で押しつぶされることが多い。私はＩＢプログラムを通じて、生まれたばかりの最高のアイデアが生き残れる環境をつくりたかった。

自らの提案を発表する人々に対して、パワーポイントを使った長々しいプレゼンテーションは見たくないと伝えた。私が求めていたのは、簡潔なまとめと、私の質問に答える前向きさだ。だいたい、次の三つの問いを投げかけた。社内における最大の障壁は何か。社外における最大の障壁は何か。収益の流れはどうなるか。プログラムを始めてから１年がたち、私たちは80のＩＢにゴーサインを出した。２００５年の時点で、25のＩＢが収益を生んでいて、私はそのことが誇らしかった。

それなのに、私はそれまで以上に強く、ＧＥ内部で新しいアイデアに対する反発を感じていた。２００３年９月、私はマサチューセッツ工科大学でスピーチを行い、この反発について話した。「もし私がビジネスに関する本を書いて、そのなかの１章を君たちに捧げるとしたら」という言葉で、講演を始めた。当時私には、本を書くなどという予定は一切なかったのだが、次のように述べた。

「その章には、〝偉業から200万ドル〟という見出しをつけるでしょう。私は数え切れないほど何度もGEのリーダーたちがこう言い訳するのを聞いてきました。『新たなイノベーションに資金を出したいとは思うのですが、そんな余裕はありません。どうやっても予算内に収まらない』と。何十億ドルもの基本予算をもつリーダーたちがそんなことを言うのです。投資家たちは、会社にリスクをとることを求めているというのに」

この言葉を今になって振り返るのは、奇妙な感覚だ。意識していたかどうかは別にして、私は当時、リスクが高いどころか、むしろ無謀なことをやる準備を整えていた。それから1年以内に、私たちはそれまでの社風に真正面から逆らうことになる運動に全社を挙げて取り組みはじめたのである。それが「エコマジネーション」だ。

グリーンはグリーン

2004年、史上最大のスーパーファンドサイト（不法投棄された有害廃棄物の処理と賠償を決める「スーパーファンド法」が適用される土地）をGEが所有していた。1947年から1977年までの30年にわたって、GEの二つの工場がニューヨークのハドソン川上流にPCB（ポリ塩化ビフェニル）を投棄していたのだ。

違法な行為はなかったのだが、それらの工場が閉鎖されたあとになって、研究を通じてPCBがラットに発癌を促すことがわかり、米国環境保護庁（EPA）がGEに浄化を求めたのだ。

私たちはその命令に異議を唱えた。研究は説得力が弱く、人間にも有害だという結論が出たわけでもない。それに、川も昔よりはすでにはるかにきれいになっている。2008年の全米知事協会の集会で、私はニューヨーク州知事のエリオット・スピッツァーに、ハドソン川を掘り返すのに金を使うぐらいなら、同じ金額を使って小学校をいくつか建てたほうが市民の役に立つと提案してみた。スピッツァーはこの提案を、政治は複雑すぎてよくわからないという理由で断った。

しかし、そのような状況を前にして、私はふと思った。我々はすでに風力ビジネスに参入している。GEの冷蔵庫に新しい省エネ規格も導入した。そして今、汚染源としてのGEの過去に取り組むよう求められている。これらのピースをすべてつなぎ合わせて、何かポジティブなことができないだろうか。

そのころ、GEの顧客も環境に関心を向けるようになっていた。アメリカと欧州連合で規制が強化され、GEの顧客にもあらゆる汚染を減らすよう圧力がかけられていたのだが、彼らは既存の技術を新しいクリーンなものに置き換えるのが、どれほど高額になるかと恐れていた。

環境が話題になると、顧客の一部は企業市民として率先して模範的にふるまおうとし、残りの顧客はバランスシートを守ろうとした。しかし、いずれの陣営にも共通していたのは、将来に対する不安だ。そして、彼らの多くはGEのサポートを期待していた。

私は自分の考えをベス・コムストックに〝半熟のアイデア〟として伝えた。これはCEOとして私が何度もやったことだ。信頼できるリーダーに生煮えの理論や提案を託し、それらを現実的な形に変えてもらうのだ。正直なところ、半熟は言い過ぎかもしれない。半分どころか、4分の1も仕上がっていないアイデアも多かったのだから。

しかし、私だけでは形にすることのできない何かに新鮮な目を向けてもらうことは、三つの点で役に立った。まず、そのアイデアに時間を費やす価値があるかどうかについて、貴重なフィードバックを得られたこと。次に、部下に彼らのことを信頼していると示せたこと。そしてもう一つは、ほとんどの場合、彼らに託した時点よりもすばらしいアイデアになって戻ってきたことだ。

コムストックは、私がいつも水平的——つまりGEの各部門の垣根を越えて導入できる社内イノベーションを探し求めていることを知っていた。私は彼女に次のように問いかけた。社員だけでなく、同時に顧客もターゲットにしたメッセージを発信する方法があるだろうか。環境はどのビジネスにとっても、もちろんGEにとっても、最大の懸案だ。GEには環境政策に関する深い知識があるし、大学に匹敵するほど有能な学者たちもいる。加えて、全世界で顧客ともつながっている。それらすべてを駆使して、さらに我々の膨大な技術力を用いて、ポジティブな動きのうねりを生み出し、同時に収益を爆上げすることはできないだろうか。

そうしたい理由はいくつもあった。第一に、私は会社を大きくしたかった。第二に、この120歳を超えた会社を若返らせる方法を探していたし、17歳の娘や娘の友人との会話から、今の十代の若者とミレニアル世代は、彼らの両親世代などよりもはるかに強く地球環境に心を痛めていることを知っていた。風力事業を担当していたヴィック・アベートが、風力部門の文化を「再生気質」と呼んだのも印象に残っている。自分たちは世界にとって重要な問題に取り組んでいるのだ、という社員たちの誇りを表す言葉だ。

第三に、私はいつもリーダーとして自ら模範を示すことに努めていた。たとえば、環境保護を応援する百人のCEOリストに私も並んでサインをしたところで、環境問題におけるGEの評判が高まることはないだろう。そのような団結自体は悪いことではないが、本当の変化を起こすには、GEは自ら行動を起こさなければならないと私には思えた。

最後に、世界最大の汚染企業の一つとみなされることは、ＧＥの名声にとっていいはずがない。そのようなイメージは絶対に変える必要があった。ただし、環境のことを考えているふりを世間に見せるだけではだめだと、私はコムストックに言って聞かせた。成果が一般の人々にもはっきりとわかる形で計測できなければ私は納得しない、と。

コムストックはすぐに作業グループを招集し、アイデアを絞り出しはじめた。グループは環境規制がビジネスにもたらす影響を調べ、たとえばトヨタがハイブリッド車のプリウスをどのように成功させたのか研究した。ＧＥのすべての幹部を相手にアンケートも行い、顧客とも話した。

私たちは会社として、そして私個人としても、気候変動は実在し、その原因は人間の活動にあるという立場をとった。アメリカは国際協定に加入すべきだとも考えた。環境問題という難問を解くには、技術、政治、金融それぞれに解決策が必要だと確信した。

同時に、従来の技術をより効率的なものに進化させることが、広範な支援を得るための鍵になる。現在、カリフォルニア州とドイツが先陣を切って環境保護を推進しているが、誰もそのあとに続こうとしない。なぜなら、両者はエリートのためのソリューションを、言い換えれば、高価で不平等な解決策を提示するからだ。

私たちは初めから、ＬＥＤ照明、ハイブリッド機関車、耐久性に優れた軽量素材など、従来技術の改良も、新発明と同じぐらい重要だと強調してきた。再生可能エネルギーが推進されているのは確かだが、それでも世界のほとんどの地域では、今後もかなりの期間、石炭や天然ガスを使ってエネルギーをつくるだろう。したがって、もしＧＥが化石燃料から発生する汚染物質を減らすための製品やサービスをつくることができれば、地球の温暖化に大いに影響をおよぼすことができるに違いない。それと並行して、GEは自らの二酸化炭素排出量を減らすことを約束する。その際のキャッチフレーズは「グリーンはグリーン」だ。

その後ますます気候変動が叫ばれるようになったので、今となっては思い出すのも難しいが、このキャンペーンは当時にしてはかなり大胆なものだった——ただし、多くの人に知られていたわけではない。初めのうちは、GE内部でさえ、それが優れたアイデアだと考える者は少なかった。

エコマジネーションというビジネスへの挑戦

2004年の後半、場所はクロトンヴィル。会社のトップの30人を集めて開かれた経営陣集会で、コムストックが初めてエコマジネーション・イニシアチブの考えを発表した。環境問題に取り組む是非、嘘、潜在的な見返りなどについて論じたあと、彼女はエコマジネーションを世界に知らしめるためにつくられたテレビコマーシャルを披露した。

BBDOはこのコマーシャルを「ダンシング・エレファント」と呼んだ。CMのなかで若い象が、かの有名なジーン・ケリーの「雨に唄えば」のダンスを踊るからだ。そこにナレーションが入る。「もっときれいな水。劇的にクリーンなジェットエンジン、列車、そして発電所。GEはエコマジネーションを通じて、自然と歩調を合わせたテクノロジーを創造しています」

CMの終わりにGEを象徴するイメージが次々と画面に現れる。電球、風力タービン、分子、手のレントゲン写真、発電所、ジェットエンジン、エコマジネーションのシンボルである緑の葉、そして最後にGEのロゴだ。

部屋に光がともったとき、修羅場が始まった。「我々を笑いものにするつもりか！」。後ろのほうで誰かが叫んだ。ほかにもたくさんの反対意見が述べられ、その多くには納得できる部分もあった。ハドソン川の問題も片付いていないのに、これでは我々が偽善者のように見えるのではないか。約束を果たすための技術が手に入らなければどうするのか。これではまるで我々が規制を増やすよう要求しているようで、顧客が不安がるのではないか、と心配する声もあった。

運用性に疑問をもつ者もいた。エコマジネーションはGE全部門に新しい目標を設定する計画なのに――ただしそれ自体はビジネスではない――、どれほどの犠牲が各部門に強いられるのか定かではなかったからだ。部屋のなかでエコマジネーションにチャンスを与えようと考えていた者は二人しかいなかった。コムストックと私だ。

私は環境保護論者ではない。私も、ほかの人と同じぐらいきれいなビーチが好きだが、どんなことをしてでも自然を守れという自然愛とは違う。私の考えでは、エコマジネーションは新たな製品やサービスへの需要をつくりつつある、グローバルなトレンドに対する対応策なのだ。

私には、当時の状況では、環境にとっても、GEのビジネス戦略にも、エコマジネーションが最適なイニシアチブだと思えた。また、その後まもなく私たちは、EPAにハドソン川の泥さらい作業を始めるために、10年にわたって30億ドルを支払うと申し出た。

私は世界資源研究所の所長であるジョナサン・ラッシュに連絡をとった。ラッシュは民間セクターと協力することで、より強力な政策とより高い成果を得ることができると期待していた数少ない環境リーダーの一人だ。それでも、私が彼に初めて会うためにロックフェラーセンターに招待したとき、彼のスタッフは断るようにアドバイスした。彼らは、ラッシュがGEと共謀したと世間から見られることを恐れたのだ。

しかし、ラッシュも私も屈しなかった。ラッシュは、私が真剣で、ただ会社のイメージをよくしようとしているだけではないと信じてくれた。そしてエコマジネーションのキックオフイベント――GEの全社員に向けて放送される記者会見――に出席することを約束したのである。

私が最初に立ち、GEはエネルギーと環境技術への研究予算を15億ドルに倍増すると発表した。加えて、7年をかけてGEのエネルギー効率を30パーセント上昇させ、GEによる全世界の温室効果ガスの排出量を1パーセント減らすと約束した。何もしなければ40パーセント増えることになるのである。

続けてラッシュが熱弁を振るった。私たちに話を合わせるよう事前に頼んでいなかったので、彼が熱心に話してくれたことを、ことさらありがたく感じた。ラッシュはGEの社員に向けて、エコマジネーションを必ず成功に導くために努力するよう訴えた。「これは本当に、本当に大きな話です」と、ラッシュは言った。

私は、エコマジネーションを大きく花開かせるのは簡単ではないとわかっていた。何よりもまず、全社員の地道な支援が欠かせない。それを得るためには、強力なリーダーシップを発揮できる役員が必要となる。GEの内部で働いた経験があり、社の内と外の両方にエコマジネーションを売り込むことができる人物だ。私の知る限り、そんな人物は一人しかいない。技術的な素地もあり、駆け引きに巧みで、仲間を動かす術《すべ》を知っているのは彼女だけだった。

当時GEアビエーションで最高マーケティング責任者を務めていたロレイン・ボルシンガーは、もとはエンジニアだった。ペンシルベニア大学でバイオ化学工学を学び、GEパワーに就職した。その後シンシナティに移って、GEの船舶および産業用エンジン事業に携わっていた。

私はセールスをしていたころのボルシンガーを知っていたので、彼女が用意周到で、いつも顧客の要求のすべてに応えるように努めていたこともわかっていた。話す言葉は率直で、とても説得力がある。ニューヨーク近代美術館を説得して、GE90エンジンのファンブレードの常設展示を実現したこともある。彼女の魅力には誰も逆らえなかった。

そのボルシンガーに電話をして、エコマジネーションは発展のさなかにあって成功する保証もないと伝えたとき、彼女はあまり前向きではなかった。彼女は今の仕事に満足していた。しかし、私だって説得には自信がある。「君がそうあるべきだと思う形にエコマジネーションをつくりあげてもらいたい」と私は言った。「私にはエンジニアでもあり、マーケターでもあり、セールスマンでもある人物が必要なのだ。だから、君に声をかけた。ほかには誰もいない」と説得した。

最後に、「このオファーにためらいを覚える、その懐疑的な感性こそが君の資質だ」と話した。この仕事を受け入れれば、ボルシンガーは少なくとも数人の皮肉屋に直面することになるだろう。だからこそ、彼女も少しぐらい批判的な目をもっているほうがいい。なぜなら、もし私たちが約束を果たせなかったら、世論という裁判所で非難を受けることになるからだ。

逆に、もし環境問題を解消するイノベーションの開発に成功しながら、利益を生むことに失敗すれば、エコマジネーションはただの〝正しい行い〟として軽蔑されてしまう。そんな事態に陥るくらいなら、私は「でたらめだ、間違っている」と叫ぶ人物としてボルシンガーをそばに置きたかった。私たちが約束を果たせなくなりそうなとき、彼女に背中を押し戻してもらいたかったのだ。

私はボルシンガーをエコマジネーションの推進者に任命したのだが、同時に彼女には批判的であってもらいたかった。なぜなら、彼女の率直な言葉が、エコマジネーションを成功に導くと思えたからだ。

ボルシンガーはしばらく考えさせてくれと言ったが、電話を切ったとき、私は彼女の興味をそそることができたと確信した。次の月曜日、ボルシンガーは電話を通じて、いくつかの条件を伝えてきた。まず、いくらかの「活動費」がいると言った。

「活動費?」と私は尋ね返した。ボルシンガーはこう説明した。

「そうです。GEで働く誰もが、100万ドルの価値をもつ偉大な人々です。私が何かをやってくれと頼んだら、彼らは5万ドルほどもらえるならちょっとした市場調査やテストをやってやると言うかもしれません。そのたびに、私があなたのところに来て、5万ドル出してくれ、と言うわけにもいきません。ご存じのように、私は世界一の倹約家です。だから無駄遣いはしません。でも、社内をスムーズに歩き回るための潤滑油として数百万ドルがほしいのです」

私は了承した。そして同時に、彼女を選んだのは正しい決断だったと、ますます確信を強めた。

「ほかに何か」と問うと、「数字」とボルシンガーは答えた。

「GE社員が本当に反応するのは数字だけです。各事業に何が期待されているのかを説明するのに、数字が必要なのです。私たちがやろうとしているのは、ただのきれいごとではないとわかってもらうために、大切なのです」

「問題ない」と私は言った。会話を終えたとき、エコマジネーションは新しい代弁者を得た。

それからの2年、ボルシンガーが電話をしてくるたびに、私は応じた。会った顧客や結んだ取引などについて、彼女は逐一報告してきた。温室効果ガスの放出量やエネルギーの効率でGEは成果を上げていると報告して、私を喜ばせてくれた。

ボルシンガーの仕事ぶりを象徴する例として、GEアビエーション社屋のさびた古い給水塔を交換した話を紹介しよう。給水システムを刷新して水の質をよくするようアビエーション幹部に進言したものの、高い費用を理由に断られた。そこで、ボルシンガーは頭を使った。

彼女はたまたま、その設備を担当するサプライチェーンのリーダーが、会社が提供するのをやめていた特別早期退職金オプション、通称SEROを求めていることを知っていた。そこで、GEの財務計画および財務分析担当副社長のシェイン・フィッツシモンズに声をかけ、50のSEROを要求した。

初めフィッツシモンズはためらったが、ボルシンガーが、SEROに1ドル費やすごとにGEアビエーションがエコマジネーション目標を達成するうえで10ドルの価値が生まれるのだと説得した。最終的に、フィッツシモンズがSEROを提供し、設備担当者が効率の高い新型の給水塔を設置したのである。ボルシンガーならではの働きだ。

彼女は仕事ができた。なぜなら、彼女には人々が必要としているものや、やる気の源を察知する直感が備わっていたからだ。彼女自身の言葉を借りると、「みんながどこにヤギを隠しているのかがわかる」のだそうだ。

厳密に言えば、エコマジネーションはビジネスではないが、ボルシンガーはエコマジネーションをビジネスのように営んだ。ある日、私とボルシンガーはウォルマートと重要な交渉を行うために、アーカンソー州ベントンビルへ向かっていた。それまでずっと、ウォルマートではいちばんいい棚にGEの電球が陳列されていた。ウォルマート側が、GEが商品をLEDから小型蛍光灯に変えない限り、それまでGEが占めていた陳列スペースをシルバニア社に譲ると言ってきたとき、ボルシンガーはまったく動じずにこう言った。心配ない、問題を解決する、と。

公共政策に影響を与えるという試みも成功していたなら、どれほどよかっただろう。2009年にG

Eを含む20の企業が団結して、米国クリーンエネルギーおよび安全保障法の成立を後押ししていた。だが、科学者が気候変動に関連しているとみなす温暖化ガスを抑制するために、排出基準を設定しようとしていたその法案は、7票差で下院を通過したものの、上院の議場に持ち込まれることはなかった。

誤解しないでほしいが、政治に一貫性が欠けていると、クリーンな投資も難しくなるのだ。原子力産業は40年の苦難の時期を過ごしてきたし、太陽電池やクリーンコール（汚染の少ない石炭）などのアイデアを広めるために何百億ドルもの投資が無駄に費やされてきた。それらに比べれば、GEのエコマジネーションは、ほかの何よりもうまくいっていたと言える。

もちろん、私たちはフォックス・ニュースから緑の党にいたるまで、あらゆる方角からの批判にさらされた。2006年に『ヴァニティ・フェア』に掲載されたエコマジネーションに関する長い記事で、私はこう述べている。「左からは、それではまだ足りない、右からは、そんなもの共産主義企業の見かけ倒しの社会改革に過ぎない、と聞こえてくる。だからこそ、自分が正しいことをやっているとわかる」

しかし特筆すべきは、主要な環境団体は私たちを批判する者の輪に加わっていなかったということだ。環境団体は、私たちのことを――ピューセンター・オン・グローバルクライメートチェンジ（地球気候変化ピュー研究所）の所長の言葉を借りるなら――「ガッツがある」と言って褒め称えた。『ニューヨーク・タイムズ』にいたっては、コラムニストのトーマス・フリードマンがジョージ・ブッシュ大統領に向けて、副大統領のディック・チェイニーをアメリカのエネルギー環境を一新するビジョンをもつ人物に置き換えたほうがいいと主張したほどだ。その人物とは、私だ。

エコマジネーションがGEに悪影響をおよぼすという心配は、必ずしも間違っていたわけではない。

実際、GEはいくつかのビジネスを失った。たとえば、エネルギー会社のTXUを経営していたジョン・ワイルダーがエコマジネーションの話を聞いてすぐに電話で、GEとの1億ドルのビジネスをよそへ移すと伝えてきた。当時彼は、GEに数基の石炭発電所を発注していた。結局、それらはGE以外の企業によっても1基たりとも建てられなかったのだが、契約を失ったのはやはり痛かった。

しかし感覚的には、批判者一人に対して、支持者が二人いると思えた。意外な人から支持を得たこともあった。中国のインフラ機関である国家発展改革委員会を統率する男性から電話をもらったこともある。「あなたが次に中国に来るときには、ぜひお会いしましょう」とその男性は言った。クリーンな技術の進歩は、彼にとって最優先事項なのだそうだ。その人物は中国の指揮系統において高い地位にいた。彼の話を聞くことで、エコマジネーションがGEを見る目を変えたことが実感できた。

エコマジネーションはマーケティング戦略だったのだろうか。もちろんそうだ。私たちは会社のイメージを変えたいと願っていた。ただし、正当な評価を得たうえで、だ。その後、エコマジネーションの真のインパクトが数字に表れるまで、長い時間はかからなかった。

確かに、エコマジネーションの新しい傘の下にリストアップされた17の技術のいくつかはすでに数年前から実用化されていた。2000年に導入された時点で、ほかのどの競合よりも1000立方フィートのガスから多くの電力を生むことができるガスタービンのHシステム、また座席マイル当たり15パーセントの燃料節約を可能にしたボーイング787型ドリームライナーに搭載されたGEnxエンジンなどだ。しかし、それでも私は、GEが以前からすでに環境に配慮した企業だったという考えには賛同できない。

では、エコマジネーションは完璧だったのだろうか。もちろん、そうではない。だが、GEの歴史で最も成功した商業的取り組みの一つだったと言える。我々が市場にもたらしたグリーンな新製品には、ハロゲンランプからバイオガスエンジンにいたるまで、あらゆるものが含まれている。私たちは惜しみなく投資した。２００８年の7億ドルの初期投資に加えて、研究開発費としてさらに14億ドルを投じ、２０１０年には続く5年間のエコマジネーション予算として１００億ドルを追加した。エコマジネーションは12年で２７００億ドルの収益を生み出した。

デジタルの未来へ

２００９年、ニスカユナのグローバル・リサーチ・センターの研究者たちがある予言をした。「新しいＧＥジェットエンジンが大量のデータを集めるセンサーを搭載していることを知っていますか」と、私に尋ねたうえでこう続けた。「やがて、そうしたデータがエンジンと同じぐらい、あるいはそれ以上の価値をもつ日がやってくるでしょう」。私はその言葉をしっかりと記憶した。

数カ月後、私はＧＥのさまざまなサービス部門のリーダーたちを集めて四半期に一度開かれる、ＧＥサービス評議会の会合に出席するためにクロトンヴィルにいた。そこにいるのは、ＧＥがつくったエンジンやタービンやイメージング機器の修理契約を遂行する人々だ。この集会には顧客を招待することも多い。ＧＥのディーゼル機関車エンジンを買ったバーリントン・ノーザン鉄道の人々もそこにいた。彼らには不満があった。

何十年にもわたって私たちは、彼らに「これがエンジンで、これがその値段で、これがオイルの消費量」などと説明してきた。つまり、燃料効率を重視してきたのだ。

ところが今回、彼らのほうからこう言ってきた。「それに対しては感謝しているが、我々が今必要としているのは、所定の時間に我々の機関車がどこにいるのか、どのぐらいの速度で動いているのかを知る方法だ。それとコンピュータ支援型のディスパッチを行う必要もある」

ディスパッチとは基本的に、利用者のニーズに合わせて車両を配備することだ。「そのためには、GPSと大量のデータが欠かせない。加えて、障害を予測する能力もいる」

一方医療部門では、患者の記録にデジタル技術を用いた早期導入者《アーリーアダプター》として、診断精度を挙げるために機械学習を活用する方向に発展しつつあった。私はスタンフォード大学の放射線学の学部長を務めるサム・ガンビールを訪ねて、人工知能を使った薬品の改良の可能性を見せてもらった。以前は、MRやCTが医療界における主要な診断ツールだった。そのような機械のスキャン画像を見て解釈するのが、放射線科医の仕事だ。しかし、ガンビールは私に、今後放射線科医は自分の目だけでなく、クラウド上に保存されたデータも頼ることができるようになるだろうと説明した。イメージングと同様に、GEはこの分野でもリードしなければならない。それができなければ、取り残されることになる。

2020年、誰もが〝デジタルトランスフォーメーション〟の重要性を口にする。しかし10年前には、そんなきらびやかな言葉については考えたこともなかった。代わりに、私はGEと顧客の関係の性質を変え、GEを差別化できる技術を開発したいと望んでいた。

1世紀にわたり、GEは一連の複雑な機械を売ってきた。産業面で言うと、価格よりも少し価値のあるハードウェアを売り、それが故障したときに修理することでもうけを出すのがビジネスモデルだった。だがここに来て、私は違うビジネスモデルに向けて進む必要を感じていた。

ハードウェアだけでなく、パフォーマンスを高めるカスタマイズを施して、ソフトウェアソリューションも売るのである。とくに生産会社は、データの共有を通じて機械の効率を上げる仕組みとして「モノのインターネット」いわゆるIoTを理解することが急務だった。

データ駆動型のサービスが、サービスビジネスを成長させる鍵になることは私たちにもわかっていた。行動を起こさなければ、存在そのものが脅かされることになるだろう。GEがやらなければ、ほかの誰かがやる。私はマーク・リトルが率いるグローバル・リサーチ・センターに、デジタルイニシアチブの可能性を調査するよう依頼した。加えて、クロトンヴィルで研究に携わるリーダーたちに、私のために調べ物をやるように頼んだ。

そのなかの一人が、見過ごせない事実を見つけた。IBMといくつかのスタートアップが、GEの顧客からデータを集めて、航空や電力部門用にデータ駆動型のサービスを開発しようとしていたのである。つまり、ライバルは私たちが集めたデータを、私たちのビジネスを破壊するために使おうとしていたのだ。

私は、アクセンチュアやIBMやグーグルのような会社が、飛行機メーカーなどに、コストの節約を可能にする高効率なGE航空機エンジンの基本データを売る日がすぐそこに迫っていると感じた。私たちが手をこまねいていると、ライバルたちはGE製の機械から集めたデータを使って、私たちのサービス事業を侵食するだろう。そこにジレンマがあった。

GEはほかのレガシー企業と同じで、すでに20年前にデジタル関連の能力はアウトソーシングしていた。オラクルのような事業向けテクノロジー企業が、私たちにどうすべきかアドバイスしていたし、インドのBPO（ビジネスプロセスアウトソーシング）パートナーが実行を請け負っていた。

GEのIT担当者は技術者ですらなく、すべてプログラムマネジャーだった。管理ソフトウェアをアウトソーシングするのは、理屈としては悪くないのかもしれないが、その影響で人工知能とデータ分析の分野で人材が不足してしまった。この二つの分野が、将来的にはGEのプロダクトとサービスの軸になるというのに。

過去、ビジネスレビューを行うとき、IT分野もそこに参加はしていたが、発言することはまれだった。もっと言えば、2015年以前に大企業の年次報告書を読んでも、ITという言葉が言及されることはほとんどなかった。それが今、デジタル革命の波がついに産業界にまで到来したのだ。

私はずっと、GEにはできないことがないと信じてきた。私たちの次の一手――GEデジタルの設立――が、その信念が正しいかどうかを試すテストになる。

2010年にGEの取締役会で、私とチームがGEデジタルの創業資金を求めたとき、私たちの考えは過去の過ちから学んでいた。私がGEメディカルシステムズのCEOだったころ、私たちはメディカルIT事業に参入し、ある程度の成功を収めていた。だが、私自身はチャンスを逃したと後悔していた。企業向けソフトウェア分野への拡大が中途半端だと感じていたのだ。

2006年の後半、私たちはIDXシステムズを12億ドルで買収したのだが、アメリカで5本の指に入るその医療系ソフトウェア会社をうまく活用できなかった。私たちは業界トップを目指すと豪語したが、その新事業を必要な専門知識に欠けるGE社員に運営させたため、市場シェアを奪われ、最高の人材の多くも失ったのである。だから、次にデジタルスペースに進出するときには、組織をGEの外に設置し、拠点もカリフォルニア州のシリコンバレーの内側か近くに置き、外部から招聘したリーダーに委ねるべきだろう。

2011年、私たちはカリフォルニア州のサンフランシスコ・ベイエリアにあるサンラモンにソフトウェアセンターをオープンし、GEデジタルを立ち上げた。その際、IoTの実装に熱心なグローバル戦略家のビル・ルーをシスコから引き抜いた。

ルーの記憶では、彼と初めて会ったときの私の提案は少し曖昧だったそうだ。私は何かをする必要があることはわかっていたが、知識が欠けていたので、具体的に何が必要なのか、定かではなかったのだ。

私は彼に、才能あるメンバーを集めてGEデジタルのビジネス目標を定義するよう求めた。数年で2億ドルの投資をベースに、ルーはGEのマシンにセンサーや計器を組み込み、顧客データを集めて分析し、すべてのGE事業向けにソフトウェアアプリケーションを開発した。

データの使用が間違いなく顧客の役に立つ領域が三つある。まず、データを使って機械のパフォーマンスを最適化すれば、たとえばジェットエンジンなら、着陸時の燃料効率を高めることができるだろう。次に、データ処理ソフトウェアを用いれば、機械の修理が必要になる時期を予測でき、故障する前の危険信号を察知すれば、高くつく修理期間を最短にすることができる。そして最後に、GEソフトウェアは機械が関与するあらゆるシステムのパフォーマンスを底上げできるだろう。たとえばバーリントン・ノーザン鉄道もそうだし、油田や風力発電所にも同じことがいえる。

GEデジタルの構築には時間がかかったが、2012年時点で、私たちは正しい路線にいると思えた。同じ年、GEは顧客とソフトウェア会社のために「マインズ＋マシンズ」という年次イベントをスタートさせた。

1回目の集会は小規模——およそ四百人——だったが、参加者の多くはまもなく顧客になり、自らの業務にGEの分析力を取り入れた。少しずつではあるが、GEの内外の人々が、データが私たちの機械をよりよく、より長生きにすると理解しはじめた。

グーグルとフェイスブックは消費者向けのプラットフォームを、マイクロソフトはオフィスのプラットフォームをつくった。しかし、複雑な機械と機械を結ぶプラットフォームはまだ存在していなかった。そこで私たちは、GEなら産業界の顧客を結ぶデジタルで商業的なリンクをつくれるはずと考えた。GEデジタルは分析技術を使用して機械のパフォーマンスを高めようとしていた。そのために、GEの内外で利用可能な産業規模のコンピューティングを可能にするプラットフォームとして「プレディックス」を提供する。プレディックスはそれぞれの機械をモデル化し、実際の機械の仮想の双子になる「デジタルツイン」を創造することで、その機械の性能や部品の消耗をリアルタイムで示す。また、医療記録と同じように、組み立てから修理、さらには部品交換の情報まで、機械の生涯に関するあらゆる側面を「デジタルスレッド」として記録する。

加えて任意の時点で、飛行中のジェットエンジンの出力を監視したり、回転中のタービンの出力を上げるためにブレードを傾けたりすることもできた。GEがつくる機械は高額であるため、ほんの少し効率がよくなるだけでも顧客にとってはきわめて有益であることを、私たちは知っていた。そうして節約できたコストの一部を支払いとして求めることができるので、私たちにも有益だった。

企業が新たな市場に進出して影響力を維持するには、二つの方法がある。既存のビジネスを買収するか、自分で一からつくるかだ。すでに述べたように、アマシャムを買収したことで、私たちは医療分野で成長することができた。リスクの高い話だったが、すでに成功していたビジネスのうえに積み重ねる形だったので、理にかなっていた。しかし、GEデジタルで同じ手法を用いることはできない。

株を公開している大きな企業にとって、新たな組織をつくることは、買収するよりも百倍難しい。有能な人材を雇用しなければならないし、資金を分配し直す必要もある。新しい文化の育成と統合、新規プロセスの構築も欠かせない。それらをすべて同時にやらなければならないのだ。

私は、私とともにデジタルに賭けるよう、チームを説得しなければならなかった。困難な闘いになるのはわかっていたので、GEをナビゲートするビル・ルーのサポート役として3人のベテランに支援を求めた。GEアビエーションに所属していたジェニファー・ウォルドには人事を担当してもらい、GEキャピタルから移籍したジム・ファウラーはGEデジタルのCIOに就任した。加えて、コーゼマ・シップチャンドラーをCFOに任命した。私はシップチャンドラーなら、ロレイン・ボルシンガーがエコマジネーションで果たした役割をGEデジタルで担うことができると考えていた。3人とも、GE内で将来有望とみなされていた人物だ。彼らの存在が信頼を生んだ。

人材争奪戦に負けるな

GEは一流のソフトウェアエンジニアを必要としていたが、彼らを雇い入れるのは簡単なことではなかった。専門家の不足はインフラストラクチャの主要部位をアウトソーシングしたときに生じる弊害だ。不足を解消しようとしたとき、私たちはイノベーターとして評判が高くて人気のあるグーグルやアップルのような企業と競い合うことになった。

GEは、長年にわたり複雑な機械をつくる能力の高さを証明してきたが、デジタル界の最高の人材はGEをテクノロジー企業とはみなさない。そのような誤解をなくすのに、シリコンバレーに本拠を構え、ルーのような実績のある人物を雇い入れたことは大いに役立った。しかし加えて、「私たちは人々に役立つ製品をつくっている」と説明する必要もあった。

とくに若い候補者は、彼らの仕事が医療や産業で直接役に立つだろうという考えに夢中になった。「キャンディークラッシュ」のようなゲームをプログラムするのはきっと楽しいだろう。しかし、人の命を救ったり、世界をよりよい場所に変えたりする仕事ほどの充実感は味わえないはずだ。

私はコムストックに声をかけ、2人で人事担当のウォルドと面会した。ウォルドはGEデジタルの社員から聞いた話を披露した。その社員は、近所の人たちとバーベキューパーティを楽しんでいたとき、自分はGEで働いていると話した。すると、パーティに参加していた誰かがいぶかしげに言ったそうだ。「君は、テクノロジー関連の仕事をしていたのではなかったのか」と。

「市場のシェアのまえに頭のシェア」が信条のコムストックは、そこに大きなアイデアの種が潜んでいることに気づいた。広告代理店のBBDOと協力して、巧みな自虐を用いながら「GEはソフトウェアもつくっている。そして、GEで働くことはとてもやりがいのあることだ」というメッセージを伝えるテレビコマーシャルをつくることに決めたのだ。

その一連のコマーシャルでは、のっぽで眼鏡をかけたオーウェンというエンジニアが、混乱した表情の家族と友人に、GEでの新しい仕事のことを説明しようとする。一つのコマーシャルでは、興奮したオーウェンがこう叫ぶのだ。「僕が機械のための新しい言語を書くことになったんだ。これで飛行機と列車、それに病院ももっとよくなるよ!」。それに対して、仲間の一人ががっかりした表情で問い返す。「電車で働くのか。もう開発はしないの」

しかし、最も注目を集めたのは、GEはデジタル分野でいまだ未熟だと認めながらも、テクノロジー業界をちゃかしたコマーシャルだろう。オーウェンのプログラマー仲間が、「動物にフルーツの帽子をかぶせるアプリ、ザジーズ」の開発元に就職した。それを聞いたオーウェンがこう答える。GEで「僕は世界の仕組みを変えるつもりだよ」。ところが友人は、メロンを頭にかぶった猫の写真を見つめたまま、自慢げにこうつぶやく。「イヌも、ハムスターも、モルモットも、何でもござれさ」。そして次の文でコマーシャルは終わる。「世界を変える仕事に就こう」

この広告が放映されてから1カ月のうちに、GEの求人サイトの訪問者数が66パーセント増えた。半年後、GEに送られてくる就職願書は8倍に増えていた。もしあなたが、データ科学を愛する若いエンジニア、あるいは絵文字や犬の散歩アプリなどのプログラマーだったなら、このキャンペーンを見て理解したことだろう。GEでなら、きわめて重要な問題の解決策を見つけるために、自分の才能を活かすことができるのだ、と。

チームを導く

プレディックスを通じて、私は「イノベーターのジレンマ」という現象を初めて体験した。イノベーターのジレンマとは、ハーバード大学教授のクレイトン・クリステンセンが1997年に著書『イノベーションのジレンマ』で唱えた言葉だ。クリステンセンは、大企業がイノベーションに挑戦するとき、少なくとも一時的には、自らの市場を食い荒らすはめになるというジレンマに陥ると説いた。しかし長期的に見た場合、イノベーションを避けていては陳腐化が始まり、最終的には消滅する恐れがある。

例として、GEオイル&ガスを見てみよう。顧客にコンプレッサーを売っても稼ぎなどないに等しいが、それ以後の年月で保守や修理を行って部品を売ることで、利益を上げることができる。ところがそこに、主要製品「プレディックス」を武器にGEの新事業が登場し、顧客に対して、交換用部品を買う量を減らすお手伝いをします、と約束したのだ。これが、四半期目標を達成することに全力を挙げているGEオイル&ガスの経営陣にとって悪い知らせであることは、明らかだろう。

もちろん、そのような見方には、もっと広い視野を示すことで対抗できる。私たちは声がかれるまでこう言いつづけた。「変化はもう始まろうとしている。GEデジタルがそれをやらなければ、ライバルが市場を奪っていく。確かに、プレディックスには痛みが伴う。しかし、それも短期間のことだ。長期的にはほかに選択肢はない」。それでもなお、GE内部でもまだ数多くの人が反対していた。CFOのシップチャンドラーはそのような否定論者を「GE抗体《アンチボディ》」と名付けた。

彼らアンチボディは、GEデジタルを拒絶した。少なくとも初めのうちは、間違いなく「我々対彼ら」という意識が広がっていた。GEデジタルのために人材の雇用を始めたとき、すでにGEで働いていたITチームのメンバーたちが不安に陥った。GEに就職する魅力を高めるために、新人には標準よりも高い賃金が支払われたことには、憤慨もした。

しかし、IT関連スタッフだけがGEアンチボディになったわけではない。プレディックスに投資をするために、ほかの事業への資金を削る必要があったため、既存のビジネスと新規ビジネスのあいだにライバル関係が生じた。プレディックスがまだ生まれたばかりのころは、当然ながら既存事業だけがすべての資本を生み出していたからだ。

コストを節約する目的で、私がルーにほかの事業のIT部門の予算に介入する権限を与えたことも、各事業のCEOの反発を買った。私は彼らに、うまくいくかどうかもわからない長期的なイノベーションをサポートすることを求めながら、同時に短期目標も達成しろと言っていたのだから、反発されるのも当然だ。

そしてもう一つ、変化を起こそうとした大企業の多くを苦しめた難問に、私たちも直面した。全社を統括する一つの組織をつくって一元的にことを進めるべきか。それとも各事業の内部にデジタル部門をつくり、独自の方法で運営させたほうがいいか。私たちはGEデジタルを中心とした一元的なやり方を選んだ。なぜなら、私たちが解いているのは基本的に、複数の事業に関わる一つの問題——顧客に対するサービスの向上だと思えたからだ。

加えて、GEデジタルをほかから切り離して独立させることで、人材を集めやすくなると考えた。しかし、この方法をとることで、各事業は独自にいろいろと試す範囲が狭まった。別のやり方を選んでいれば、きっとより多くの賛同を得ることができただろう。

GEデジタルの資金燃焼率が、GEの文化に合わないという問題もあった。多くの人がGEデジタルに金を使いすぎていると批判したが、そのような批判をする者は、ほかのスタートアップソフトウェア会社が何をやっているか理解していないと、私には思えた。

スプランク（Splunk）という、機械が生成したビッグデータを検索、監視、分析するソフトフェアの開発元のようなスタートアップは、収支がトントンになるまでの初期投資でかなりの額を費やすのである。テクノロジー系スタートアップは、とくに最初の10年、どれほど顧客を獲得し、能力を高め、新興市場に進出できたかで成功を測る。GEが長年用いてきた成功の尺度とはまったく違うのだ。

私たちは収益を増やし、数字を高めることに力を入れてきた。そのような数字重視の評価法を用いた場合、大企業に属する小さなスタートアップであるGEデジタルは、多くの人にとって失望の対象だった。

そこで、プラットフォームとしてのプレディックスを構築することに加えて、私たちは社内でのGE

デジタルへの理解を得るために、多大なエネルギーを費やした。シップチャンドラーは何度もクロトンヴィルに赴き、GEデジタルは敵ではないと、同僚幹部たちを説得しつづけた。インディアナ州の小さな町で育ったシップチャンドラーは、GEを象徴する人物だと言えるかもしれない。彼は、GEのおかげで人生の可能性、つまり本当に大切な何かのために働ける喜びに気づくことができたと言う。GEデジタルに移籍した時点で、シップチャンドラーはすでにおよそ20年GEで働いていた。アメリカ国内や中東でGEプラスチックス、GEアビエーション、監査部などを歴任してきた。したがって、仲間との信頼関係は厚い。

彼は批判的な者たちに言ったことがある。「私はGEデジタルの出身ではありません。だから、あなた方が信じてくれない理由もわかります。でも、GEはこれまでずっと、未来の発明を支えてきた会社です。その伝統の続きが、GEデジタルなのです。そして、私たちはGEデジタルを成功に導かなければなりません。私もあなた方の仲間です。あなた方の事業が成功できるように応援するのが私の仕事です。なぜ、あなた方は私を応援してくれないのですか」

よくあることだが、この対話をきっかけにムードが変わった。みんな、どうすれば自分の事業でもデジタル技術がもたらす相乗効果を得られるかに関心をもつようになり、シップチャンドラーに従いはじめた。しかし、進歩は遅かった。GEに入ったばかりのデジタル担当スタッフが、ほかの事業部の同僚たちを怒らせたり疎外したりしたのが、おもな原因だろう。ルーが帝国づくりに夢中になりすぎて、あまりにも多くのことを一度にやろうとしていると考える人も多かった。しかし、その評価はアンチボディたちが広めたものであることを知っていたので、私はシップチャンドラーをかばった。

人工知能ソフトウェアのプラットフォームアプリケーションをつくるC3・ai社の創業者で、デジタルスペースの大物起業家として知られるトム・シーベルが、2013年にGEデジタルの取り組みについてこう語っている。「ジェフ、君は正しいターゲットに狙いを定めている。しかし、大企業のなかでそれを実現するのは不可能だ。会社が君にそれを許さない」。そのころの私は、彼が正しいことがわかっていなかった。

終えられなかった仕事

2016年、4回目のマインズ+マシンズ会議が開かれた。参加者にはGEの全事業を網羅する顧客と社員が含まれ、その数は2012年の10倍に膨れ上がっていた。一連のパネルディスカッションの場で、私たちは顧客に、彼らの目標を達成するのにプレディックスがどれほど役立っているか、話すよう求めた。手応えを感じている、という答えが繰り返された。

一人ひとりが報告した経験を聞いていると、私は彼らがGEにデジタル企業であってよしと、許可を与えてくれているような気になった。最近、ITコンサルティング会社のガートナーが、同社が発行する市場調査レポート『マジック・クワドラント』で、GEデジタルをリーダーに選んでいた。私たちの努力が認められたのだ。

そんなこともあったので、私は意気揚々と演壇に立ち、新たなスローガンを発表した。「ホワイ・ノット・アス?」(なぜ我々ではないのか)だ。なぜGEは、産業用インターネットのためのデジタルプラットフォームを提供する企業になれなかったのか。

私たちは、モノのインターネットの重要性を想像していなかった。どの顧客も、私たちの支援を求めていた。ほかの業界もそうだった。たとえば、古い自動車メーカーのCEOだ。電気自動車だけでなく自動運転車の時代がやってくると、彼らのこれまでの選択はすべて間違っていたことになる。この技術変革の時代を進んで行くには、リーダーは見返りが不確かでも投資する勇気をもたなければならない。

大企業には、前に進むか後ろに退くかの二択しかないと言われている。立ち止まることはできない。だからこそ、勢いが大切なのだ。何かをつくるために7年を費やしたとしても、1分ですべてが台無しになることもある。

大企業のリーダーが「わからない」と言うと、社内にむなしさが広がる。だから私はいつもCEOとして前面に立ち、GEの能力の拡大に力を尽くしてきた。その態度を、私は前任者から学んだ。ジャック・ウェルチがシックス・シグマを採用しはじめたころ、誰もそれがいい考えだとは思わなかった。しかし、彼は自分の考えを受け入れない者の話には耳を傾けようとしなかった。私もGEデジタルで同じ態度を貫いた。

戦略的に有望であったことは否定できないにもかかわらず、私たちがGEデジタルで築いたものの多くが、私が去ったのちに解体されてしまった。2017年、いくつかの会社がプレディックスに出資しようとして、50億ドル以上の価値をつけた。それでも、新しいGEの経営陣は1年以上、GEデジタルの戦略を理解できず、一貫した態度がとれなかったようだ。その結果、最高の人材の多くが社を去り、テクノロジー分野ですばらしい役職を得た。

現在、コーゼマ・シップチャンドラーはクラウドコミュニケーションプラットフォームを提供するトゥイリオ（Twilio）のCFOを、ジェン・ウォルドはアップルで最高人事責任者を、ジム・ファウラーはネーションワイドで最高技術責任者を務めている。私たちがオラクルから引き抜いたデジタル世代のケイト・ジョンソンは、今ではマイクロソフトでシニアリーダーとして活躍している。

今、私の目には数多くの破壊者が見える。彼らの誰もが数十億ドルの出資金に支えられ、プレディックスが目指していた産業用サービス市場の獲得を狙っている。それらプラットフォームのどれ一つとして、プレディックスが有していた利点を有していない。

大きなレガシー企業を改革するには忍耐が欠かせないし、全員を喜ばせるのは難しい。デジタルに投資したとき、私はほぼすべての批判に耳を閉ざした。今でもそれが正しかったと信じている。GEデジタルに金を使いすぎたことや、マイクロソフトのようなすでに確立しているパートナーを見つけられず、努力に拍車をかけられなかった点を批判されるのはかまわない。それらが問題だったことは、私にもわかる。しかし、GEをデジタルの方向へ導く決断は正しかった。

トム・シーベルが、レガシー企業の内部にスタートアップをつくることはできないと言ったことは、先に紹介した通りだ。先日、たまたまシーベルに会った。今、彼の会社はGEのタービンからデータを引き出している。プレディックスが始めたことを、引き継いでいるのだ。

レガシー企業では、新しいリーダーはすべてを決めることができない。ときには、レースに途中参加せざるをえない。自分で始めたのではない何かを発展させる必要もある。その意味で、私はGEの次世代のリーダーたちが、GEのデジタル戦略を中止することなく、さらに発展させることを願っている。

市場を率いる道を選ばなければ、GEは間違いなくやってくるデジタルの未来で優位性を保てなくなるだろう。産業企業にとって、次の10年では、物理的資産とデジタル技術を融合して新しい価値の源をつくることができるかどうかが、勝敗の分かれ目になる。コロナウイルスの大流行が、このトレンドを加速した。

私は失敗した。おそらく、デジタル関連をアウトソーシングしていた年月に生じていた不足を、過小に見積もっていたのだろう。それに、じゅうぶんな数のデジタル移民――デジタルの未来という考えを積極的に受け入れるGEのベテラン――を生むことができなかった。

私たちは全力を尽くした。既存のGE部門とカリフォルニアの新事業を隔てる文化の差を埋めるためのトレーニングも提供した。多くの点で、産業とデジタルのあいだには、遅いと速い、慎重と俊敏、リスク回避と冒険など、真逆の特徴があった。今となっては、GEの存続にとってGEデジタルがどれほど重要か、もっとはっきりと主張しておけばよかったと思う。

GEを去ってから、私はシリコンバレーのベンチャーキャピタル会社で働いている。最近私は、私が役員を務めるトゥイリオの創業者ジェフ・ローソンを連れて、以前の知り合いに会いに行った。私たちはJPモルガンからデルタ航空、さらにはマリオットにいたるまで、20のレガシー企業を訪問した。そのとき私は、デジャビュを見ているような気になった。例外なくすべてのCEOが、彼らの会社の成功にとってデジタルイノベーションが中心になるに違いないと話したからだ。10年前とまったく同じことを。

加えて、コロナ危機がデジタル格差の深刻さを浮き彫りにした。デジタル企業は、リモートワークを推進することでますます成長した。産業企業は、リモートに移行できずに苦しんだ。GEの2012年のマインズ+マシンズ会議で、私は舞台上のジェットエンジンの横でマーク・アンドリーセンにインタビューをした。アンドリーセンはとても話題になった「Why Software is Eating the World（なぜソフトウェアが世界を飲み込むのか）」というエッセイを『ウォール・ストリート・ジャーナル』で発表したばかりだった。

勇敢にも私は、アンドリーセンに「ソフトウェアがこのエンジンを飲み込むことはないでしょう」と反論した。私は間違っていた。２０２０年のパンデミックのさなか、ズーム（Zoom）がブームとなり、商業航空は崩壊した。

第5章
危機を耐え抜くリーダー

私はあまり昔を振り返らない。私は幸せな子ども時代を過ごしたと思うし、通っていたシンシナティ郊外のフィニータウンにあるハイスクールには、何年も前からずっと寄付を続けている。そこでは、ワイルドキャットジムの外にあるブロック壁にアクリル板がはめ込まれ、私が着ていたフットボールのジャージーが今も展示されているが、それでもあのころに戻りたいとは思わない。昔は昔、今は今だ。

そのように割り切った考え方が、２００６年末にGEプラスチックスの代表者らと経営状況を振り返ったときにも役に立った。彼らは目標を達成できずにいた。すると、当時GEプラスチックスの最高財務責任者で、私が高く買っていたブライアン・グラッデンが二人きりで腹を割って話がしたいと言い出した。

「あなたがGEプラスチックスに思い入れがあることは承知しています」と彼は言った。「でも、時代が変わったのです。プラスチックスが、あなたの望むようなビジネスになることは、もう決してないでしょう」。私はグラッデンの言うことは正しいと思った。

私自身、GEプラスチックスは将来への投資に失敗していたことに気づいていた。最大のライバルの一つであるデュポン社が農薬分野に拡大して、パイオニアという種子会社を買収したとき、モンサント、バイエル、ダウ、BASFなどほかのライバルたちも追従した。しかし、GEプラスチックスは動かなかった。そして今、多様性の不足が会社の首を絞めている。

石油やベンゼンの価格が上がったため、プラスチックをつくるのにかつてないほどコストがかかるようになった。しかも、自前の油井《ゆせい》を所有していなかったため、サプライチェーンをコントロールすることもできなかった。「マッドドッグ・プラスチックス」の一員であった年月は、私のキャリアにとってかけがえのない時間だったし、そこで働く人々に愛着も感じている。それでも、やはりプラスチック部門はGEにとって過去のものであり、未来はないと思えた。

2007年5月、私たちはGEプラスチックスをリヤドに本拠を構える化学会社、サウジ基礎産業公社（SABIC）に売却することに決めた。同社は油井を所有しているので、GEプラスチックスを買収することは理にかなっていた。SABICは116億ドルを支払った。GE内外のアナリストたちが予想していたよりもはるかに高い額だった。

取引の成立を祝うために、GEプラスチックスの幹部たち40人がディナーパーティを開き、私にGEのロゴと「116億ドル」の文言がプリントされた「タイトリスト」ブランドのゴルフボールセット二つと、一体の銅像をくれた。現金がいっぱいに詰まった袋の銅像だ。銅像の台座をなす大理石にはプレートがはめ込まれていて、そこにはこう書かれていた。「おめでとう、ジェフ。116億ドル。GEプラスチックスの友より」

当時の私には、$マークが刻み込まれたその銅像が、のちに私と私のチームにとって皮肉な存在になることは知るよしもなかった。2008年、その偽物の金袋は私の会議室の棚に座って、GEの経営陣の誰もが出席を望むほど重要で、激しくて、断腸の思いで決断を下さなければならなかった数々の会議に同席したのである。

世界的な金融危機が、どれほどGEとアメリカ経済を根底から揺さぶったかについて話す前に、GEキャピタルが行うビジネスと通常の銀行の業務形態の違いを明らかにしておくべきだろう。

銀行は預金を集め、それをもとに金銭を貸し出す。重要なのは、その預金は連邦政府によって保障されるという点だ。一方、GEキャピタルの場合は、資金を(AAA評価を背景に)安価に借り入れ、それをより高い利率で貸し出す。2008年、GEキャピタルは世界最大のノンバンク金融業者であり、総資産は6960億ドル、負債は5450億ドルだった。もし、銀行であったなら、アメリカで5番目に大きかった計算になる。

数十年にわたり、私たちは銀行にはない利点を享受した。とくに大きかったのは、資金調達コストの低さと規制の少なさだった。同時に、銀行ではないがために、いざとなったときに政府の救済をあてにすることができないという大きな弱点も抱えていた。

マイク・ニール率いるGEキャピタルのチームはすばらしかった。ジョージア州で生まれ育ち、ジョージア工科大学を卒業したニールは、自分のことを田舎者と呼んだ。本人の話によると、彼の祖母はこの世の終わりに備えて弾薬と缶詰肉と(国境警備隊への賄賂として)金《きん》をため込むべきだと言っていたそうだ。しかし私は惑わされなかった。ニールは私の出会ったなかで、最も賢い人物の一人だった。彼がいたからGEキャピタルは、ほとんどの銀行が苦労する商業貸付で大きな成功を収めることができたのである。

彼らしいジョークを一つを紹介しよう。タイの自動車ローンのポートフォリオに入札するために、ニールはバンコクへ向かった。会議への道中、彼は誤って、ゴールドマン・サックスの銀行家で満たされたオフィスに入ってしまった。彼らもまた、同じ目的でバンコクに来ていたのである。その部屋から出てきたニールは、すかさずこう言ったという。「必要なときに限って、手榴弾がどこにもないんだよ」。機敏で、根っからの負けず嫌い。まさにニールらしいセリフだ。その彼が、同じ特性をもつ仲間を集めてチームをつくったのである。

危機の予感

金融危機が始まったとき、ほかの多くの銀行と同じく、GEキャピタルもまたあまりにも多くの住宅ローンの貸付を抱えていた。今振り返ってみると、すでに2006年にトラブルの予兆が現れていた。GEキャピタルが2004年に5億ドルで買収した、サブプライム住宅ローンブローカーのWMCが危機的な局面を迎えていたのである。簡単に言うと、私たちはほかの多くが参入していた事業に手を出して、痛い目に遭ったのだ。

WMCモーゲージが住宅ローンを組んでそれを銀行に再販すると、銀行はそれを住宅ローン担保証券（CMO）と呼ばれる証券にまとめる。WMCはできるだけ多くの住宅ローンを組み、それを銀行に売ることを商売にしていた。しかし2006年、住宅小売市場が苦境に転じる。

当時国内で5番目に大きなサブプライム住宅ローンブローカーだったWMCモーゲージの住宅ローンの保有者も、軒並み債務不履行に陥った。それにより住宅ローンを担保とする債券の価値が減ったうえ、ＷＭＣは同社が発行した住宅ローンが悪質だったという批判にさらされることになった。私のチームが調査を行い、２００７年の第１四半期にＷＭＣを見限る決定を下した。新規の住宅ローンは発行せず、我々がすでに所有していた35億ドル分の住宅ローンの買い手を探すことにしたのだ。最終的には、かなりの損失を出してＷＭＣを手放した。加えて２０１９年には、サブプライム住宅ローン業界全体に対する調査の際に、和解金として司法省に15億ドルを支払うことに同意した。この事業に手を出したことを、私は後悔している。

その一方で、やってよかったと思えることにも着手していた。レバレッジ貸付と呼ばれるビジネスを縮小したのである。当時ＧＥは、多額の負債（またはレバレッジ）を抱える企業にかなりの額を融資していた。ただし、ローンの１００パーセントを保持したわけではない。20パーセントほどを手元に残し、残りはほかの金融業者に売るのである。その際、ローンを組んでから売るまでの期間、「倉庫」と呼んでいた場所に保管する。時期によっては、倉庫に２５０億ドルもの資産が眠っていることもあった。これをやめると決めたのだ。２００７年の初頭までに、私たちは倉庫の価値を50億ドルにまで減らした。

基本的に、私はＧＥキャピタルをうまく監視できていると考えていた。金融危機以前の活況だった時期、ＧＥの総利益のおよそ半分をＧＥキャピタルが生み出していた。私は初めから、成長エンジンとしてのＧＥキャピタルの役割を見直すつもりだったのだが、私がＣＥＯを務めてから最初の6年間で、ＧＥ内におけるＧＥキャピタルの優位性は衰えなかった。

発電部門が衰退したことも、その一因だったと言える。私たちはＧＥパワーとＧＥアビエーションの回復に努めることに決め、ＧＥキャピタルの再編を後回しにした。投資家たちも、ＧＥキャピタルがまだ取引を続け、ほかの複数の事業の合計よりも多くの利益を生んでいたので、私たちの決断を歓迎した。2007年の夏、私たちは1株42ドル――株価収益率19――で取引していて、収益の半分が金融業で占められていた。

この時期、私たちはGEキャピタルの縮小に努めた。しかし、規模もスピードもじゅうぶんではなかったようだ。たとえば2006年の秋に、部下の数人が商業用不動産事業を売り払うことを提案していたが、私は拒否したのだった。その事業を担っていたのは優れたチームで、かなりのリターンを保証できると考えたからだ。

そして、2007年には新規の取引を停止する。このときにも、同事業を成長させるためにスピンアウトすべきだと訴える者が多かった。しかし、そのときにはちょうど同事業のリーダーを交代させる過程にあったので、私はまたノーと回答した。これが間違いだった。私は商業用不動産事業をGEキャピタルのコアプラットフォームとみなしていた。しかし、あまりに大きくしすぎたようだ。

言い訳になるが、当時はまだ、迫り来る嵐が見えていなかった。2007年半ば、GEキャピタルのリスクを監視することを決めた私は、マッキンゼー・アンド・カンパニー社に調査を依頼した。60日後、マッキンゼーは中国のような貿易黒字国や政府系ファンドなどの投資家の資金が今後しばらくのあいだはGEキャピタルの融資やレバレッジを支えるのにじゅうぶんな流動性をもたらすだろうと回答してきた。マッキンゼーの調べでは、問題が見つからなかったのだ。

寒波の襲来

しばらくのあいだ、マッキンゼーが正しいように思えた。2008年2月、私たちは、前年を振り返る報告書を発行した。タイトルは「日々の投資と収穫」。私は投資でも収穫でも、うまくやっていけると思っていた。

GEの出資者向けイベントにほとんど招待されることのない二百万人の株主――総株主数のおよそ40パーセント――にアプローチするため、私たちはオンラインで質問を受け付けると発表した。六千人を超える投資家から質問が寄せられ、2008年3月13日の午後、私は回答を通じて投資家たちを安心させるためにライブ・ウェブキャストに参加した。そのとき、私はすばらしい知らせをもたらした。GEの収益は、過去5年間平均して二桁の成長を遂げ、堅調な海外売上はアメリカ国内での景気減速を補って余りあるものだ、と。

GEキャピタルに関しても、力強く多くの利益を上げていると伝えた。それが真実だと思っていたからだ。GEにとって、金融市場の混乱は心配の種にはならない。それどころか、売りに出されている事業を買収し、GEの金融ポートフォリオに価値を加える機会だ、とも話した。

その後に起こったことを思い出すと、私は胃が痛くなる。ウェブキャストが行われた3日後の3月16日、国際的な投資銀行であるベアー・スターンズが住宅ローン担保資産の損失に耐えきれずに崩壊した。金融市場は凍り付き、GEも無傷ではいられなかった。

GEキャピタルは数十年にわたり、GE内で最も信頼できるプレーヤーだった。通常、金融資産は有形資産よりもはるかに流動性が高いため、GEキャピタルは機を見て資産を売り、利益に変えることができた。ところが、そのビジネスモデルが危機に直面した。損失が増え、資産を売っても以前のように利益を得ることができなくなった。

ベアー・スターンズの破綻をきっかけに、そのような資産を買おうとする第三者を見つけるのはほぼ不可能になった。業績予想を下方修正したが、それでも足りなかった。その結果、4月11日に発表した第1四半期収益は、予想を7億ドルほど下回った。

GEにとっては考えられない失策だ。しかし、GEキャピタルのスタッフたちの懸命な働きがなければ、損害はさらに大きくなっていただろう。彼らは被害を最小限にするために必死に働いてくれた。だから私は、GEキャピタルのCFOだったジェフ・ボーンスタインが、損益発表直後のミーティングにアメリカンフットボール用のヘルメットをかぶって現れたときの姿を思い出すと、いまだに笑えるのである。

ボーンスタインはとっつきにくい人物だと思われることがある。彼のことを、極端に無愛想だとみなす人もいる。しかし、私は彼がGEにすべてを尽くしていることを知っていた。一年の多くが雪で覆われる、メイン州のほこりっぽい工場地帯で生まれたボーンスタインは、ノースイースタン大学を卒業後すぐにGEに入社し、会社を心から愛した。私のほうが少し背が高かったので、人々は私たちを「ビッグ・ジェフ」「リトル・ジェフ」と呼ぶこともあった（私の10年後輩であるボーンスタインは「年上のジェフ」「年下のジェフ」の呼び名のほうを気に入っていたが）。

とにかく、会議室に入って、リトル・ジェフが身構えているのを見たとき、私は思わず吹き出してしまい、部屋が笑い声で包まれた。緊張が和らいだ瞬間だ。ヘルメットをかぶって道化を演じるボーンスタインの態度が、私たちにみんな仲間であることを思い出させてくれた。

対照的に、第1四半期の予想を達成できなかったことを発表した6日後、GEの所有するケーブル放送局のCNBCでジャック・ウェルチが私を殺すと発言したとき、私はとても笑う気にはなれなかった。嘘ではない。本当の話だ。もし私がもう一度収益目標を下回ったらどうするか、という問いかけに対して、彼はこう言ったのだ。「想像できないほどのショックを受けて、銃を手に取り彼を撃つでしょう。……何としてでも、利益を出しなさい」。ジャックは直接私に話しかけた。「12パーセント成長すると約束し、12パーセントの成長を遂げるのです」

25年以上GEにいて、何度もジャックに叱られてきた私も、このときばかりは本当に心が傷ついた。GEほど巨大な会社を率いていると、〝名ばかりの友〟が増えていく。しかし、ジャック・ウェルチもその仲間入りをするとは、まったく予想していなかった。この時期、デュポン社CEOのチャド・ホリデイら、複数の人が電話をかけてきて、援助を申し出てくれた。ジャックはそこに含まれていなかった。

ジャックがCNBCで爆発したのは木曜日だ。次の日、彼が電話をかけてきた。そのとき初めて、私は彼から受け継いだ不完全な遺産について真っ向から意見した。

「あなたに従うのは、楽しいことではありませんでした」と私は言った。「私は、あなたが私に残した問題について、誰にも話したことがありません。あなたの遺産を、穴だらけに撃ち抜くこともできたのに、育てつづけてきた。私がそうしたからこそ、あなたは今も〝世紀のCEOジャック・ウェルチ〟でいられるのです。なのに、私が助けを必要としている今になって、あなたは私を背後から刺すのですか。私には理解できません」

ジャックはジャックなりに後悔しているようだった。「すまなかった」と言う。「君は失敗した。だが、放送であんなことを言うべきではなかった」。ジャックはフラストレーションをためていた。私だってそうだ。私はジャックがCNBCで放ったもう一つの言葉――イメルトは「信頼性に欠けている」――について議論する気にはなれなかった。

増収を約束した3週間後に目標が達成できなかったという発表を受け、多くの人は混乱していた。金融市場の予期せぬ迷走などという文言を、誰も聞こうとはしなかった。しかしそれでも、ジャックの反応は、私にはあまりにも個人的に思えた。サー・ジョージ・シンプソンの言葉をもう一度借りると、ジャックは私に「クソ袋」を委ね、それをきれいにしろと命じたのである。ジャック自身、そのことをほかの誰よりも理解していたはずだ。それに、私が彼を批判したことは1回もないことも知っていた。私には、彼に責任を押しつけたほうが楽な局面は何度もあったのに。

その後ジャックは自らの言葉を撤回し、私のことを「とてつもないCEO」と呼んだが、ときすでに遅しだ。基本的に、この出来事で私たちの関係は壊れたと言える。なぜなら私は、彼が自分のブランド価値を高めるために、私をこき下ろしていることに気づいてしまったからだ。私がCEOを務めていた16年間で、ジャックは50回以上CNBCに出演した。

迫り来る闇

私たちが目指した数字を達成できなかったことは事実だ。ただし、私たちは今まさに金融危機の幕開けを目撃しているということに、当時はまだ誰も気づいていなかった。事実として、その後私たちの流動性の問題はさらに悪化していくことになる。

2008年4月、私たちは迫り来る闇のさらなる予兆に遭遇した。国際的な金融サービス会社であるリーマン・ブラザーズが、同社の買収に関心がないかGEに尋ねてきたのだ。私はジェフ・ボーンスタインとマイク・ニールに検討するよう指示した。2人はあまり乗り気ではなかった。1986年にジャック・ウェルチが証券会社のキダー・ピーボディを買ったときの出来事を覚えていたからだ。二度の大型スキャンダルをへた6年後、しびれを切らしたGEは同社をペインウェバーに売り払ったのだった。同じ過ちを繰り返すわけにはいかない。

だから申し出を断ったのだが、しばらくするとまた連絡が来て、リーマン・ブラザーズは今資金を調達しているところで、優先株を発行したいと言う。普通株式よりも高い配当や資産分配を約束する特殊な株を売りたい、という意味だ。要するに、彼らは何らかの問題を抱えていたのである。ただし、それがどれほど深刻なのか、GE内部の者には知るよしもなかった。

当然、GEが問題に首を突っ込む必要はないのだが、リーマン・ブラザーズは長年のパートナーだ。私には彼らを助けたいという気持ちもあった。だから私たちは、初夏に2億5000万ドルでリーマン・ブラザーズから優先株を買った。そして3週間後に20パーセントの利幅で売却した。おそらく、GEはリーマンに出資して大損をしなかった最後の企業だろう。

2008年の8月に資本市場は崩壊した。そして9月がやってきた。第1週、財務省と連邦準備制度理事会(FRB)がフレディマック(連邦住宅金融抵当公庫)とファニーメイ(連邦住宅抵当公庫)を監視下に置く決定を下す。第2週、三大自動車メーカーのGMとクライスラー、フォードが議会に救済として500億ドルを要求し、個人向け証券会社のメリルリンチの流動性を危惧したFRBは、バンク・オブ・アメリカに同社を買収するよう要請した。

この合併が発表されたのは9月14日のことだった。都合の悪いことに、シェリンが同じ日の晩にリーダーシップ会議を設定していた。GEの主要財務リーダー三百人が集まる会議だ。人々に動揺が広がっていたこともあり、私たちは会議の中止も検討したが、私は決行することにした。中止という判断こそが〝パニック〟の引き金になると考えたからだ。加えて、皆で集まることで安心感も得られた。

9月15日月曜日、リーマン・ブラザーズが破産を申請した。ダウ平均株価は504ポイント下落。保険大手のAIG株は66パーセント価値を落とした。そこから、アメリカ経済の墜落が始まった。

その月曜日の午後、私はハンク・ポールソン財務長官とあるテーマについて話し合うために、彼のオフィスにいた。GEは、海外にある資金を高いペナルティを支払わずに本国に呼び戻す方法を探していた。アメリカ国内の法人税率はほかの国よりも高いため、グローバルな企業は収益を国外で貯め込んでいた。しかし事実上、外国に閉じ込められていたとも言える。本国へ戻すには、外国とアメリカの税率の大きな差分を支払わなければならなかったのだから。

私とポールソンは10年ほど離ればなれだったが、ダートマスではいっしょにアメフトをした旧知の仲だ。不況が迫り来るなか、彼ならアメリカの企業にできるだけ多くの現金を国内に集めさせることの利点を理解できると、私は確信していた。しかしその日、私がその話題を口にしたとき、ポールソンは気が散っていた。その気持ちは痛いほどわかった。

ある時点で彼は、「AIGはそのままにしておこうと思う」と話した。同社を救済しない、という意味だ。しかし、危機的な状況では理念よりも現実が優先される。わずか数時間後に、ポールソンは考えを変え、翌日には850億ドルでAIGを救済すると発表した。この方向転換は社会の役に立ったと思う。しかし私がこのエピソードで指摘したいのは、この時期は先行きがかなり不透明で、1分ごとに状況が変わったという事実だ。

余談になるが、重要なことなのでもう一点指摘しておきたい。ポールソンはのちに自伝を書き、そのなかで私が9月8日に彼に電話をして、GEは商業手形事業で短期借入金が売れなくて困っていると伝え、9月15日の会合で同じことを繰り返したと指摘しているが、それは間違いだ。同書のなかで「電話やミーティングの内容ではなく、参加者の名前のみが書かれているリストにもとづいて伝記を書いた」とポールソン自身がことわりを入れているように、彼は誤解をしている。当時、GEにそのようなトラブルはなかった。私が9月中旬にポールソンに連絡を入れたのは、税制改革について話すためだ。実際、15日の会合にはGEの税務担当者が同席している。

ポールソンの誤解——ちなみに、最近では2020年にも繰り返し公表された——により、証券取引委員会がGEの商業手形プログラムに対する9月14日の投資家の批判を調査することになった。記録を正すために、GEの弁護士団が2008年9月という特別な時間に何が起こったのかを正確に説明するカラーの巨大展示物を作成した（次ページに掲載）。それを受けて、証券取引委員会がGEに非のないことを認め、調査を取りやめた。

このカレンダーを眺めると、このような試練の時期に団結して世界経済を崖っぷちから引き戻してくれたポールソン、ガイトナー、バーナンキ、あるいは彼らのチームに恩を感じずにはいられない。私はこのカレンダーをビジネススクールの授業でも見せることにしている。学生たちにこの時期に私たちが取り組んでいた容赦ない事態の異常さを感じてもらうためだ。

＊　＊　＊

9月16日、私はグーグルが毎年開催するツァイトガイスト会議の枠組み内で、アル・ゴア元副大統領を迎えて行われた公開討論に参加することになっていた。この会議は、映画スターのレオナルドカプリ

	THURSDAY	FRIDAY	SATURDAY
IBOR -9 = 10.9B	4 WAM: 58.3 O/N LIBOR -9 CP Iss'd: 9.9B(O/N) + 0.6B(T) = 10.6B ・財務省と Fed がファニーメイとフレディマックを監視下に置くことを決定	5 WAM: 59.1 O/N LIBOR -10 CP Iss'd: 10.0B(O/N) + 1.4B(T) = 11.4B ・OFHEO とのミーティング	6 ・ファニーメイとフレディマックが監視下に
BOR -10 T) = 9.8B	11 WAM: 60.9 O/N LIBOR -9 CP Iss'd: 7.4B(O/N) + 3.0B(T) = 10.5B ・LB & AIG に流動性の噂	12 WAM:62.2 O/N LIBOR 6 CP Iss'd: 7.1B(O/N) + 1.5B(T) = 8.6B ・財務省とFedが銀行CEOの会議を招集	13 ・Fed 終日緊急態勢 ・LB 処分交渉、メリルリンチ買収強制 ・AIG とモルガン・スタンレーに関する噂
BOR -186) = 12.0B の上昇 スに 禁止 件交渉	18 WAM: 58.8 O/N LIBOR -99 CP Iss'd: 12.1B(O/N) + 0.8B(T) = 12.9B ・英国と米国が空売り取引を禁止 ・ポールソンがTARPを提案	19 WAM: 61 O/N LIBOR -97 CP Iss'd: 9.8B(O/N) + 0.8B(T) = 10.6B ・AMLF の発表 ・財務省がマネーマーケットファンドを保証 ・米国は 799 銘柄の空売りを禁止	20 ・ブッシュが 7000 億ドル分の不良不動産担保証券を購入するためのファンドを提案
BOR -115 T) = 7.9B	25 WAM: 63 O/N LIBOR -104 CP Iss'd: 4.8B(O/N) + 2.5B(T) = 7.3B ・8:30am-GE 投資家アップデート ・3:15pm - WaMu 停止、JP モルガンが WaMu 資産を買収、300 億ドルの負債が一掃 ・ホワイトハウスの経済サミットが成果を出せず、TARP に疑念 ・8:51 pm E メール・GE 債務保有者がGEの対策が十分か否かを疑問視 ・LIBOR-OIS スプレッド ↑ 30bps	26 WAM: 59.6 O/N LIBOR -73 CP Iss'd: 6.2B(O/N) + 1.0B(T) = 7.2B ・WaMu 破産申請 ・ワコビアで 50 億ドルの取り付け騒ぎ、株↓27%;CDS は 1560bps に倍増 ・MS CDS > 1000bps ・ワコビア ↓ 27%	27 ・シティグループとウェルズ・ファーゴが競ってワコビアの投売り交渉に

【凡例】
WAM= 加重平均残存期間／ O/N= オーバーナイト／ LIBOR= ライボー（ロンドン銀行間取引金利） ／ CP Iss'd= 発行済み CP（商業手形）／ B=10 億／ T= トゥモロー・ネクスト（トムネ）／ Fed= 連邦準備制度／ OFHEO= 米連邦住宅公社監督局／ LB= リーマン・ブラザーズ／ 3Q= 第 3 四半期／ WaMu= ワシントン・ミューチュアル／ BA= バンク・オブ・アメリカ／ Dow= ダウ／ pts= ポイント／ SEC = 証券取引委員会 ／ MS= モルガン・スタンレー／ GS= ゴールドマン・サックス／ TARP = 不良資産救済プログラム／ AMLF= 資産担保 CP マネーマーケットファンド流動性機関／ bps= ベーシスポイント／ CDS= クレジット・デフォルト・スワップ／

SEPTEMBER

SUNDAY	MONDAY	TUESDAY	
	1 ・3 大陸における先進工業国の中央銀行が金利を引き下げ、世界金 に 2000 億米ドル以上を注入	**2** WAM: 56.5 O/N LIBOR -8 CP Iss'd: 12.3B(O/N) + 1.6B(T) = 13.9B	**3**
7 ・監視の発表	**8** WAM: 57.4 O/N LIBOR -11 CP Iss'd: 9.6B(O/N) + 1.5B(T) = 11.1B ・自動車大手3社が500億ドルの救済を請求 ・ポールソン・イメルト電話会談	**9** WAM: 57.3 O/N LIBOR -10 CP Iss'd: 9.5B(O/N) + 0.9B(T) = 10.5B ・LB $3.9B 3Q 損失	**10** ・L ・W
14 ・LB の救済に失敗 ・BA がメリルリンチを買収 ・GE 投資家対策会議、CP プログラム〝堅調〟	**15** WAM: 58.3 O/N LIBOR -34 CP Iss'd: 10.1B(O/N) + 1.4B(T) = 1.5B ・LB 破産申請 ・Dow ↓ 504pts ・AIG ↓ 66% ・ポールソン・イメルト会談	**16** WAM: 59.6 O/N LIBOR -324 CP Iss'd: 13.5B(O/N) + 2.9B(T) = 16.4B ・850 億ドルで AIG 救済 ・リザーブ・ファンド「額面割れ」	**17** ・D ・金 ・3 ・S ・M ・G ・M を
21 ・GSとMSが銀行持株会社になる	**22** WAM: 60.8 O/N LIBOR -62 CP Iss'd: 8.8B(O/N) + 1.0B(T) = 9.8B	**23** WAM: 60.9 O/N LIBOR -86 CP Iss'd: 8.7B(O/N) + 0.8B(T) = 9.5B ・GSがバフェットによる50億ドルの注入とエクイティオファーを発表	**24**
28 ・フォルティスがベルギーで163億ドルで救済	**29** WAM: 57.3 O/N LIBOR -14 CP Iss'd: 9.2B(O/N) + 0.5B(T) = 9.6B ・英国がブラッドフォード&ビングレーを国有化 ・ドイツのヒポ・リアル・エステートが 500 億ドルで救済 ・シティグループがワコビアの買収を発表 ・下院が TARP を否決 ・Dow ↓ > 700pts、1 日最大の下落；時価総額にして 1 兆ドル分が消滅	**30** WAM: 55 O/N LIBOR -277 CP Iss'd: 11.4B(O/N) + 1.1B(T) = 12.4B	

オやメキシコ人実業家のカルロス・スリムなどをゲストに招いて、2日にわたりグローバルな問題について考える催しだった。その火曜日の早朝、私はコミュニケーションの最高責任者であるゲーリー・シェファーとともにシリコンバレーに飛んだ。そろそろコメントの準備をしようとしていたとき、大型のマネーマーケットファンド（MMF）であるリザーブ・プライマリー・ファンドが「バック割れ」をしたという報告が入った。バック割れとは、1株の価値が1ドルを下回った、という意味だ。

それまでMMFは、銀行預金口座と同じぐらいリスクが少ないとみなされていた。しかし、リザーブ・プライマリー・ファンドなど一連のMMFが、リーマンが発行し、実質的に価値を失った債務証券に出資していたのだ。ドミノが倒れはじめた。

私は、GEのエコマジネーション計画について話すようグーグルから頼まれていた。大好きなテーマなので、話したい気持ちはやまやまだったが、その日は何としてでもGEの本社に戻りたいと願った。そこで私は、3000マイルも移動したにもかかわらず、シェファーにスピーチをキャンセルして本社へ戻ろうと伝えた。関係者に謝罪を済ませたあと、私たちは車に乗り込んだ。空港へ向かう道中、シェファーは不満そうだった。「帰るべきではありません」と何度も言う。「地方の商工会議所の会議じゃないんです。グーグルですよ。メディアもたくさんやってくる。今帰れば、人々は私たちがおじけづいたと考えるでしょう」

飛行機は離陸の準備に入った。私は飛び立つのを今か今かと待ちつづけた。なのにシェファーはグーグルに戻るべきだと言って譲らず、会議の主催者に電話をして、私の出番を数時間早めてくれと頼んでみた。すると先方から、可能だという答えが返ってきた。私はすぐにCFOのキース・シェリンに電話をした。彼はちょうど、ノースイースタン大学に入学する息子の学生寮への引っ越しを手伝っているところだった。私以外にも、もう何人も彼に電話をかけてきたそうだ。互いに現状を嘆いたあと――世界はおかしくなってしまった！――私はシェリンに意見を求めた。会議に出るべきか。本社に戻るべきか。

「そこにいてください」とシェリンは答えた。「平然とした態度を示すのです」。新生活に挑む息子の引っ越し荷物を運ぶ合間でさえ、シェリンは冷静だった。チームからの電話に応じ、彼らを落ち着かせようとする。私は引っ越し荷物を運ぶのと、金融市場が破裂したときにグリーンビジネスについてスピーチするのとでは話がまったく違う、そう簡単に平静でいられるものではない、と反論しようとした。きっとシェリンにも、私の動揺が伝わっていたに違いない。

最終的に、私は電話を切ってシェファーに向き直った。シェファーはあまりの緊張から、鉛筆を半分に噛み砕いていた。「君の言うとおりだ」。私は言った。「ここに残って、会議に出たほうがいい」。私とシェファーは飛行機を降り、ふたたび車に乗り込んで、グーグルに向かった。

数時間後、コネチカットへ戻る飛行中、テレビがいつものようにCNBCを映し出していた。私は、フライトクルーにテレビを消すように頼んだ。聞くに堪えなかったからだ。私はポールソンと、当時ニューヨーク連邦準備銀行総裁だったティム・ガイトナーに電話した。二人とも、商業手形市場を大いに懸念していると述べた。私は、GEの商業手形（CP）を売る能力に陰りは見えていないと伝えた。

午後9時ごろ、東海岸に着陸した私たちは、すぐに会社へ向かった。シェリンとGEで会計を担当するキャシー・キャシディが、オフィスで私たちの帰りを待っていた。この二人は、小国を運営している人々よりもはるかに優れた分析能力をもち、国家予算よりも大きな額を扱う力があった。たとえるなら、キャシディが頼りになる大岩で、シェリンがスイスアーミーナイフだ。彼にできないことはない。

「さて」、私は両者に尋ねた。「明日はどのCPを転がそうか?」

手形取引

GEキャピタルは、商業手形取引を原動力に利益を生みだしてきた。私たちには大型のCPプログラムがあり、その平均満期は60日を超えていた。私たちはこのタイプの資金調達と、1年あるいは2年の短期借入を使って、消費者用クレジットカードをはじめとした債権、業者在庫、価格変動が頻繁で毎日のように価値が上がったり下がったりする資産などの管理にあてがっていた。すでに指摘したように、私たちはトリプルAと格付けされていたので、どの市場でも魅力的な金利で長期あるいは短期の借入をすることができた。多くの場合で、金利はフェデラルファンドとほぼ同じ低さで、2パーセントほどだった。

GEキャピタルが借りていたのはそれだけではない。私たちは金利リスクを避けるために資産と負債を「マッチファンド」することを目指していた。つまりは、こういうことだ。銀行と違って、私たちの借金の大半は長期的なものだ。たとえば、長期的で金利が固定された航空機リースや商業用不動産ローン、あるいは不動産エクイティを組んで維持するとき、私たちは長期債権市場で3年、5年、10年、ときには30年期限の借金をする。そして、短期と長期の借入を合わせると、全体として私たちの金利マージン――私たちから借りた者に課す利子と私たちが借りた資金に対して支払う額の差分――は安定し、予測可能になるのである。

ところが金融市場の崩壊により、借入コストが高騰しはじめた。それからの2週間で、60日を超える借入には、私たちが発行する商業手形に2パーセントではなく3・5パーセントを支払わなければならなくなった。それでも、依然としてGEはトリプルA評価で、諸銀行はシングルAに過ぎなかったため、誰もが私たちに金を貸す——つまり、私たちのCPを買おうとした。だが、私たちに短期的な負債が多すぎることが、次第に明らかになってきた。900億ドルだ。

この時期、私たちは誰もが週末も返上して働いていた。日曜日になるたびに、H・ロジン・コーエンという男がフェアフィールドのGEオフィスへやってきて、私たちとともに大きな円卓を囲んだ。生き残るためのさまざまな選択肢についてあれこれ話し合うためだ。私たちが「ロッジ」と呼んだその男は、銀行法に詳しいことで知られる企業弁護士だ。私たちにとって彼は、勤勉さと発想の豊かさの両方を兼ね備えた、専属の賢者のような存在だった。

ある日、私たちは自社ブランドのクレジットカード事業——ウォルマートやJCペニーのような商店で買い物をする人々がおもな顧客——をJPモルガンに30億ドルで売却する案を検討していた。ありがたいことに、売却案は否定され、のちにこのビジネスはシンクロニー・ファイナンシャルという社名でスピンオフされて時価総額300億ドルを誇るまでに成長した。

GEキャピタルをGEから切り離すという話も出たが、それをすればビッグGEの資金に依存している金融部門が破産するリスクが高まっただろう。また、ロッジとともに、GEを銀行持株会社にするという案の是非についても何時間も話し合ったが、これにはFRBが反対した。おそらくこれも、それでよかったのだと思える。

私たちは、商業手形事業の規模をどの程度にすべきかという点を、頻繁に話し合った。買収をするときには資金が必要になるので、そのような財政部門を大きくするほうが好都合だ。CPは安全な投資だと考えられている。ところが人々が流動性の問題を懸念しはじめたとき、GEのCPでさえ脆弱に見えた。

振り返ってみると、私たちはCPの問題に対して全体として誤った見方をしていたことがわかる。私たちは、すべての負債に占めるCPの比率が15パーセントでしかないことを喜んでいた。その程度だったため、格付け機関もGEにトリプルA評価を与えていたのだ。しかし、巨大な数字の15パーセントは、それ自体も巨大なのだ。ときに私たちは、自らの大きさの解釈に失敗することがあった。

「金を集めよう」

このころ、キャシー・キャシディの存在が本当にありがたかった。2001年に私が登用して以来、キャシディは社の内外の人々とすばらしい関係を培い、強力なリーダーとして働いてくれた。彼女が支えてくれたおかげで、私は格付け機関を相手に立ち回り、トリプルA評価を保つことができた。金融危機が始まる前から、GEのCP取引を抑制しようと働きかけていたのも彼女だ。とても賢くて、戦略に長け、献身的だった。

2008年6月、リーマン崩壊のわずか2カ月前、キャシディの夫が動脈瘤を患い、54歳という若さで亡くなった。3人の息子の長男は、まだハイスクールの3年生だった。それなのに彼女は、子どもたちの世話をしながら、危機に直面しているGEのために力を尽くしてくれたのである。

この時期、キャシディは毎朝7時にはオフィスにやってきて、チームとミーティングを行った。どの債務が満期を迎え、どの債務をその日のうちに延期しなければならないかを、正確に把握するためだ。そして毎日正確に午前7時30分、JPモルガン・チェースの副会長ジミー・リーと電話で話し、情報を得る。ピンストライプのスーツとカフスボタンという古風ないでたちのリーは、銀行家というよりもむしろマフィアの黒幕といった感じで、深い絆を通じて取引を成立させてきた。その一方では発想がとても豊かで、市場で最大のCP発行者であるGEキャピタルを主要な指標とみなしていた。

「CP市場であなた方はトラブルに見舞われているのか」とリーが尋ねると、キャシディが「いいえ、ジミー、大丈夫よ。心配しないで」と答える。

そしてCP市場が開き、キャシディがGEの金融証券を現金に換え、その現金を使って、短期負債の返済に充てるのである。数時間後には彼女が私に電話をかけてきて、その日の成果を報告した。毎日その電話を受け取るたびに、私は処刑が24時間延長されたような気になった。

「危機を乗り切った」と安心して電話を切れる日は一度もなかった。そうやって毎日を積み重ねていくしかないことを、私は承知していた。自分を落ち着かせるために、私は習慣としてオフィスに隣接する小さなバスルームでシャワーを浴びるようになった。毎日1回は、電話をつながないように秘書に指示してから、温かいシャワーを浴びて緊張を解くのだ。

9月25日の朝、シェリンと私は、投資家相手に情報交換を行った。誰かが尋ねた。「資本調達をするつもりはあるか」と。私はGEは堅調だと考えていた。現金も豊富にある。CPの取引も滞っていない。だからこう答えた。「ありません。今のままでも危険はないと感じています」

しかし、機関投資家たちは安心しなかったようだ。その夜、キャシディがある投資家からの電子メールを私に転送してきた。午後8時51分に届いたメールにはこう書かれていた。「あなた方の説明が火を消すことはなかった。我々の債券保有者は動揺している」

夜が明けた9月26日の金曜日、前日に管財人の管理下に置かれたワシントン・ミューチュアルが破産を申請した。モルガン・スタンレーも同じ運命をたどりそうな機運だった。私にとっては、この日が最も破滅的な一日だったと言える。危機の本当の大きさが明らかになった日だ。

ワシントン・ミューチュアルの破産申請後、ワコビア銀行で取り付け騒ぎが起こり、同行は50億ドルを失い、株価も27パーセント下落した。私たちにとっても恐ろしいニュースだ。GEの手形を有する企業は、保険としてクレジット・デフォルト・スワップ（発行者の信用リスクを対象とするデリバティブの一種）を買うことが多い。ところが、そのクレジット・デフォルト・スワップが破綻したのだ。GEのCPを有する者が保険を買おうとしても、まったく手に入らないか、恐ろしく高額になったのである。

そんなとき、シェリンのもとにゴールドマン・サックスから連絡が入った。彼らは夜に会合をしたいと言ってきた。そして、1日前に私がやらないと言ったことをやれと迫った。株式を公開して資金調達しろ、と。

その日の午後5時、ゴールドマンの言い分を伝えるために私のオフィスに入ってきたときのシェリンの表情を、私は一生忘れることができないだろう。「GEは資本を調達する必要がある」。私は抵抗したが、シェリンも譲らなかった。私は彼の話を聞かざるをえなかった。シェリンの言葉はいつも〝誠実〟だ。自分ではなく、つねに会社を第一に考えている。彼が不安なら、私も安心していられない。数時間後、私たちはゴールドマンの代表者と会合を開き、計画を立てた。

土曜日の朝、私はオフィスに向かい、GEの役員を電話会議に招集した。私はGEが置かれた状況が突然とても危険で不透明になったと説明した。今すぐ、少なくとも150億ドルを調達しなければならない、と。電話の向こうからは、物音一つ聞こえてこなかった。沈黙が永遠に続くかと思われた。私のお気に入りの役員である元レーシングドライバーのロジャー・ペンスキーがついに口を開いた。「金を集めよう」。ほかの役員たちもすぐに同意した。私たちがやろうとしていたことが、どれほど無謀なことか、おわかりだろうか。つまりはこういうことだ。わずか数カ月前の2008年3月、ビザ社が史上最大の株式公開を行い、180億ドルを調達した。しかし、彼らの場合、そのために数カ月の準備期間があった。私たちにそんな余裕はなかった。残されていたのはたった数日だけだった。

アンカー

この人が投資するなら私も、と思われるような人をアンカー投資家と呼ぶが、私たちもまさにそのような人物を必要としていた。オマハ出身の伝説的投資家、ウォーレン・バフェットなら理想的だ。私はバフェットに何度か会ったことがあるが、彼に直接連絡を取ろうとはしなかった。なぜなら、彼がゴールドマンの投資銀行部門の副会長であるバイロン・トロットを通じてビジネスをすることを好む事実を知っていたからだ。

バフェットと同じ中西部出身で生真面目なトロットは、前の週に苦境にあるゴールドマン・サックスに、バフェットから50億ドルの資金を投じさせたばかりだった。そして今度は私たちがトロットに、GEのためにバフェットを説得してもらいたいと頼んだのである。

初めのうち、私たちはバフェットの同意があろうとなかろうと、9月28日の日曜日に増資を行う予定だった。そのため、チームの全員がフェアフィールドに出社し、弁護士らと協力しながら準備を整えていた。午後7時（アジアの月曜日朝7時）に株式を発行する手はずだったのだが、6時半ごろになって、私はみんなに少し考える時間をくれと言った。GE社員や外部のアドバイザーらが五十人ほど集まっていた1階の講堂を出て、私は3階にあるオフィスに向かった。

手元にある情報をもう一度確認したかったからだ。提案されていた不良資産救済プログラム（TARP）に議会が反対しているといううわさもあった。もしそれが本当なら、資金を調達するのは難しくなる。リスクが高い。しかし、何もせずに動向を見守るのも同じように危険なことに思えた。

みんなが私のゴーサインを待っている。私はまた階段を下りた。洗面所の横を通り過ぎる。なかに閉じこもって、じっとしていたかったが、誘惑を断ち切って、みんなのもとへ急ぐ。私は心を決めていた。延期だ。

翌日の9月29日月曜日、下院がTARPを否決し、ダウは700ポイント以上下落した。一日の下げ幅としては、史上最高だ。ヨーロッパで七つの銀行が破産を発表した。もし予定通りに株式公開に踏み切っていれば、私たちも潰れていただろう。

9月30日火曜日、トロットがバフェットに私たちの望みを伝え、バフェットにどんな利点があるか説明した。ただし、バフェットからははっきりとした答えは得られなかった。翌10月1日の早朝、チームが私のオフィスに隣接する会議室に集まった。GEプラスチックスの連中が私にくれた金袋の銅像がある部屋だ。トロットがオマハの自宅にいるバフェットに、東部時間の朝8時に電話をする予定だった。私たちにできることといえば、祈ることだけだった。

部屋に緊張が張り詰めていた。「もしバフェットがノーと言えば、我々はもうおしまいだ」と、シェリンがテーブルの上で組んだ手に顔をのせて言った。シェファーもそのときの様子をありありと覚えている。「部屋にいる誰もが、ズボンの替えが必要だった」

午前8時30分、電話が鳴った。ゴールドマン・サックスの幹部としてトロットに協力していたジョン・ワインバーグがうれしい知らせをもたらした。バフェットは機関投資家バークシャー・ハサウェイの30億ドルをGEに出資することに同意したのだ。その見返りに、彼は新規優先株と、今後5年でバークシャーが同じ量の普通株を購入する権利を得る。私はほっと胸をなで下ろし、立ち上がって横の自室に入った。個人的に、バフェットに礼が言いたかったのだ。電話がつながったとき、長話をするつもりはなかった。「ありがとう、ウォーレン」。私は言った。「期待を裏切ったりしない」

いくつもの感情が胸を襲った。感謝、疲労、そして恐れ。バフェットの出資を発表するためにプレスリリースを書いていたとき、もう一つ手痛い出来事があった。午前11時の少し前に、ドイツ銀行のアナリストがGEの2008年の利益予想を大幅に下方修正したと発表したのである。それを受けて、あっというまにGEの株価が9パーセント下がった。

同じ日の午後2時少し前、私たちはバフェットの支援に関するニュースを公表し、同時に120億ドル分の普通株を即時売りに出すと発表した。バフェットは、「私は、GEが今後も活躍を続けると確信している」と声明を出した。

今私たちがやるべきことは、ほかの多くの人に、バフェットと同じ意見になってもらうことだ。その水曜日の残りの時間、私たちは部屋から部屋へと走り回り、アラブ首長国連邦のムバダラのような政府系ファンド、フィデリティ・インベストメンツのような投資信託会社など、とにかく買ってくれそうな者なら誰にでも電話をした。まるで、かつてのテレビ番組『ダイヤリング・フォー・ダラーズ』さながらの光景だった。

翌10月2日木曜日未明には、増資活動を指揮していたゴールドマン・サックスのワインバーグならびにデビッド・ソロモンの2人と私のチームのあいだで、感慨深い電話会議が開かれた。「みなさん、すべてうまくいきました」とソロモンが言った。そしてワインバーグがこう付け加えた。「必要な額が集まりました」。私たちはおよそ24時間で150億ドルを集めたのである。

翌日、ようやく議会を通過したTARPに、ジョージ・W・ブッシュ大統領が署名した。これで一息つけるかもしれない、そう私は考えた。実際その通りだったのだが、その時間は長く続かなかった。

キラーチャート

10月半ば、私はGE役員会に出るためにクロトンヴィルにいた。全員が席に着いたとき、部屋を囲むように置かれたテレビがいっせいにCNBCの見出しを映し出した。連邦預金保険公社が暫定流動性保証プログラム（TLGP）という何かを立ち上げようとしていたのである。

その実質的な目的は、新たな保険政策を通じて、銀行に債券の発行を通じた現金集めを認めることにあった。これは、商業手形を買い戻す新たな機関が誕生し、しかも連邦政府によって保証されることを意味していた。それはGEとは無関係なはず、と読者は思ったかもしれない。すでに指摘したように、GEの金融部門であるGEキャピタルは銀行ではない。つまり、連邦預金保険公社の範疇外だ。加えて、その時点まで、GEはまだCPを問題なく売ることができていた。

しかしTLGPが現実のものとなった場合、GEが不利になることは明らかだ。私たちをプログラムの対象から外すことで、政府は実質的に私たちの長期債務を無価値にしたのだから。人々が、GEには負債を返す能力がないと考えたのではない。しかし、銀行が発行する債券には、GEにはない政府保証がついてくるのである。その結果、誰もGEのCPを買おうとしなくなるだろう。そこで二つのことが起こる。まず一つは、私たちに資金を出す者を見つけるのが難しくなる。二つ目は、私たちの借入コストが一気に増加する。それまでGEの流動性は安泰だったのに、この新しいプログラムが私たちにとって大きな問題になろうとしていた。

私たちが被る影響はすさまじいものだった。したがって私たちは、是が非でもノンバンクであるGEキャピタルを、銀行を保護する任を担う新しい連邦組織の保護下に置いてもらわなければならなかった。それができなければ、私たちは廃業するしかない。私たちが伝えなければならなかったメッセージは単純だ。「あなた方が守ろうとしているほとんどの銀行よりも、GEのほうが大きく、アメリカ経済にとって重要である」

ジェフ・ボーンスタインらが1ページの文書をつくり、それを「キラーチャート」と名付けた。そこには、GEキャピタルが取引を行っている重要な金融分野の現状と、それぞれの分野における同社の位置づけが記されていた。航空機ファイナンスは第1位。機器の貸出とリースは第1位。船団のリース、医療ファイナンス、自社ブランドクレジットカードはどれも1位。リストはまだまだ続く。GEキャピタルは、国内の商業用不動産の貸手としても大手3社に含まれていた。再建企業向け融資の分野でもエネルギーインフラでもリーダーだった。農業機械とトラック輸送でも最大の貸し手だ。どれも主要で、国民の大半が関係している分野だ。「GE　CAPITAL は」、とキラーチャートには大文字で書かれている。「経済の主要分野で流動性を提供しつづける」

この武器をポケットに忍ばせて、私はワシントンDCへ向かう飛行機に乗った。GEの顧問弁護士を務めるブラケット・デニストンが同行した。最初の行き先は、財務省の15番街本部3階にあるハンク・ポールソンのオフィス。私はせっかちなポールソンの性格を知っていたし、彼が疲れていることもじゅうじゅう承知していた。それなのに、10分しか私たちのために時間がとれなかったにもかかわらず、彼は私の言葉に熱心に耳を傾けてくれた。

「君が両手に何千もの問題を抱えていることはわかっている。だが、我々の資本で成り立つ製品の顧客のことも考えてみてくれ」と私は言った。「航空会社から小さな事業のオーナーまで、あらゆる人が私たちと取引しているんだ」。私がキラーチャートのコピーを手渡すと、ポールソンはそれに視線を落とし、わかったとばかりにうなずいた。彼が連邦預金保険公社の長を務めるシェイラ・ベアに電話して、私たちと会って話すように頼んでみようと提案したとき、私は本当に心強く思った。

数分後、財務金融機関担当副長官であるデビッド・ネーソンに会うために1階に向かっていたとき、デニストンが廊下にいるポールソンに気づいた。その手にはキラーチャートが握られていた。いいサインだ。

そのあとすぐ、私たちはベアに会うために連邦預金保険公社へ向かった。わずか数ブロック先の17番街にある霊廟《れいびょう》のような建物だ。夜の8時近くという遅い時間だったにもかかわらず、ベアはまだそこにいた。しかし、ベアのオフィスで訪問を告げたとき、彼女の部下がやってきて、ベアには会う時間がないと言う。

「どこにも行きません」。私は言った。「ここで待っています」。その部下は私を品定めするような目で見た。私の顔には絶対に動かないという意志が浮かんでいたに違いない。それに110キロ近いこの体をドアの外まで押し出すのは難しいだろう。部下は私にそこで待つことを許した。

私たちは、連邦預金保険公社のロビーで1時間以上待ちつづけた。近くでは清掃員が床を拭いていて、その音が霊廟の廊下をこだました。ようやくベアが私たちを部屋に招き入れたが、彼女がGEの提案に乗り気ではないことは一目瞭然だった。それでも、私たちはできる限りの説得をした。ベアに、GEの身にもなってくれ、などと言うつもりはなかった。代わりに、私たちを不利に追い込むことで、経済が破滅に向かうだろうと主張した。

「銀行はあなたにそんなことを話さないでしょう。なぜなら、彼らにとって、我々はじゃま者だからです。ですが、経済を動かしているのはGEなのです」。ベアが厳しい質問を突きつけてきても、私はGEキャピタルが全国の大小さまざまな事業の日々の運営に深く携わってきたという点を強調しつづけた。ビッグGEの投資家たちのキャッシュフローを可能にしてきたのも、彼らにCPを早期に換金できるようにしてきたのも、私たちだと説明した。しかし、政府の新規プログラムによって、そのような買い戻しができなくなってしまう。

私はこう続けた。「人々は、ほかに誰も彼らを助けてくれないので、私たちのところに来るのです。あなたがそれをできなくするなら、彼らはどうやって生きていけばいいのですか?」

会合はすぐに終わった。手応えはなかった。しかし、空港へ向かう途中で、ポールソンから電話があった。「何とかなりそうだ」。ポールソンは、GEがつまずくことは誰の得にもならないと理解したのだ。

それからの数日は、連邦レベルの規制当局を相手にした駆け引きに明け暮れる毎日だった。「国内最大クラスのCP発行者である私たちが、あなた方がつくろうとしている機関を利用すると発表すれば、それはあなた方にとって強力な宣伝になるはずです。誰もこの機関を利用することを恐れなくなるでしょう」。言い換えれば、GEのおかげでTLGPは信頼を得る。3週間かかったが、最後には連邦預金保険公社がプログラムを修正して、私たちにも門を開いた。

規制当局にした約束をGEが守りつづけてきたことに、私は誇りを覚えている。金融危機のさなかに中規模のプライベート・エクイティ企業との約束を破った一部の銀行とは対照的に、GEはすべての取引を履行し、あらゆる債務を果たしてきた。私たちは厳しい貸し手ではあるが、信頼を裏切ることはない。

インディアナ州エルクハートのエピソードを紹介しよう。トレーラーハウスの生産が盛んな町だ。金融危機のころ、トレーラーハウスの生産に融資を行った事業者はGEだけだった。エルクハートはそのことを忘れなかった。数年後、彼らはビジネスのサポートをやめなかったGEに感謝するためにパーティを開いたのである。私は招待を受け、もちろん喜んで出席した。このように、心を通わせるビジネスこそがGEの本質であり、彼らの生き残りに協力できたことを、私たちは光栄に思っている。

流れを変える

約束したとおり、私たちはTLGPを大いに活用した。記憶が正しければ、総額1300億ドルほどのローン保証を利用したと思う。ただし、この点は誤った形で報道されることが多い。ある日、私はある記事を読んだ。そこにはGEキャピタルは危機に陥っていて、連邦準備制度から借金をしていると書かれていた。GEキャピタルが赤字を出した四半期は一度もなかったにもかかわらず、このうわさが大きく広がってしまった。しかし、これは誤解だ。連邦準備制度がGEに金を貸したことは一度もない。私たちが借金を返済するとき、連邦準備制度が後ろ盾になっただけである。その際には料金も発生した。

もちろん、自分たちに都合がよかったからこの後ろ盾を利用したのではあるが、その一方で彼らが新たに立ち上げたプログラムを正当なものとみなして使うことで、アメリカの経済をふたたび安定させることができるはずとも考えてのことだった。そして、ほとんど報道されていない事実をここで発表しよう。TLGPを抜けたのも、GEが最初だったのである。

この時期に実施されたTLGPをはじめとした数々の金融政策を生み出したのは、ポールソン、ベア、ガイトナー、ガイトナーのあとを継いで2009年にニューヨーク連邦準備銀行の総裁になったビル・ダドリー、そしてFRB議長のベン・バーナンキだ。

彼らの仕事は称賛に値する。彼らの考えたプログラムがすばらしかったのは、企業に現金を必要としている者に融資をするインセンティブを与え、そのインセンティブが資本市場の正しさを証明したからだ。GEキャピタルもその証明に一役買うことができた。

特筆すべきは2009年の1月に行った取引——50億ドルの30年融資——だ。これにより、実質的に市場が再開したと言える。正直なところ、私たちは銀行に、融資ビジネスを再開するという恥をかかせてしまっていた。だから私たちは、連邦準備制度にした約束を守ることにこだわったのである。

それでもなお、金融業界にいる者にとって、世界的な金融危機の18カ月間は胃の痛い時期だった。GEはとくにひどい痛みを経験した。金融・産業コングロマリットの舵を取って2008年から2009年のような大きな危機を乗り越えた経験をもつ者はいない。

銀行と同様に、GEは存続の危機に直面していた。しかも銀行とは違い、無視したり後回しにしたりできない数々のほかの難問にも取り組まなければならなかった。たとえば、次世代のジェットエンジンのために資金繰りをしなければならなかった。中東やアジアで発電ビジネスを見直す必要もあった。バラク・オバマが大統領に就任したときには、NBCニュースで新政権に関する報道態勢を整えなければならなかった。イラクへはガスタービンを売らなくてはいけない。世界中の顧客へのサポートも続けなければならないし、医療、再生可能エネルギー、石油とガス事業の将来への投資も忘れるわけにはいかなかった。

2008年、私は中東と北アフリカとトルコのGE事業を取り仕切るナビル・ハバイェブとともに、顧客と会うために6度の出張をすることになっていた。ここまで述べてきたような混乱のさなか、私は出張をキャンセルしなかった。悪い知らせに対処する最高の方法はいいニュースをもたらすことだと考えたからだ。

あるとき、私はコミュニケーション責任者のゲーリー・シェファーに、GEとして1日に1回のプレスリリースを行ってほしいと頼んだ。GEがカタールで超音波機器を売ったのなら、世界はそれを知るべきだ。世界の金融基盤が揺らいでいるとしても、私たちは自らの力で流れを変えようとしていた。2001年の9月から2008年の終わりまでに、私のチームはGEのビジネスポートフォリオの再構築に成功した。ポートフォリオのほぼ40パーセントを刷新しながらも、価値を生みつづけたのである。逆境にもめげずに、私たちは前進を続けた。

配当の削減

2009年になって、GEキャピタルのバランスシートに注目が集まった。多くの人がダイエットの必要を感じていた。借金がいまだに多すぎる、という意味だ。格付け機関はGEの格下げを検討していた。

加えて、問題がもう一つあった。私が完全に疲れ切っていたのだ。毎日、各新聞のビジネスページで、GEキャピタルとその親会社の様子が、まるで顕微鏡の下のバクテリアのように観察されていたのである。GEは配当を削るだろうか。それとも配当を支払い、AAA評価を失うリスクを冒すだろうか。AAA評価を維持するにはかなりの量の現金を保持しておく必要があるはずだ。そのような憶測が飛び交っていた。

いつもそのような感じで、この時期だけが特別ではなかったのかもしれない。それでも私は、もう何も我慢できないほどに疲れ果てていた。私はストレスを感じるとやけ食いをする癖がある。ついつい、しょっぱいスナック菓子に手を伸ばして、気を紛らわせてしまうのだ。何カ月も、チェダーチーズ味のゴールドフィッシュ・クラッカーを食べつづけたせいで、私はかつてなかったほどに太ってしまった。ある朝、クローゼットを開けると、体の入るスーツが1着しか残っていなかったほどだ。

2008年の終わりに、私たちが作成した事業計画が取締役会によって承認された。それにより、2009年は年間配当を維持できることになった。1月24日、私は「GEは1株当たり1・24ドルを支払う」と発表した。2010年には配当を減らす必要があるかもしれないが、そうならないことを望んでいる、と。

私にとって、GEの配当を生活のあてにしている退職者たちは抽象的な存在ではない。私の両親がそのような人々に含まれているからだ。自分の任期中に配当がカットされるという考えに、私は我慢がならなかった。GEは1899年からずっと、1938年のたった1回の例外を除いて、株式配当を出してきた。

ところが2月の取締役会で、役員たちが不満を示した。前年の夏には40ドルの値をつけていたGE株は、9ドルを少し超える額にまで値を落としていた。GEの株はヘッジファンドのターゲットにされたため、株価の変動が激しくなっていたのである。日増しに会社を取り巻く騒音が大きくなっていった。「今日こそ配当カットが発表される日になるのだろうか?」と。この騒音には本当に苦しめられた。

取締役会でも議論が白熱した。45分の活発な討論のすえ、議長のラルフ・ラーセンが言った。「配当を削減する。今すぐにでも」と。深刻な表情でこう続けた。「もしそうしなければ、マスコミが毎日はやし立てるだろう。『GEは減配するのだろうか? しないのだろうか?』と。私たちは減配する。それしか方法はない」

つまり、私の意見が却下されたのだが、そのときの私は、失望と同時にほっとした気持ちにもなったのを覚えている。ラーセンはジョンソン・エンド・ジョンソンを多国籍企業にした人物だ。私は彼を尊敬していた。ジャック・ウェルチに匹敵する知恵と指導力をもちながらも、控えめな人物だ。そのラーセンの決断を聞くとき、私は年上のライオンの咆哮に身をすくめる子ライオンのような気になった。私はラーセンが正しいと悟った。

無意識のうちに、私はただ自分のエゴを守るために戦っていたようだ。事情がどれだけ切迫していても、どれだけ多くの人が私には非がないと言ってくれても、私は大恐慌時代以来減配されたことのないGEの栄誉ある配当を減らす張本人にはなりたくなかったのだ。

その当時のある日、私は「トリプルD」ことデニス・ダマーマンに連絡をとった。元CFOで、私をGEにリクルートし、9・11のころは心の支えになってくれた人物だ。2005年に退職していたのだが、私は彼にコンタクトしつづけていて、このときも相談相手になってもらった。

電話で話しはじめてから数分後、トリプルDが突然、「1994年の通貨危機を思い出す」と言った。私は驚いた。メキシコの中央銀行が突然ペソの価値を切り下げて金利を引き上げた出来事である。確かに、それにより多大な影響が出たのではあるが、GEが取り組んでいた問題の大きさに比べれば、公園を散歩するようなのどかな話である。その瞬間、私は最も聡明な友でさえ、私たちが直面している問題の大きさを正しく把握できないことに気づいた。彼らには目の前のテールリスクの大きさがわからないのである。私は、かつてないほど孤独な気持ちで電話を切った。

ありがたいことに、次に相談した相手からはもう少しましな答えが得られた。1年前にCNBCでおっぴらに侮辱されたにもかかわらず、私は今こそジャック・ウェルチの考えが知りたいと思った。恨みを抱いている余裕などなかった。私たちは二人で問題について考えを巡らし、私が6カ月で自分の宣言をひっくり返すことで生じる影響の大きさについて話し合った。最終的に、ジャックがいかにも彼らしい言葉を発した。「ジェフ、約束を覆して賢い男になるか、約束を守る愚か者になるか、そのどちらかだ」

私は「賢い」道を選んだ。しかし、会社の、そして私自身の誇りが砕かれたような気がしていた。2006年から2008年までの3年間は、GEの産業分野にとっては記録的な期間で、突出した業績を誇っていた。それなのに、私は2月に私自身のボーナスを1200万ドル以上減らすと発表した。私はいつも、私の報酬は会社の業績を反映すべきだと言いつづけたが、それは本心だった。

私は辞任を検討した。

その気持ちをゲーリー・シェファーに話したのは、ニューヨークでタクシーに乗ったときだった。季節外れに暑い日で、そのタクシーは窓が開いていた。運転手によると、窓が壊れていて、閉じることができないのだ。「準備をしてほしい」と、私は暑苦しい空気のなかで言った。「配当を減らしたあと、私は退くつもりだ」。私は責任を果たせなかったことに心を痛めていた。シェファーは受け入れなかった。「あなたの責任ではありません」。彼はきっぱりと言った。「あなたは辞任しません。そんなこと、ほかの誰にも言わないでください」

2009年2月27日、株式市場が開く前に、私たちは配当を31セントから10セントに減らすことの承認を得るために、GE取締役会と電話会議を開いた。市場が不安定に見えたので、取締役会は決定の発表を少し待ちたいと考えていたのだが、不幸なことに、誰かがCNBCの朝の番組『スクワーク・オン・ザ・ストリート』のホストの一人であるデビッド・フェイバーに、漏らした。フェイバーはそのニュースを午前中に投稿した。

最悪の事態だ。私たちはまだやってもいないことの代償を支払わされたのである。私は役員たちに決断を迫り、彼らはその日のうちに減配を承認した。この決定により、GEは90億ドルほど節約できた計算になる。

しかし、この額でさえ格付けの維持には足りなかった。わずか2週間後、スタンダード&プアーズがGEを一つ下のAA+に格下げした。3月、株は6・66ドルで取引を終えた。私たちは反撃の姿勢を世に知らしめる必要があった。

今回のような危機の際に、社会的なコミュニケーションが容易であるはずがない。9・11の悲劇に関しては、メディアは慎重かつ正確に報道した。しかし世界規模の金融危機が生じたときは、投機筋が金儲けのためにメディアを操作した。彼らはGEの株を空売りしたり、クレジット・デフォルト・スワップを買ったりしたうえで、CNBCやフォックス・ビジネスにGEがトラブルに見舞われているといううわさを流すのだ。

私は、危機的状況下ではメディアが誤解することもあると承知していた。同時に沈黙していては、事実の誤認でも解釈のミスでもない不正な情報を正すことはできないこともわかっていた。私たちは自ら情報を発信する必要があった。

最初に、私はJPモルガンが開いたCEO会議の席上で、チャーリー・ローズの厳しい追及に答えた。ローズは黄色い蛍光ペンでマーキングした『ウォール・ストリート・ジャーナル』の記事をもってきて私を問い詰めたが、私は何とか持ちこたえた。

同じ日、キース・シェリンは、CNBCで45分におよぶインタビューに応じ、GEキャピタルについて悪質なヘッジファンドが垂れ流すうわさは真実ではないと説明し、反響を得た。そして最後に、マイク・ニールとジェフ・ボーンスタインがパニックを鎮めるために、投資家やアナリストを招いて大集会を開いた。およそ二五十人の出席者と電話でつながった三百人の前で、ニールがGEの立ち位置と行動を慎重に説明した。会議は8時間にもおよんだ。

これら三つの取り組みで、私たちは足元を固めることができた。透明性の勝利だ。

私はよくこういう話をする。9・11は本当に悲惨な事件だったが、何人ぐらいが犠牲になり、いくつの建物が破壊され、誰が事件を起こしたのかなど、重要な情報は同じ日の昼ごろまでに出そろっていた。一方、金融危機では、明らかなことは何一つなかった。そのような手探りの状態が何年も続いたのだ。そして最後になって初めて、私たちはテールリスクがどれほどの大きさだったのかを理解したのである。

私にとって、金融危機が最後のテールリスクではなかった。わずか1年後に発生したBP社の原油流出事故でも、2008年と2009年に学んだ教訓を活かす必要があった。2011年に、日本の東北地方を襲った地震で発生した津波が、GEが設計した6基の原子炉を擁する福島第一原子力発電所の護岸壁を越えたときも、そうだった。

しかし、今こうして振り返ってみると、金融危機が最も困難な課題だったと思う。長期にわたって対応に追われたからだろう。リーマン・ブラザーズの破綻から8カ月ほどたったころ、ありがたいことに、私のチームは最高のチームワークを発揮していた。なぜそう言えるのかといえば、どの決定も影響が大きかったし、何が起こるのかわからない状況で決断するしかなかったため、チームは団結せざるをえなかったのだ。

私は金融危機から次のことを学んだ。危機に直面したとき、危険を指さすだけの者もいれば、問題を解決する人もいる。両グループのあいだの隔たりは大きい。非難の文化では、人々は自分を守ること以外何もしなくなる。しかし、「一人はみんなのために、みんなは一人のために」の気風を育てることができれば、人はもっと多くを守ることができる。善良な人々が、正義のための戦いであなたに力を貸してくれる。強いチームがあれば、どんな危機も乗り越えられるのだ。強いチームがなければ、負けるしかない。

危機においてリーダーは、会社の名声のために戦わなければならないことを私は学んだ。ときには弁護士や広報担当者が、CEOにこう警告する。「守りに入ってはだめだ。批判に耳を貸すな!」と。リーダーは、嘘や半真実をそのままにしていてはならない。チームの名声が、取り返しがつかなくなるほど傷つけられるのを黙って見過ごしてもならない。悪い評判を広めて利益を得ようとする者は、ごまんといる。とくに危機的な状況でこそ、リーダーは信念を貫くべきだ。

当時の世界金融危機を、2020年の新型コロナ感染爆発と比較する人が多い。しかし私に言わせれば、経済的な影響という意味では2008年9月のほうが困難だったと思う。2020年は、政府が迅速に各種の救済策を発表した。12年前とは大違いだ。当時は経済を支える連邦政府の役割が日ごとに見直されたため、対応が遅れてしまった。加えて、全世界で例外なくすべての金融サービスが再編されなければならなかった。

そしてもう一点、金融危機の際には、金融業に関係する誰もが悪者とみなされたのである。金融業に携わる者は、会社の生き残りをかけた戦いを繰り広げながら、同時に世論の批判にもさらされていた。対照的に、パンデミックでは悪役を選ぶことができる。習近平総書記か、トランプ大統領か、それとも世界保健機関か。誰も苦しみの原因として、経済の一分野に属する人々すべてを非難したりしない。

第6章
大企業を小さくする

「ティナ・フェイはどう思っているのかな」

私がローン・マイケルズにそう問いかけたのは2006年のことだった。長年にわたりプロデューサーとして『サタデー・ナイト・ライブ』の制作に携わってきたマイケルズは、自身がエグゼクティブ・プロデューサーを務める『30ロック』という新番組のために、私の支援を求めてきたのだった。

その年、NBCは生放送のコメディ番組を制作するスタッフの舞台裏にスポットを当てた新番組を二つもスタートさせていた。その一つが、マイケルズが制作し、大人気だった『サタデー・ナイト・ライブ』を卒業したばかりのフェイが脚本を書いた『30ロック』。もう一つは『スタジオ60・オン・ザ・サンセット・ストリップ』というドラマだ。後者のほうが前評判はよかった。『ザ・ホワイトハウス』で大統領執務室の日常を描いて人気を博した、アーロン・ソーキンがクリエイターを務めていたからだ。『スタジオ60』は、シドニー・ルメットの映画『ネットワーク』——追い詰められた番組司会者が生放送中に身を滅ぼす――をオマージュしたパイロット番組として華々しいデビューを飾った。『スタジオ60』はスタートしてすぐに高い評価を得たが、『30ロック』はスローな出だしだった。

マイケルズが、番組に関する決断で私に意見することはめったにない。しかし今回は違った。もしNBCが『30ロック』に視聴者を獲得する時間を与えなければ、私たちは後悔することになるだろうと言うのである。「ティナはとてもやる気になっている」と彼は言う。「この番組は彼女の才能を示すショーケースになるだろう。将来、GEがこの番組を誇れる日が来ることを約束する」

それからというもの、顔を合わせる稀《まれ》な機会があるたびに、私たちはその後に起こったことを思い出して笑うのである。2007年、『スタジオ60』の人気が急落した――その一方で制作費は高騰したので、NBCが同番組を打ち切ったのである。

ところが『30ロック』は、7シーズンにわたって放送が続き、11のプライムタイム・エミー賞を受賞した。マイケルズは正しかった。GEは子会社が『30ロック』を放送したことを誇りに思ってきたし、この評価は今後も変わることがないだろう。しかし、私たちが笑った理由はほかにもある。フェイの演じるリズ・レモンとドラマ内の同僚たちが、最初からGEのことを徹底的にからかったからだ。『30ロック』はGEの略語好き――シックス・シグマ重視の副作用――な側面や、シックス・シグマそのものを笑いのネタにした。シックス・シグマの信条を「チームワーク・洞察・残忍さ・男性の地位向上・握手重視、ハードなプレー」に置き換えて笑いものにしたのだ。

たとえば、あるシーンでは、アレック・ボールドウィンが演じるGEの東海岸地区テレビおよび電子レンジプログラミング部門の副社長であるジャック・ドナギーが、指導する部下を選ぶときに次の点を重視すると説明する。「私の時間を費やすに値するドライブ（D）と野望、自らが直面することになる困難を理解するインテリジェンス（Ｉ）、私のサポートを受け入れる謙虚さ（Ｈ）、そして最後に、底なし沼のようなカオス（Ｃ）な人生」。約《つづ》めてＤＩＨＣ（ディック）だ。

ＧＥのやることなすことが、たとえそれらがどれほど革新的、先進的であっても、『30ロック』のネタにされた。たとえば私たちがエコマジネーションを発表したすぐあとに、ボールドウィンの演じる登場人物が全社を挙げた環境活動を世間にぶち上げ、緑色のスパンデックスを身にまとったマスコット「グリーンゾ」を紹介する。「利益を追求しながら地球を守る！　自由市場は地球温暖化を解決するだろう――たとえ温暖化が本当だとしても！」と、『フレンズ』にも出演していたデヴィッド・シュワイマーが演じるグリーンゾが高らかに宣言し、ＧＥのことを「アメリカで最初の中立的でビジネスに優しい環境保護団体」と呼ぶ。

そのように笑いの種にされることを、ＧＥは前向きに歓迎した。番組の脚本家陣が、ＧＥのコミュニケーションチームにジョークのネタになる製品がないか教えてくれと言ってくることもあった。私はＧＥのお堅いイメージを覆し、会社を若く見せる方法をいつも探していた。２０１３年、『30ロック』が２話連続放送で最終回を迎えたとき、ＧＥは番組途中に放送されるコマーシャルを制作した。「私たちを７年間笑わせてくれた『30ロック』にＧＥは感謝しています」と。

その広告は特筆に値するものだった。なぜなら、そのときにはもう、ＧＥはＮＢＣユニバーサルを所有していなかったからだ。２０１１年に、私たちは国内最大のケーブルテレビプロバイダーであるコムキャスト――『30ロック』はこの会社のこともケーブルタウンと呼んでからかった――に51パーセントを売却した。ＧＥが、無傷ではないがある程度の力を残して金融危機から抜け出すには、ピーコック・ネットワークとその姉妹映画スタジオ、そしてそれに付随するありとあらゆるものを売るしかなかったのである。

大惨事の予感

リーマン・ブラザーズの倒産は、ＧＥにとってダウンサイクルの始まりというだけでなく、ビジネスモデルの崩壊も予感させるものだった。ＧＥキャピタルは、借金でビジネスを行う大きな金融会社であり、潤沢な現金を必要とする同社の体質が、ビッグＧＥの深刻な重荷になっていた。ＧＥキャピタルを分離しなければならないという思いはますます強まっていたが、それには10年ほどの期間が必要だとも考えられた。しかし、時間をかければ、私たちは批判にさらされるだろう。

批判はすでに始まっていた。米国財務省は金融機関に向けて、のちに「ドッド＝フランク・ウォール街改革・消費者保護法」と呼ばれることになる一連の新規則を打ち出していた。バラク・オバマ大統領の下で新たに財務長官に就任したティム・ガイトナーが２００９年の5月か6月に最初の草案を発表したのだが、そこには──ＧＥと名指しされていたわけではないが──ＧＥを直接ターゲットにしていると思える項目が含まれていた。

ガイトナーは、将来的に金融機関が産業部門をもつことは禁止されるだろうと強く示唆した。だが実際のところ、金融サービスを提供する大会社で産業部門も有しているのはＧＥだけなのである。つまり、彼は私たちのことを書いたのだ。一見笑い話のようだが、ガイトナーの言葉は私に恐怖を芽生えさせた。ＧＥの株価は7パーセント下落した。

なぜそれが恐ろしいことなのか。政府が無理強いしてでも、ＧＥからＧＥキャピタルを切り離そうとしていることが明らかになったからだ。2009年の初頭は、まるで死を目前にしているかのような日々だった。しかし、ガイトナーがほのめかしたシナリオは、本当の意味でGEの未来を脅かすものだった。GEキャピタルをスピンオフするには、300億から400億ドルの現金が必要になるだろう。または債務を履行せずに、債券保有者に株式への立て替えを強いるしかない。

暖をとるために家具を燃やす者はいない。しかし冬の寒さが極まると、お気に入りのアームチェアでさえも薪に見えてくる。NBCユニバーサル（NBCU）は、GEのなかではつねに特別な存在だった。テレビネットワークを――のちには映画スタジオやテーマパークも――所有するようになって以来ずっと、中核である産業分野の横にエンターテインメント分野があるという事実から、セサミストリートでマペットが歌っていた「これらの一つはほかとは違う。これらの一つは仲間じゃない」を思い出す者がいた。私はNBCUの連中とウマが合ったので、明らかな相乗効果がないという事実もさほど気にならなかった。しかし、金融危機に見舞われた今、NBCUという贅沢を維持していられなくなった。

CEOになって以来、私はGEのエンターテインメント資産を買いたいという申し出を何度も受けてきたが、売る気にはなれなかった。なぜなら、売ることで社内の産業部門が目減りして、金融部門の比重がさらに大きくなってしまうからだ。しかし今、私たちはNBCUを売りに出すと公表した。ニューズ・コーポレーションやタイム・ワーナーなどが求婚してきた。だが私は、メディア業界は価格競争が激化していることを知っていたので、配信を支配しているケーブルオペレーターのほうが買収資金に富むだろうと考えた。

だからケーブル業界最大手に狙いを定めた。コムキャストだ。そして2009年12月、私たちはNBCUをコムキャストに売ると発表する。2段階に分けて4年をかけて行われることになったその取引で、ＮＢＣＵに３００億ドルの価値がついた。取引の第一段階が終わったとき、ＧＥの懐に１６０億ドルが舞い込んだ。

評論家の多くは、この取引ではコムキャストのほうが得をしたと分析した。今振り返ってみると、私も彼らと同じ意見だ。しかし当時は、損得ではなく、未来を守るためにとにかく現金が必要だったのだ。

すでに述べたように、ＧＥ傘下のＮＢＣＵには優秀な経営陣がいた。彼らの多くが今もメディア関連会社を経営している事実を、私は誇りに思う。ドナ・ラングレーは今でも（執筆時）ＮＢＣユニバーサルで会長を務めているし、映画部門のほかの優秀なメンバーたちのほとんども、ＧＥ傘下時代と同じポジションで活躍している。テレビ分野のメンバーでは、ランディ・ファルコがＡＯＬとユニビジョンを運営し、デビッド・ザスラフはディスカバリー社のＣＥＯになった。ザッカーはＣＮＮワールドワイドの社長およびワーナーメディア・ニュース＆スポーツの会長に就任した。

最高の人材を維持する

現金を得るためにＮＢＣＵを売ったときの私は、ＧＥは違う意味で弱くなるのではないかと恐れていた。最高の社員を失うのではないか、と。ＧＥの評判は下がりつつあった。株価も底を打った。以前のようになるには、かなりの時間がかかるだろう。ＧＥキャピタルの再編にはしばらくかかるため、それが終わるまで、全員で力を合わせて乗り切らなければならないというのに。過去のどの時期よりも、社員同士の、そして社員とＧＥの団結が必要だった。

金融崩壊について思いを巡らすとき、私はＧＥの団結は壊れてしまったのではないかと考えるようになった。社員を管理する方法に何らかの過ちがあり、そのせいで私たちは警告サインを見落としてしまったのではないだろうか。GE社員に災難を回避するアイデアをもつ者がいたのに、私に、あるいは経営陣に、進言する機会があるいは立場がなかったのだとしたら。「ジェフ、この会社は借金が多すぎる」と考えていた者がいたのに、その人物には意見を述べるのに適した場が見つけられなかったのではないだろうか。

私はチームとともに行動を起こすことにした。いわば精神の立て直しだ。私たちは懸命に取り組んだ。その目的は、官僚的になっていた組織の複雑さを取り除くことだ。その際、教育カリキュラムも拡大することにした。トレーニングプログラムをつくって最上層経営陣を活性化し、互いに容易に協力し合えるようにする。この暗い時代、私は人に投資することにした。彼らが会社から大切にされていると感じられれば、会社のために今後も全力を尽くしてくれると確信したからだ。

会社でランクが上がれば上がるほど、下のほうで何が起こっているのかを把握するのは難しくなる。人々は悪い知らせを上司に伝えようとしない。悪者になりたくないので不満も言わない。能なしと思われたくないので質問もしない。とくに大きな会社では、CEOは殻に閉じこもりがちだ。

一方最高のマネジャーは、部下から真実を引き出す方法を心得ている。私の知る限り、いつもうまくいく方法は外部の人——アメリカン・エキスプレスのケン・シュノールトやセールスフォースのマーク・ベニオフのようなビジネスリーダー、ラーム・エマニュエルなどの政治家、あるいはスタンリー・マクリスタルのような軍幹部——を招いて講演をしてもらい、そのあとで社員一般に質問を投げかけるのだ。「私たちは今日どんなことを学んだだろう。講演者の言葉について、あなたはどう思うか」と。単純なやり方だが、外の声を聞くことで、人々は話しやすくなる。

気になることはほかにもあった。金融危機が、リーダーという仕事がいかに孤独なものかを改めて教えてくれた。三十万人とその家族の生活の責任を負うのは、生半可なことではない。会社がマスコミからボロクソに言われるのを見るのは、本当につらかった。私は精神的にまいってしまい、エネルギーの補充が必要だった。

そこで、会社の上級幹部と個人的な付き合いをする時間を増やすことにした。月に一度金曜日に、上級幹部一人とその配偶者やパートナーを、私たちの住むコネチカット州ニューカナーンに招いて、妻のアンディも含めてディナーを楽しむのである。長い一週間の終わりに2組のカップルでグラスを掲げ、おいしい料理をいっしょに楽しむことで、緊張を解こうと考えたのだ。

私たちはいつも、自宅から10分ほどの距離にある「カヴァ」というカジュアルなイタリアンレストランを訪れた。パッパルデッレとサーモンを注文し、趣味や旅行、子育て、世界での出来事など、GEとは関係のないあれこれについて楽しいおしゃべりを続けるうちに、私たちは互いをよりよく知るようになった。

そして翌日の土曜日の午前に幹部と私の2人だけでオフィスに入り、4時間か5時間、彼らのキャリア、仕事に対する考え、抱負、GEへの思いなどについて話すのである。これだけは絶対に話す、などといった厳密なルールはなかった。ただ、私は彼らの声が、考えが、反対意見が聞きたかったのである。

それは君から始まる

モニシュ・パトラワラはインド出身の優れた財務担当者だ。バンガロールの大学を卒業し、会計大手のＫＰＭＧでしばらく働いたあと、ＧＥにやってきた。その彼がペンシルベニア州エリーにあるＧＥの機関車生産プラントのＣＦＯを務めていたとき、私たちは週末をともにした。

それに先だって、彼の同僚から得た情報がどれもとてもネガティブだったので、私は驚いていた。人々はパトラワラを「ハンマーのようだ」と形容した。あまりにも厳しい人物、という意味だ。「彼が求める要求は高すぎる」と誰もが書いていた。しかし、土曜日の午前をいっしょに過ごしても、人事部が作成した資料で読んだ内容を裏付ける様子は見つからない。パトラワラは思慮深くて、控えめで、勤勉な印象だ。私は問題の所在に心当たりがあった。

「わかるか、モニシュ。今、ろくでなしたちが君について書いたことを、すべて破り捨てた。奴らは間違っている」。私は言った。「君に関するフィードバックは文化的な偏見だ。正しくない」。パトラワラは驚いたようだ。目に涙が浮かんだ。彼自身、白人社員の多くがインド人上司の下で働くのに抵抗を感じていることには気づいていたのだが、そのことを自分から私に訴えるつもりは決してなかったのだ。まもなくして、私は彼をさらに出世させた。２０１５年、ＧＥヘルスケアのＣＦＯに任命したのである。２０２０年、パトラワラはＧＥを去り、多国籍コングロマリットの３Ｍ社のＣＦＯになった。

コリーン・アーサンズはＧＥアビエーションでサプライチェーンを担当し、80の工場と三万ほどの人員を統括していた。週末に彼女の前に座っていると、私は「この人は驚くほど有能なのに、うぬぼれた部分がまったくない」と思えた。私はよく、ＧＥは「ウィー（we）」の会社であって「ミー（me）」の会社ではないと話す。アーサンズほど、この言葉を地で行っている人物に、私はそれまで出会ったことがなかった。数え切れないほどの困難にどうやって取り組んでいるかを説明するときも、彼女は決して自分の手柄を強調しようとしない。きちょうめんで、熱心な人物だ。

そのころ、GEは6種の新ジェットエンジンの発表を計画していた。何十億ドルもの投資に値する。私は正直にこう言った。「君を昇進させるわけにはいかない。君は今の仕事に完全に適しているので、そのまま続けてほしい」。安堵したのか、アーサンズの表情がぱっと明るくなった。「ありがとうございます」。彼女は大きく息を吐いて続けた。「私は今の仕事が大好きなんです」

パトラワラとアーサンズには共通点がある。二人とも、仕事を純粋に楽しんでいるのだ。難しい仕事が与えられているのに、それを機会と捉えて、世界を変えようとしている。これこそが、この週末の個別ミーティングを設けた最大の利点だったと言える。

週末ミーティングを思いついたのは、私に若いころの仕事の記憶があったからだ。私は大学の夏休みにフォードの生産工場や倉庫で長時間働いた。その経験から、自分がどんな仕事をしているのかをしっかり理解してもらえれば、人は尊重されていると感じることができると学んだ。つまり、人は必ずしも平等である必要はないのだ。もちろん、平等であることに害はない。大切なのは、役職名の垣根を越えて、社員の日常的な活動を深く理解することだ。私は仲間たちと話をすることで、彼らを幸せにする方法を知り、GEをよりよい会社にすることができると確信した。

週末ミーティングは90回ほど行われた。そのたびに例外なく、会社とそこで働く人々について多くを学んだ。私は人事リーダーであるスコットランド出身のジョン・リンチと相談しながら、招待相手を慎重に選んだ。高い能力を秘めていて、キャリアの点で重大な局面にある人々に会うことにこだわった。私だけでなく、相手にも有益な会話になることを願いながら。

ともに働く人々と強いつながりを築くには、二つのものが必要になる。時間と誠実さだ。時間を費やして、本当のことを話さなければならない。週末をリーダーの育成に使うことで、私は彼らのために時間を割いていると示すことができた。その際、できるだけ細かい評価とキャリア指導を重視し、「具体的で思慮深く」を心がけた。最高のコーチングには、建設的な批判とサポートの両方が欠かせない。私もその両方を与えることに努めた。

普通、私は話し合いを始めるときにこう言った。「GEについて、私が知らないことを教えてくれ」。それから、事実だけでなく文脈も引き出すために、お決まりの質問をする。「君にとってお気に入りの上司は誰か」。その答えで多くのことがわかる。仕事に厳しい上司を好む人々が私の印象に残る。「自分でつくった問題をどうやって解決してきたか」。ミスに気づいて非を認めることは難しいが、不可欠な能力であり、多くの人々にはその能力が備わっていない。「君のやっていることがGEにとって重要である根拠は何か」。彼らは全体像のなかで自分の立ち位置を理解できているだろうか。「どんな詳細を追跡しているのか」。適切な指標を選べる人はあまりいない。「君が主導した投資は何か」。大きな会社でリスクを避けるのは簡単だ。私が求めていたのは、群れから離れて行動する勇気のある人物である。

次に、彼らが次世代のGEリーダーを育てるためにどんなことをしているかを明らかにする。「君は誰を育てているか」。私の前にいる人物は才能を見抜く能力があるだろうか。「誰を昇進させたいか。その理由は何か。誰に対して経営評価を行っているのか。誰をクロトンヴィルに送って勉強させているか」。トップ幹部たちが部下にチャンスを与えているかを知るための問いである。そのような問いかけに対する答えを、私は彼らの業績や営業利益と同じぐらい重視した。私はそもそも数字にこだわるたちなので、それと同じぐらい重視するということはかなり重視するという意味だ。自分の後継者を見つけようとしない者は、リーダーを長く続けることなどできない。

週末ミーティングは集中的なジョブレビューのようだった。人事部の完璧な準備のおかげで、私は気持ちよく仕事ができた。前もって、各人がGEで何をやってきたかを知ることができ、それぞれの長所や短所について率直な評価を下せたし、彼らが将来どんな形で会社に尽くせるかも考えられた。しかし、私は週末ミーティングにそれ以上のことを期待していた。そして最終的には、上司と部下、CEOと幹部などといった厚い壁を打ち破り、率直になれる機会をつくりたかった。

多くの人は驚くほど率直だった。たとえば、GEウォーターのゼネラルマネジャーを務めるハイナー・マークホフは水処理事業がうまくいっていないと語った。だから、私たちは同社を売却した。当時GEの監査役だったジェイミー・ミラーは、私たちのシステムが複雑すぎて、さまざまなコンプライアンス問題やビジネスリスクが生じていると、驚くほど詳しく説明してくれた。私は、彼女をすぐにGEの最高情報責任者に任命した。

GEアビエーションで商用機用エンジンのゼネラルマネジャーだったビル・フィッツジェラルドは、LEAPエンジンの発売にともなうリスクを明らかにしてくれた。私は報酬制度に修正を加えて、エンジンコストに焦点を当てることにした。GEヘルスケアのライフサイエンス部門でゼネラルマネジャーだったキーラン・マーフィーは、彼が収益アップできなかったのは、技術ではなく、組織の問題が原因になっていると、私を説得してみせた。私たちは同事業のCEOを更迭《こうてつ》した。オラクルから引き抜かれて、GEデジタルの最高商務責任者のポストに就いたケイト・ジョンソンは、私にプレディックスの開発にもっと多くの才能が必要であることを、そして彼らのためにどれほどの報酬を出さなければならないかを気づかせてくれた。

ラファエル・サンタナとの週末もよく覚えている。オーストリアで小さな分散発電事業を運営しているブラジル人エンジニアだ。ビジネスに対する知識の豊富さと洞察の鋭さに、私は心から驚いた。自分のことはあまり話さない一方で、誰から何を学び、なぜ学ぶ必要があったのかを事細かに説明した。弁が立つのではあるが、同時に聞き手としても優れていた。

その週末のあとすぐ、私たちはサンタナをGEオイル&ガスでもっと大きな事業――ターボマシナリー・アンド・プロセスソリューションと名付けられた部門――を任せることにした。のちに彼はGEラテンアメリカのCEO、さらにはGEトランスポーテーションのCEOを歴任した。現在ではワブテックという機関車メーカーのCEOを務めている。

週末ミーティングで言い争いになったこともある。あるミーティングでは、目の前のリーダーに「1年前に君をクビにすべきだった」と言ったほどだ。ごくわずかではあるが、退屈なこともあった。いい回答が思いつかないとき、長々と話してごまかそうとする者がいた。ジョークとしてではあるが、人事のリーダーに、「労働災害を主張するために、自分の小指を切り落として部屋から逃げ出そうと思った」と話したこともある。

ミーティング相手が連れてきた配偶者やパートナーを見て、「彼らがGEで働いてくれたらいいのに」と思ったことも。もちろん、有能ではあるが、鼻につくほど態度の大きな者もいた。私の批判に耳を貸す者もいたし、貸さない者もいた。私の前に座る人物のほうが、彼らの直属の上司よりも有能なのでは、と思うこともあった。最悪なのは、才能に恵まれているのに、それを活かす努力をしない人々だ。彼らは自分に見切りをつけているのである。

興味深いことに、妻のアンディによると、金曜日になると私は仕事から帰ってきて、今日は上級幹部と食事をする気になれない、などと渋る日もあったのだが、そんなときでもいつも、食事会が終わった数時間後には、また元気を取り戻していたそうだ。GEライティングのCEOは物腰の柔らかい女性だったのだが、私がふだんの会議でもっと発言したほうがいいと指摘すると、彼女はこう反論した。「あなたのほうからもっと発言を求めてくれれば、私も話しやすくなります」。そのとおりだと思ったので、それからは彼女だけでなくほかの控えめなリーダーにも、私から発言を求めるように努めた。GEキャピタルの不動産事業の幹部は、私たちが同事業の削減を始めたとき、その決断はとても心苦しいものではあるが、必要性は理解できると漏らした。私はその無私無欲な態度と率直さに、救われたような気になった。

これまで、週末ミーティングから得たものの大きさをじっくりと考えたことはなかった。少なくとも、意識的にそうしたことはほとんどない。しかしある週末、東京でGEキャピタルのアジア太平洋地区を運営している有能なオーストラリア人、スティーブ・サージェントがまっすぐにこう問いかけてきた。「あなたはなぜ、こんなことをしているのですか」。私はそれまで言葉にしたことのない考えを反射的に口走っていた。「GEの人々からエネルギーを得るためだ」。この言葉は真実だ。週末ミーティングを通じて、私は文字通り燃料を補給した。

また、週末ミーティングのおかげで、私はGEにいる名もなきヒーローたちを知ることもできた。たとえばダン・ハインツェルマン。私が会ったリーダーの多くが、好きな上司としてハインツェルマンの名を挙げた。彼はGEアビエーションやGEパワー、あるいはGEオイル&ガスでオペレーターとして活躍してきたが、次の世代の才能を育てるという意味でも優れた上司だった。

私は技術や市場のイノベーションを起こすことに力を入れてきたが、それでもハインツェルマンのような筋金入りの経営リーダーを高く買っている。彼は学ぶ側としても教える側としても優秀な珍しい存在だった。私は大いに評価した。

私が「君の家系図には誰がいる」と、誰を育成しているか尋ねると、ハインツェルマンはたくさんの名前を挙げた。彼が優れたリクルーターであり、指導者である証拠だ。しかし、彼にはさらに三つの、私が探し求める秀でた側面があった。まず、アナリストとして全体像を把握し、重視すべき指標を理解し、何を優先すべきかを知る力があった。次に、秩序を重んじる冷静な人物であり、主要オペレーターとして会社の信頼を得る術を知っていた。そして最後に、リスクを恐れない発想豊かなイノベーターでもあった。

もちろん、週末ミーティングを通じて、あまり感心できない人々が存在することも明らかになった。私は彼らのことを「静かな幹部」などと呼ぶようになった。自分勝手、怠慢、形ばかりにこだわるなどの理由で、ほかの人々の足を引っ張るリーダーたちだ。リーダーが最も起こしやすいミスは、人間と関係している。私たちは、会社の風紀を乱す人々を排除しなければならなかった。そして、週末ミーティングがその対象を絞る役に立った。

のちに私は、週末ミーティングには波及効果があったという話を聞いた。私と対面したリーダーたちが自分の持ち場に戻って、週末の体験について部下たちに話したのだ。ある女性リーダーはその週末で得たメッセージを次のように表現した。「私はジェフと話した。ジェフは私たちのことを知っている。私たちのことを考えている。私たちをサポートしている」。私には、社員全員と話をすることはできなかったが、そのような話が伝えられたことで、全員と話したのと同じような効果が得られたのではないだろうか。

自分の上司が、あるいは上司の上司が、CEOである私を個人的に知っているとわかったとき、社員は自分たちも高く評価されていると感じるようだ。その結果、彼らがGEに向けるやる気も増すのである。

誰にも30万の社員を自分一人で管理できない。私の目的は、社員を管理する者を管理することにあった。私は主要幹部に何度も言って聞かせた。「君たちがチームワークとパフォーマンスと変化を重視すれば、君たちの部下もそうするだろう。もし君たちが高い志をもつなら、秀でた何かをつくる力があるなら、想像・解決・創造・指導の四つを実践するなら、ここはすばらしい会社になる」。私のメッセージは明らかだった。「それは君から始まる」

GEの魂

GEは、この不確かな現代社会で成功するリーダーたちを育ててきただろうか。この問いが、2009年の私の頭を占めていた。GEリーダーたちとの週末ミーティングでその答えを垣間見ることができたが、それだけでは満足できなかった。何か新しいことをやろうと思い、私はチームにさまざまな新しいアプローチを試すよう促した。

たとえば月に1回、10人の幹部に加えて外部からひとりのソートリーダー——ハーバード大学の社会学者ラケシュ・クラーナやキューバ生まれの組織行動論者であるハーミニア・イバーラなど——を招いてリーダーシップをテーマにした討論会を開いた。

以前は、パーソナルコーチは問題のある社員の改善に携わるのが普通だったが、試験プログラムとして、優秀と思われる社員にパーソナルコーチをあてがう試みも始めた。加えて、誰もがクロトンヴィルと呼ぶ場所、ニューヨーク州オシニングにあるジョン・F・ウェルチ・リーダーシップ開発センターに厳しい目を向けた。

GEは、すでに社員トレーニングにかなりの額を投じてきた。企業研修やコンプライアンストレーニング、あるいは専門能力開発に、不況時でさえ毎年10億ドル以上を投じてきた。世界のどの企業にも負けない数字だ。もし、誰かがGEの185人の上級幹部に、過去10年でどれだけの時間をリーダーシップトレーニングに費やしたか尋ねたとしたら、その答えは平均で12カ月だった。

私はその時間と金額が有効に使われているかどうかを確かめることにした。GEはクロトンヴィルを使いこなして、リーダーたちの競争力と責任能力を極限まで高めている、という確証がほしかった。私は、イノベーションを起こし、事業を切り盛りし、変化を促す力をもつ人物を育てるという点では、GEにはまだ改善の余地があると感じていた。

1980年代からよく知っているスーザン・ピーターズがGEの才能の管理と開発の責任者だった。役職名は「最高学習責任者」だ。ピーターズは労使関係でキャリアをスタートさせたのち、GEプラスチックス、NBC、GEアプライアンシズの3部門を経験した。そして、アメリカの外に住んでいた。この点が彼女の強みになった。彼女は率直なフィードバックを返せる立場にあったし――私にもそうした――人々も彼女に多くを打ち明けた。信頼されていたのだ。

最高学習責任者になってすぐ、ピーターズはそれまでは、光沢のある花柄のベッドシーツなど、格安モーテルのような雰囲気だったクロトンヴィルのゲストルームを刷新した。2007年時点で、施設が最後に改修されてから21年が過ぎていたので、根本からリニューアルする必要があった。そして2009年の春になったとき、私がピーターズに、我々がクロトンヴィルで教えている内容、訓練の環境、学習プロセスの成果などを厳しく評価するよう求めたのである。クロトンヴィルのカリキュラムは、GEをより強くするのに必要な条件を満たしているのだろうか？　加えて、クロトンヴィルという宝石を顧客との関係にもうまく活用できているのか、分析するようにも命じた。

新しいクロトンヴィル

何年も前から、私は月に数回はクロトンヴィルを訪れて、そこでGEが直面している難問に取り組むリーダーたちに顔を見せることにしていた。彼らの考えや不安に、先入観なしに耳を傾ける時間を設けていた。おおざっぱに言って、私はCEOとして過ごした時間の3分の1をGEの人的資本、つまり社員の向上に費やしたと言える。グローバル・リサーチ・センターをGEの脳とみなすなら、クロトンヴィルはGEの心臓であり、魂だ。

GEが成長するにつれ、クロトンヴィルもますます重要になった。数多くの新事業を獲得するGEにとっては、新しい社員と古い社員の両方が、会社がどこに向かっているのか、どうやってゴールにたどり着くつもりなのか、ビジョンを共有していることがきわめて重要だ。

同様に、全世界でビジネスを行う際も、クロトンヴィルを軸にすることで、国境を越えた文化的な継続性が得られる。2009年時点で、上海やミュンヘン、あるいはバンガロールにあるGEの研究センターが、部分的にクロトンヴィルのカリキュラムを採用していた。つまり、非常に多くの人が共通の教育を受けたということだ。

五万人の社員がノートパソコン経由でオンデマンド講座に参加し、三万五千人が自分の職場でクロトンヴィルの基礎スキル習得コースを履修し、毎年およそ九千人がクロトンヴィルの短期滞在も含む長期コースを修了した。

クロトンヴィルの現状を批判的な目で評価するために、ピーターズはバージニア州のリッチモンドで「プレイ」という名のマーケティング会社を営む二人の〝プロの挑発人〟を雇い入れた。アンディ・ステファノビッチとバリー・ソーンダースは、ピーターズたちに手始めにクロトンヴィルを散歩してみろと言った。散歩を終えたピーターズのチームはいくつか気づいたことがあった。

キャンパスの59エーカーのうち、20エーカーしか使われていなかった。また、クロトンヴィルは、クロトンヴィルの本来のターゲット——同施設がそもそも存在する理由——である短期訪問者よりも、毎日そこにいる人に都合のいいようにデザインされていた。たとえば、エントランスにGEの看板すらなかったので、空港からタクシーに乗ってきた人は自分が正しい場所にいるのか、すぐにはわからないのだ。ゲストにそんな思いをさせていいはずがない。

教室や集会エリアは古びて時代遅れだった。活発な学習の中心というより、むしろ博物館だ。人々の学習成果について調べてみると、窓のある教室のほうが豊かな発想が生まれやすいことがわかったが、GEの研修生が使う場所のほとんどには窓がなかった。「ザ・ピット」として知られる円形劇場も例外ではなかった。

チームのノートには次の項目が最優先事項として記された。窓を増やし（実際にザ・ピットにも窓が1カ所設けられた）、あらゆるサイズのグループに対応できる四角くないモダンな空間も増やした。のちにはそこに屋外炊事場やハイキングコースも加えられ、敷地内にあった古い納屋と馬小屋——1909年に建てられたもの——はよりカジュアルな雰囲気でディスカッションを行える場所に生まれ変わった。

クロトンヴィルが提供するカリキュラムの精査では、ピーターズのチームは歴史家のドリス・カーンズ・グッドウィンと未来派のエディ・ウェイナーを招いて未来予想を行った。中心テーマは「リーダーを育てるとき、どんな基本事項について考えておくべきか」

陸軍士官学校のウェスト・ポイントは、現代のリーダーが今後ますます悩まされることになるであろう新たな困難を「変動性 Volatility、不確実性 Uncertainty、複雑さ Complexity、あいまいさ Ambiguity」の頭文字をとってＶＵＣＡと呼ぶが、ＧＥにとってのＶＵＣＡを特定することに、多くの調査が費やされた。現代の、そして次世代のリーダーを鼓舞し、結びつけ、成長させるつもりなら、私たちは彼らをＶＵＣＡや、あるいはまったく別の種類のストレスに備えさせておかなければならない。

ＭＩＴスローン経営大学院のシステム学者であるピーター・センジの仕事から、私たちはインスピレーションを得た。早い段階でＧＥのリーダーたちは、センジが「動的な複雑さ」と呼ぶものに慣れておく必要があると理解した。動的な複雑さが支配する状況では、リーダーの行動や決定の影響がすぐには見えてこず、明らかになるまで時間がかかる。そのため、従来の予測法や計画は役に立たない。

９・11から始まった激動のさなか、12カ月計画を立ち上げ、全員にその計画を守るように要求するのは完全に間違った動きになる可能性がある。つまり、不確かな状況をじっと耐え抜き、新しいデータが現れたときには柔軟に対応できるリーダーの需要が高まりつつあったのである。そのようなリーダーだけが、私たちが求める機敏さを備えている。

そこで、リーダーの育て方を一新することにした。以前、ＧＥの最高の15人が参加する幹部育成コース（ＥＤＣ）は教室内で行われた。今は違う。現在では、ＥＤＣ参加者には、可能な限り実体験を通じて学んでもらう。

たとえば、テーマが「地政学的に不安定な状況でのリーダーシップ」の場合は、参加者は死海近くに設置したテントで寝起きしたりする。そして毎朝6時にイスラエル軍によって起こされるのだ。エジプト政府高官を訪問したり、カイロにあるGEの発電所近くでフィールドエンジニアとその家族とともに食事をしたりすることもある。幹部たちをコンフォートゾーンから引っ張り出して、まったく新しい環境に置くことで、実体験を通じて自分や他人のことを学ばせるのである。

事実を学ぶことだけが重要なのではない。すでに述べたように、リーダー同士の結びつきを促すことが、第一の目標だ。そのようなセッションの終わりに、参加者にはほかの参加者に具体的なフィードバックを与えることが求められる。「君のリーダーシップスタイルのこの点はこれからもずっと続けたほうがいいと思う。この点は変えたほうがいいのではないか」。そのような率直な意見交換をきっかけとして、セッション後もずっと密な関係を続けて、問題を解決してくれることを私たちは望んでいた。

これを、ただのギミックとみなす人もいるだろう。だが、私はそうは思わなかった。私は、相互に信頼し責任を担い合う文化を高めることが、GEの成功の鍵だという考えをますます強くしていった。上級リーダーと一対一で会うだけでは満足できなかった。GEの幹部には、水平の絆、横のつながりを広げてもらいたかった。

リーダーシップの探求

クロトンヴィルの一般カリキュラムを時代に合わせて刷新することで、まだキャリア半ばの若いリーダーたちのトレーニングも大幅に改善した。しかし、最上級リーダー、すなわちGEの180人の副社長たちの維持について考えたとき、私たちのカリキュラムには大きな隙間があることが明らかになった。彼らの多くで、最後に何らかのトレーニングを受けたのはまだ30歳後半か40歳前半だったころ。もし、彼らにさらに20年以上会社に残ってもらいたいなら、彼らに生涯をGEに尽くしてもいいと感じてもらう必要がある。その感情を生む最善の方法は、GEが彼らに尽くしていると示すことにあると、私には思えた。

GEは、ミスがあってはならない製品をつくっていた。もし飛行機のエンジンやMRI装置に欠陥があれば、人の命が失われるのである。この点が、組織論のシックス・シグマがGEにぴったりフィットした理由だろう。シックス・シグマは品質を高め、エラーをなくすための理論だったからだ。しかし今、イノベーションを続けていくには、これまでの理念を維持しつつも、同時に「失敗を恐れていては創造はありえない」という考えも重視しなければならなかった。そこで、最高の幹部たちに、リスクを恐れずにさらに上を目指して挑戦を続けるように、はっきりと伝える必要があった。

しかし、私たちがターゲットにした全社員のわずか0・06パーセントに過ぎない副社長レベルの人々は、数多くの責任を抱えていて、とても忙しい。1週間も仕事から引き離すわけにはいかない。だから、ほかの集中カリキュラムよりも短くて、しかも同じぐらい高い効果を発揮する何かを新たにつくりだす必要があった。

さらに私たちは、あまり親しくない者同士を結びつける方法も求めていた。一部の副社長は、ほかの事業とのつながりが薄く、仲間が少なかった。そんな副社長同士を事業の垣根を越えて結びつけることができれば、きっと有益に違いない。

4日でこれらすべての目的、いや、それ以上を果たせるプログラムを、ピーターズのチームは考案した。そのプログラムは、「リーダーシップ探求」と名付けられた。あるときは「史上最大の作戦《ザ・ロンゲスト・デイ》」という副タイトルで、「私は〝本当に〟チームを信頼しているだろうか」という問いを中心に構成され、フランスのノルマンディーで行われた。

初日、正午ごろに二十人ほどの参加者が、イギリス海峡を見下ろすオック岬に集まった。そこから、1944年6月6日、いわゆるDデイにアメリカ人兵士が上陸を果たした砂浜が見える。ランチ――軍用携行食かインスタント食――を食べたあと、歴史家か退役軍人がオマハビーチやユタビーチで繰り広げられた米軍兵士や司令官の奮闘について話して聞かせる。そのうえでこう尋ねるのだ。現代のビジネスリーダーシップと共通する部分があるだろうか。

その後、重要な戦いが行われたラ・フィエール橋へ移動する。そこでは参加者に、この美しい村の道ばたで敵をにらみつけながら、戦い半ばで倒れた仲間たちを踏み越えて進む自分を想像するよう求められる。「このレッスンではすべてが象徴だ」と、このプログラムのデザイナーであるキンバリー・クレイマン＝リーは私に話した。

次に参加者たちは、今も第二次世界大戦でついた銃の跡が残る教会に集まって討論をする。10のベンチに分かれて座る彼らは、これまでリーダーとして乗り越えてきたなかで、最も困難だった障害を説明するよう求められるのだ。このセッションは感情的になることが多かったが、それこそが狙いでもあった。弱さがつながりを生む、と私たちは信じていた。

旅の行き先はさまざまだった。インドの修行場へ行ったこともあるし、ベンチャーキャピタルの理解を深める短期集中講座としてカリフォルニア州のシリコンバレーへ行ったこともある。アフリカへ行ってマサイの人々としばらく暮らしたグループもあったし、二人のコメディアンを招いてブロードウェイの貸し切りステージでスタンドアップコメディを練習し、最後にはニューヨークのタイムズスクエアでライブ公演を行ったこともある。そのときの関心は、「私は前に進むために、試し、失敗し、方向転換し、焦点を合わせ直し、微調節を行い、学習することに前向きだろうか」だ。

私たちは、グローバルな経営者を育てたかった。そして彼らを維持したかった。旅はその手段だ。そのような旅をしたのは、彼らが豪遊好きだからではない。まったくもって違う。リーダーシップ探究プログラムを通じて、上級リーダーたちは互いに指導し合える仲になれた。ビジネスと関係のない活動に目を向けることで、彼らは団結するのを容易に感じたようだ。この結びつきが、今後のGEに大いに役に立つだろう。この年月、上級レベルの人員の離職率は驚くほど低かった。私たちが保持したいと願っていた人員のうち、去っていったのはわずか3パーセントだった。

読者のなかには、このプログラムを浅はかだと考える人もいるだろう。とくに、GEが今も多くのトラブルを抱えていることから、そう思われてもしかたがない。しかし、私が解決しようとしていた問題を思い出してほしい。私は致命的な打撃から回復しようとする会社で、リーダーシップチームを強力に保ち、彼らの信頼関係を促そうとしていたのだ。

GE内では、どのチームも達成しなければならない数値目標があった。コングロマリットでは、事業の一つが、あるいはリーダーの一人がつまずけば、ほかのみんなも転んでしまうことがある。クロトンヴィルで開発されたリーダーシッププログラムは、そのような最悪の事態から会社を守る役に立った。なぜなら、私たちのトップリーダーたちは仲間を知り、親睦を深める機会を得られたからだ。彼らは自分のためだけでなく、互いのためにも競うことを望んだ。一方私は、彼らが互いを尊重し、共感するようになれば、私をもっと力強く支えてくれる、私をよりよいCEOにしてくれると期待した。

GEの最上級幹部の多くは、ほかの会社へ行けばもっと多くの報酬を得ることができたに違いない。それなのにGEに残った。互いのことを気にかけ、そしてGEの目的を信じていたからだ。その目的を達成するために、自分たちの力が必要とされていることを実感していた。ノルマンディーへの旅は人生で最高の日々だったと、あるトップ幹部が私に言った。これら育成プログラムを通じて、私たちは社員との密な信頼関係を築くことができた。金額では表せない成果が得られたのだ。

みんな大切

私がCEOになったとき、GEは極端に男性中心の会社だった。「GEの欠点は中枢における多様性のなさ」と2000年9月の『ニューヨーク・タイムズ』に書かれている。その記事は執行役員のわずか6・4パーセントのみが女性で、ほかのフォーチュン500企業の平均11・9パーセントに遠くおよばないと書かれていた。GEに女性がいなかったわけではない。女性社員はたくさんいたし、立派に仕事をこなしていた。しかし、ある意味で不自然なタフさを求める社風があったのも事実だ。GEが自らを語るとき、何でもできるタフガイというイメージがつきまとう。実際私も、私たちは何でもできると信じている。しかし、このイメージはタフさをあまりにも美化しているとも思う。

この事実が、女性社員にどう影響してきたのだろうか。その大きさは計り知れない。私がGEアプライアンシズで働いていたとき、ジャック・ウェルチがプロダクトプレイスメントの担当者に、女性をコンロ用品事業のプロダクトマネジャーに任命するよう指示した。理由は、どの男性よりも女性のほうが料理をよく理解しているから。この発言に悪気はない。ただ、時代遅れなだけだ。しかし少なくとも、女性社員のための機会の創出はそのようなステレオタイプと結びついていたことは確かだ。この種の考え方は、女性の不利に働いたことのほうがはるかに多い。

私はずっと、どの性別も、人種も、性的な指向も、メリットにはならないと信じてきた。最高の人材を昇進させることがGEのためになる、と。だから、最高の人材に最高の仕事ができる機会を与えてきた。

私がGEヘルスケアを経営していたとき、ヘルスケアの本社内に託児所を設置してくれという私の要請を、ウェルチが却下した。もしそれを認めたら、GEはあらゆる場所に託児所を設けなければならなくなる、と彼は恐れたのだ。しかし私は引き下がらず、GEヘルスケアはウィスコンシン州ミルウォーキー郊外のウォーワトサという孤立した町にあるので、子をもつ社員が安心して仕事をするのは難しいと説明した。結局私が勝ち、託児所がつくられて今も利用されている。

これも私がウィスコンシン州にいたころの話なのだが、私はある食事会に出席した。そして幸運にも、有色人種としてGEで働くことが何を意味しているのかを深く知る機会を得たのである。その夕食会を呼びかけたのは、人事部リーダーの一人であるアーネスト・マーシャルだった。GEヘルスケアのアフリカ系アメリカ人フォーラムを主宰していた人物だ。このフォーラムはGEの社内親睦ネットワークの一部で、人事政策の公正さを求め、黒人社員が互いにサポートし合える環境をつくり、正式な指導教育プログラムを開発することを目指していた。

マーシャルは本当に優れた人物だった。彼はのちに、かつてGEに在籍していた黒人のクレイグ・アーノルドが経営する、大規模な産業会社のイートンで人事のリーダーに就任した。ある日、マーシャルが私のアシスタントのキャシーに電話をかけてきて、私が6人の黒人社員と話し合いをもつことを了承するだろうかと尋ねた。彼はヘルスケア部門に黒人女性のマネジャーがいないことに心を痛め、その点を最初に指摘したのだが、のちに私に話したところでは、本当の目的は、私にGEで働く黒人労働者の日常の様子を広く知らせることにあったそうだ。

とにかく、会合の申し出があったことを私に伝えたキャシーは、マーシャルはふだん私がそのようなイベントでよく利用するウェストムーア・カントリー・クラブで食事会を開くのには反対していると言った。「家族とするような気楽な食事にしたい」とマーシャルはキャシーに訴え、ある仕事仲間の自宅に集まろうと提案した。私が人事のリーダーにその話をすると、彼は断るべきだと言う。社員が悩みを打ち明ける方法はほかにもたくさんあるはずだ、と。しかし、私はそれでは納得できなかった。「彼らには不満が募っているんだ」。私は言った。「その理由が知りたい」

約束の日、ホストの家に到着した私を、人々が温かく迎え入れた。そこにいた6人全員に一度は会ったことがあったが、よく知っている人もいれば、ほとんど知らない人もいた。ダイニングルームのテーブルを囲んで席に着くと、みんな手短に自己紹介した。出身地やGEに入社することになったいきさつなどだ。それから、ぞろぞろとキッチンに入って料理を皿に盛る。マーシャル自慢の料理で、彼自身の説明によると、あえて「自分たちの食べ物」としてフライドチキン、マカロニ・アンド・チーズ、コラードグリーンをメニューに選んだそうだ。

盛り付けた皿をもってダイニングテーブルに戻ると、会話は少し感情的になりはじめた。ある人物は目に涙を浮かべて、白人の仕事仲間から1回も昼食に誘われたことがないと嘆いた。昇進を逃したときに、上司から言われた理由を打ち明ける者もいた。どうやら、白人候補者では長所とされる点、たとえば「自信」が、黒人候補者では「傲慢」とみなされるようだ。自分が気にしすぎなのか、それとも無視しようとするのはいけないことなのかどうかもわからなくて、心を苦しめていると漏らした者もいる。私は的確な問いかけをするように心がけたが、ほとんどの時間は聞き役に回った。

３時間後、みんなと握手とハグを交わしたあと、私は玄関を出た。疲れていたが、彼らが私を信頼して、思いを打ち明けてくれたことがうれしかった。自宅へ戻る車のなかで、私は人事の責任者に電話をして、ＧＥヘルスケアは一体性《インクルージョン》と多様性《ダイバーシティ》を強化するための役職をつくると伝えた。できるだけすぐに。

３年後の２００２年にも私は、ＣＥＯの席から同じ努力を続けていて、デボラ・エラム——当時ＧＥキャピタルのコマーシャル・ファイナンスという名の部門で人事部長を務めていた15年目のベテラン——を、会社の多様性および一体性リーダーシッププログラムの長に指名した。その4年後には、私はエラムをＧＥの最高ダイバーシティ責任者に任命した。私はエラムに、ＧＥの国内における多様性への取り組み——この時点で、女性、ラテンアメリカ系アメリカ人、アジア系アメリカ人、ゲイ、レズビアンの交流ネットワークを対象に加えるほどに拡大していた——は、ＧＥの国際的なビジネス戦略と歩調を合わせなければならないと命じた。

エラムに、多様性を軸にした「オペレーティングシステム」（私たちはそう呼んでいた）をつくってもらいたかったのだ。要するに、私たちには受け入れ態勢と数字の両方の意味で改善が必要だった。エラムのおかげで、私たちは採用と維持と昇進に集中できるようになった。すべてのリーダーに、この３点で多様性の改善を目指すよう通達した。

大学生から採用者を選ぶとき、ＧＥのリーダーたちは男性と女性の数を同じにすることが理想だと意識するようになった。いつもそれが実現できたわけではないが、あらゆる工夫を凝らして、ＧＥという由緒正しい産業会社は女性が働くのに最適な場所であると世間に訴えた。男女を問わず、育児休暇もテクノロジー企業が実践しているのと同じぐらい良心的なものに変えた。

2011年からは、科学や技術、あるいは工学や数学への興味を高めるために、中学生ぐらいの年ごろの女子を集めて通称「GEキャンプ」も開くようになった。この催しは現在も続いている。私がCEOだった最後の年には、エンジニアリングやテクノロジー関連の仕事に携わる女性労働者の数を二万人にする取り組みも始まった。

その一方で、テレビコマーシャルを通じても、私たちは平等の大切さを世間に訴えた。2014年、冬季オリンピックの期間中に発表したコマーシャルは「マイ・マム」として知られるようになった。「私のママ?」と黒い目をした少女が話しはじめる。「月の力で動く水中ファンをつくっているの。ママは話ができる飛行機のエンジンをつくっている。ママはあなたの手にすっぽりと収まる病院をつくっている。ママはコンピュータから直接すごいものをプリントできるし、ママは木と仲良しの列車をつくっている。私のママはGEで働いているの」

才能あるアフリカ系アメリカ人の採用を増やすために、私たちは大学のキャンパスだけでなく、男子学生の社交クラブや女子学生の団体などにも目を向けるようになった。それらは巨大なネットワークで、採用チャンネルを従来のものより少し広げることで、大きな利点が得られることが明らかになった。

すでにリーダー格にある人々の多様性を維持するために、エラムと私はすでに述べた交流ネットワークを利用して、それぞれのグループにアイデンティティを認め、サポートする態勢を整えた。私にそれらネットワークの活動を指示するつもりはなく、むしろ活性化させる触媒になろうと心がけた。各グループが開く1年に1回のシンポジウムに出席し、基調講演を行った。ある年、忘れられない出来事があった。GEの「ゲイ・バイセクシャル・トランスジェンダー&アリー・アライアンス集会」で、ある若い男性が立ち上がり、少しぶしつけになぜ私がそこにいるのか訪ねたのである。私が次のように答えると、会場は静まりかえった。「GEがみんなの会社であることを、あなた方に絶対に知ってもらいたいからだ」

私は採用や保持よりも、むしろ昇進で自分の影響力を行使できると考えていた。トップに多様性があると、白人ではないあるいは男性ではないリーダーが自分と同じ境遇にある人々を採用し、昇進させることが増えるのはもちろんのこと、そのようなリーダーの存在そのものが強力なメッセージになる。

私は四半期ごとに、各事業のCEOおよび人事部長とともにパイプラインレビューを行った。それぞれの会社のすべてのレベルを詳しく調べて、3人か4人の多様な〝最適候補〟——つまり、今よりも一つ上のレベルで実力を発揮できると思える人物——を特定するのである。そのように最適候補のリストをつくっておくことで、多様化がうまく進んでいない場合には、その事業のリーダーに機会が均等に与えられていないグループのなかから最適候補の一人を昇進させるように促すことができた。一部の最高幹部はこのやり方を嫌ったが、私は「迅速な改善を数字で見せろ」と迫った。

このようにしてGEのリーダーは、「矛盾している」と誤解されることの多い二つの義務を負うことになった。実力重視を貫きながら、同時に管理職の多様性を高めなければならなかったのだ。難しすぎると不満を言う者がいても、容赦はしなかった。私は会社に本当にさまざまな人がいることを知っていたし、どの部署でも彼らは成長できると確信していた。だからチームに言い訳を許さず、「やれ」と言いつづけた。

とくに重視したのは女性の登用だ。私は息子として、夫として、そして父親として、3人のすばらしい女性に囲まれて生きてきた。この3人から、そしてGEで働く数多くの偉大な女性から多くを学んできた。そのうちの数人は、本書でも紹介した。CEOになってからは、女性のサポート、登用、採用にとくに力を入れた。

インタビューでも何度か指摘したことがあるように、私は男性よりも女性のほうが忠誠心に富み、問題の解決に新しい方法を用いることに前向きだと感じている。ときにそのようなコメントが誤解されて、私が女性を大切にするのは女性のほうが従順だからだ、などと主張されることもあったが、そんな風に考えたことは一度もない。ただし、男性よりも女性のほうが共通の目的の達成のために力を尽くしてくれるとは思う。女性のほうが自尊心と折り合いをつけるのがうまいのだろう。

私の指揮の下でGEは、女性社員が公平な扱いだけでなく、指導や昇進も得られる場所になるように努力した。誇れる成果も得られた。たとえば、ある時点のGEアビエーションでは、社員の80パーセントが女性の下で働いていた。男性優位のエンジニアリングの世界では、前例のない事態だ。サプライチェーンの長も、エンジニアリングの長も女性。リーダー陣の三分の二が女性だったのだ。

GEは力強い模範例になった。国内だけでなく、世界中の企業が私たちを手本にした。外国の顧客と会合を開くと、GEの代表団は女性が多いのに相手は男性だけ、ということが何度もあった。相手は感銘を受けたかもしれないし、戸惑っただけかもしれない。いずれにせよ、インパクトはあった。次に同じ相手を訪問したときには相手のメンバーにも女性が含まれていた、という報告を私は何度も聞いたことがある。

GEが女性をゼロからリーダーにまで育て上げた例として、レイチェル・デュアンを紹介しよう。エンジニアである両親の娘として上海で生まれたデュアンは、ウィスコンシン大学マディソン校の大学院での1年目が終わってすぐ、GEキャピタルで夏季インターンシップに参加した。その後1996年に

MBAを取得した彼女を、私たちはGEの監査部の職員として採用する。監査部は、GEにおける金融関係のリーダーを育てる登竜門だと言える。

優れた人材だったデュアンは、4年間監査部に勤めたあと、アジアへ戻りたいと希望した。そしてまだ30歳にもなっていないのに、彼女は東京に本拠を置くGEプラスチックスアジア太平洋地区のシックス・シグマ・クオリティ・リーダーに就任し、その後2006年にはGEシリコーンズ中国で初の女性CEOになった。ただし、その数カ月後に私たちがGEシリコーンズを売却したので、デュアンは同社の経営を続けるためにGEを離れることになった。

もし、スーザン・ピーターズと彼女の人事部スタッフの努力がなければ、私たちはデュアンを永遠に失っていたかもしれない。というのも、ピーターズらはGEを去ったデュアンとの関係を維持したのだ。そして、デュアンがGEのセーフティネットがなくても、中国で（のちにはアジア太平洋地区で）独立会社を経営できるほどの手腕を身につけたことに感動した。そこで2010年に、私たちは彼女を再雇用して、GEヘルスケアの中国部門の経営を任せたのである。

私とデュアンがともにする時間が増えたのはそのころからだ。中国人なので、彼女は私たちが彼女に任せた中国という土地の力学を熟知している。この点は本当に重要だ。あまりにも多くの企業が、信頼も得ていない、文化的な慣習や市場の需要を理解もしていない場所にマネジャーを派遣している。GEの誰もが、中国でビジネスを行うのは簡単なことではないが、うまくやっていく方法を絶対に見つけなければならないと認識していた。私たちは度重なる話し合いを通じて、中国でリスクを避けることはできない、大切なのはリスクを軽くすることだ、と考えるようになっていた。

デュアンは真価を発揮してくれた。英語と中国語が話せ、日本語もなかなかのものだった。加えて、交渉にも長け、強いチームをつくる術《すべ》も心得ていた。自分も大好きなカラオケを、とくにアジア人が相手の場合には秘密兵器として用いる。「シャナイア・トゥエインやセリーヌ・ディオンを歌えば、階級の壁なんてすべて崩れてなくなります」と彼女は言い、日本語の歌もいくつか暗記していると付け加えた。「みんな対等になります」

デュアンは、アジアのタイムゾーンを無視して会議のスケジュールを立てるアメリカのリーダーたちに対して、苦情を言えない立場にある社員のためにも立ち上がった。デュアンは現状に異を唱えることに恐れを抱かない。「会議が夜中になるのをかわりばんこにしませんか？」と提案したのだ。

２０１４年の初め、私はデュアンを経営陣集会に招いた。もう一つのメッセージを発するためだ。それまで、ＧＥの最高経営委員会は地域リーダーには門を閉ざしてきた。デュアンをそこに加えることが、次章で詳しく述べるグローバル展開に、私が真剣に取り組んでいることを示す最高の方法だと考えたのだ。

その年の後半になって、私たちがデュアンの権限を拡大して、中国におけるＧＥ全体の経営を任せたとき、中国で大きな話題となった。中国を訪問したとき、政府高官が私を引き止め、デュアンをどれほど高く買っているのかと問い詰めたことが記憶に新しい。「あなたが彼女を昇進させた事実が、ＧＥが才能を重視していることを証明している」とその高官は言った。

私にとって、上級副社長レベルで行った最後の人事がデュアンだった。彼女は今もＧＥで活躍している、と言えればよかったのだが、実際はそうではない。２０２０年に、デュアンは24年間在籍したＧＥを去った。

数字は進歩の尺度の一つに過ぎない。私が１９９９年にＧＥヘルスケアのアフリカ系アメリカ人社員とのチキンディナーで学んだように、さまざまな社員の頭数だけそろえればいいという話ではない。大切なのは、彼らが職場でどんな思いをしているのかを知ることだ。それは終わりのないプロセスであり、やるべきことはいくらでもある。

それでも私は、大いに多様性を高められたことを誇りに思っている。２０１７年に私がＧＥを去ったとき、幹部クラスで白人男性が占める割合は、就任時の80パーセントから41パーセントにまで下がっていた。多様性の促進と才能重視の考え方は矛盾しているという主張に耳を傾ける必要はない。経験上、この二つは矛盾していないし、両方の実現に力を尽くしてこそ優れたリーダーだ。

私の朝食相手は若かった。おそらくまだ30歳にもなっていないだろう。二人ともアフリカ西部の生まれで、ガーナにはGEの管理職は彼らしかいない。2010年初め、GEの事実上のガーナ拠点ともいえるアクラの空港近くのホリデイ・イン・ホテルで、フォーマイカ樹脂製の四人掛けの席に着いたとき、二人が口を開く前から、私は彼らの熱意を感じていた。

二人は、燃料調達から発電までを一体として行う、いわゆるガス・トゥ・パワー・プラントの建設を通じて、GEにガーナを支援してほしいと訴えた。当時、ガーナの人口は二千五百万ほどだったが、およそ2000メガワット分の電力しか供給できていなかった。それでまかなえる世帯数は200万にも満たない。

その一方で、沖合には油田やガス田が見つかっていて、鉱物資源や農産物も豊富だった。国は産業を増やして近代化したかったのだが、信頼できる発電施設がなく、停電も頻繁だったので思うように発展できずにいた。二人は恐ろしいほどの早口でまくし立てながら、自分たちで立てた計画を聞いてくれと迫った。

それは野心的なものだった。まず、沖合で採掘した天然ガスをＬＮＧに液化し、それを陸地に輸送しなければならない。次に、再び気化するために再ガス化施設が必要になる。発電所も建てなければならない。加えて、電力を居住区域や産業エリアに届けるための送電設備も欠かせない。ＧＥはその際、プロジェクトの開発に携わるだけでなく、資金も提供することになるだろう。しかし、それがもたらす違いは明らかだと彼らは言うのである。少しサポートしてもらいたいだけだ、と。

二人はこう言った。「いいですか、政府は新しいプラントが必要なことには同意していて、私たちとオフテイク契約（事業会社が生み出すサービスの購入を定めた契約）を結ぶことにも前向きなんです」──要するに、発電所が稼働したら電気を買うと約束した、という意味だ。

シェル石油も投資しようとしている、と二人は続けた。このプロジェクトには十社以上の協力で成り立つエコシステムが必要だろうと、とある国際的な投資ファンドも出資を申し出ているという。「ガスタービンは、両方ともＧＥのものにしたいのです。夢を叶える手伝いをしてくれませんか」

私は彼らの情熱に心を打たれ、できる範囲で援助すると約束した。ガーナを去る前、私は政府相手の了解覚書に署名をした。同国における電力供給を50パーセント拡大するその計画は、「ガーナ１０００」と呼ばれることになった。

その時点ですでに、それが困難な道のりになることは明らかだった。当時のＧＥは、組織としてこの種の複雑な地域計画を支援できるような態勢が整っていなかった。計画の実現に必要な知識をもつ社員は２５００マイル離れたアメリカにいる。私は、拠点がアメリカにあることによって生じる各種手続きの煩わしさがガーナ１０００の足を引っ張り、最悪の場合は中止に追い込むのではないかと恐れていた。

その後まもなくして、私はオーストラリアにいた。オーストラリアでは、中国の建設ブームのおかげで、投資家たちが鉱物、あるいは石油やガスの採掘に多額の投資をしていた。オーストラリアは鉄鉱石、石炭、LNGが豊富なのだが、それらを効率よく掘り出して、必要とする場所に迅速に送り届けるのに苦労していた。

GEキャピタルのアジア太平洋地区を担当していたスティーブ・サージェントが、私に見せたクイーンズランド州の日刊紙『デイリー・マーキュリー』の一面に載った写真を、私は一生忘れないだろう。写真のなかでは、100隻ほどの空の石炭タンカーがオーストラリア沿岸で行列をつくっていた。アジアへ運ぶ石炭が、積み込まれるのを待っているのである。問題は、船を満たすのにじゅうぶんな量の石炭が、港に運ばれていなかったことだった。

オーストラリアは、すでに年間50億ドルの収益をGEにもたらしていた。フォーチュン500企業に匹敵する規模だ。同国のインフラストラクチャや電力のニーズには、GEの製品がうまくマッチしていた。しかし、サージェント――私は彼のことを「サージ」と呼んでいた――は、GEは現地の社員が不足していて、それがのちに大きな問題になるだろうと不安視していた。

「正直な話、私たちはこの国にある巨大な機会に取り組む態勢ができていません。国内にリソースが不足している。高いレベルの関係を育むのに必要な大物がいないので、大きな契約を取ることはできないでしょう。私たちには助けが必要です」

サージは例を挙げた。GEが所有する飛行機を数機リースしているカンタス航空から70億ドル規模の契約を勝ち取るために、GEのオーストラリアチームは、カンタスに顧客満足度の改善に携わる品質管理の専門家を貸し出すと約束した。しかし、9000マイル離れたシンシナティにいるGEアビエーションのスタッフを呼んでも割に合わないだろう。最終的に、カンタスが独自に品質管理担当者を雇い、GEキャピタルのシドニー拠点がその費用を肩代わりするという条件で、ようやく契約を勝ち取ることができた。

サージは、自分が直接関わるビジネス以外のGE事業を支援する価値を理解し、そのためにGEキャピタルのリソースを使うことをためらわなかった。しかし、だからといってGEのシステムがうまく機能していない事実に変わりはなかった。

それからわずか数日後のこと、中国でヘルスケア事業を率いていたブラジル人のマルセロ・モシからも、同じような話を聞いた。モシは、停滞している米国市場とは対照的に、中国は機会に満ちていると言う。中国政府は医療分野に多額を投じていて、いたる場所で新しい病院が建てられていた。しかし、モシがアメリカの幹部たちに接触して、そのような投資活動から利益を得ることを目的としたチームをつくりたいと説明したところ、彼には人員をわずか十人増やす許可しか与えられなかったのだ。「馬鹿な話だ」と、私は言った。「千人は雇わないと」。しかし、私には一定のパターンが見えはじめた。

金融危機以降、アメリカにおけるGEのビジネスは、とてもゆっくりとしか成長しなかった。国内市場は、もう二度と回復しないと考える人もいたほどだ。ところが、私たちのようなハイテクインフラ企業にとって、外国では巨大な機会が生じていたのである。

GEは、国際的な広がりと収益の両方を拡大しなければならなかった。私の計算では、少なくとも10億ドル規模の商売ができる国が30は必要だった。そして今、世界中のGE社員が、私たちのアメリカを中心にした集中的な意思決定の仕組みがそのような拡大の妨げになっていると声を上げたのである。

その時点でGEは、自らをグローバル企業と呼んでいた。理由は単純で、アメリカ国外でも収益があったからだ。しかしその際、私たちの意識は広い世界のごく狭い地域にだけ向けられていて、GEの幹部のほとんどにとって「海外出張」とはロンドンやパリ、あるいは東京への出張を意味していた。

2000年代の前半、GEは世界をいくつかの地域に分けた。アメリカ、ヨーロッパ、日本、そして「その他」だ。この順番がそのまま重要度も表す。この「その他」が、最終的には500億ドル規模のビジネス（全社収益のおよそ3分の1）にまで成長するのだが、それにはまず大きな変化が必要だった。

アメリカを拠点にする会社をグローバル化するのは難しい。アメリカに引きこもって、新興市場でビジネスができない言い訳を考えるほうがよっぽど楽だ。だが、権力を本部から現場へ移すことなしに、真のグローバル化はありえない。そのためには、間近で個人的に会えない人に信頼を託さなければならないのだ。

COVID危機が始まり、本社で働くのが安全ではなくなったとき、多くの企業が現場での活動に最も近い位置にいる人々に権限を与えることの必要性に気づいた。しかし、それを実現するには文化的な変化が必要であり、今も多くの企業で変化が行われつつある。だが、私たちがGEのグローバル化に取り組んでいた当時は、まだ本社が支配の中心にあった。

一部の人にとって、「グローバル化」は汚い言葉になってしまった。彼らにとってその言葉はアウトソーシング、つまりアメリカの仕事を外国へ移すことだけを意味している。そこで私は2010年に、もっと繊細にこの問題に向き合うときが来たと考え、アメリカにも外国にも雇用をつくるグローバル化について考えはじめた。そうするしかないと思えたのである。グローバル市場がなければ、GEは成長どころか、縮小することだろう。

私は子どものころから、アメリカ合衆国がつねにビジネスをリードする、という考えを植え付けられて育ってきた。しかし2010年ごろから、世界におけるアメリカの役割は小さくなり、何十年にもわたって有益だったシステム――国際貿易取引や1940年代に設立された当初はGATTと呼ばれていた世界貿易機関（WTO）など――がエラーを出しはじめた。米国政府が輸出業者の国際的な成功を支援するために用いる輸出入銀行は弱体化した。中国は自国の商品を外国で売るために、アメリカの100倍もの資金を投じていた。

政治家たちが北米自由貿易協定（NAFTA）に文句を言うとき、私はその気持ちがよく理解できる。NAFTAによって、（メキシコにアメリカの製品を売ることではなく）安価なメキシコ人労働者を雇うことが簡単になり、アメリカ人の仕事の多くが奪われた。

NAFTAを見越して、GEはすでに1991年にメキシコ家電大手のマーベ社とジョイントベンチャー（JV）を立ち上げていた。そのJVは二つの部分で構成されていた。一つは、ガスコンロと冷蔵庫をメキシコでつくってアメリカで販売すること。安価な労働力でつくったものを豊かな国で売るという典型的なパターンだ。もう一つはアメリカの製品をメキシコやラテンアメリカで売ること。この両面がだいたい同じぐらいの価値になると考えていたのだが、それは間違いだった。最終的には、JVの収益のすべてが米国市場向け家電製造のアウトソーシングから得られていたのだ。

そのような賃金格差を利用した利益創造が、私の世代のビジネスリーダーを形づくったと言える。私たちは世界最大の市場で生きている。労働を外国へ移すことで利益を大きくすることができるのなら、そうしない理由があるだろうか。資本主義をよしとする者として、そう考えるのが当然だ。だから、それがもたらす影響などには意識をほとんど向けなかった。

しかし、アメリカでポピュリストの勢いが増すにつれて、状況に変化が生じはじめた。2012年、私たちは冷蔵庫の生産拠点をアメリカに戻すことに決めた。私のチームは、私の頭がおかしくなったと考えたようだ。だが、そのころではすでに、アメリカにおける総コストはメキシコのそれに匹敵するほどになっていたのだ。

また、それよりも重要なこととして、私はアメリカのビジネスリーダーたちはグローバリストも含めて、アメリカの雇用を守る努力をする必要があると考えるようになっていた。2020年現在、もしアメリカ人であるあなたが、アメリカで売られる製品のすべてを中国がつくればいいと考えるのなら、あなたは頭の検査をしてもらったほうがいい。

人々は、トランプ前大統領をグローバル化に反対していたと批判するが、貿易協定がアメリカの製造業に与えた影響という点では、彼の考えは間違っていなかった。だからこそ、彼が現れるよりも先に、アメリカだけでなく全世界で保護貿易主義が台頭したのだ。そしてビジネスは、グローバル化の議論において簡単なこと――アウトソーシングや安価な労働力を外国に求めること――に注目するあまり、本当に大切なこと――世界で製品を売る――を見落としていた。私はこの過ちを正したかった。

世界貿易機関が何をしているのか、私にはもはやわからなくなっていたし、GEの役に立つとも思えなかった。そのため、よりグローバルになる方法を自分たちで見つけるしかなかった。新しい市場に参入するために、そして既存市場を最大限に活用するために、GEは巨大で幅広いビジネスをもっとローカルなものに変える必要があった。それぞれの国の幹部に多くの権限を与え、各地区の複雑な慣習などに精通する地元のリーダーを育て、顧客の需要にもっと柔軟に対応できるようにしなければならない。私たちが獲得しようとしている顧客の近くに、上級リーダーを配置することも欠かせないだろう。そして、彼らにより多くの権限を委ねるのだ。

そこで2010年11月に取締役会のサポートを得て、私たちは「グローバル・グロース・オーガニゼーション（GGO）」という名で新組織を立ち上げ、私の長年の友であり、会社で最も鋭い頭脳の持ち主であるジョン・ライスに、香港を去って同組織を率いるように依頼した。

ニュージャージー出身の飾り気のない人物として知られるライスは、かつてはラクロスで鉄壁のゴールキーパーとして活躍していたこともある。1978年にハミルトン大学を出てすぐに監査スタッフとして就職して以来、ずっとGEで働いてきた。アプライアンシズ、プラスチックス、パワーなど、六つの事業を経験し、GEパワーでは経営者の座を6年にわたって経験した。もちろん人々から広く親しまれて、尊敬されていた。

この点が重要なのだ。GGOにはガラスを打ち破り、羽毛を巻き上げることが求められていたが、ライスを知る誰もが、彼はGEのためにそうしているのだと、信じて疑わなかった。ライスはいつも自分の考えを主張した。私に反抗したことも何度もある。しかしそれは、彼が自己本位だからではない。

ライスを選んだのにはもう一つ重要な理由がある。ライスは私と同い年だったので、誰も彼が私の後継者になるために策を弄していると思わなかった。彼のやる気は、個人的な野望から来るものではない。ライスを任命することで、私は全社にメッセージを送った。彼ほどの人物が後押しするということは、このGGOイニシアチブは本当に真剣なのだ、というメッセージだ。

そのライスが、ほかの上級幹部を目的のために採用しはじめたとき——たとえば1200億ドル規模の資産管理ビジネスの長だったジェイ・アイルランドをGEアフリカの経営者に指名したとき、このメッセージはさらに強く響いた。31年目のベテランであるアイルランドが、社員が1000人にも満たず、収益も8億ドルでしかない新興地域に赴任するのである。誰もが、何か大きなヤマがあるに違いない、と悟った。

それからの7年、GGOのサポートで、GEは全世界の資本市場を活用して地域固有の問題を解消し、さらに繁栄することができた。私たちは、ワシントンDCでロビー活動に費やす時間を減らし、代わりに185の国々で売るための時間を増やすことができた。その目的は、経済ナショナリズムの急激な台頭にも耐えられるほど会社と国家の関係を強固にすることにあった。そして当然ながら、利益を大いに増やすことにも。

私はGEを、メキシコだろうが、イラクやタイだろうが、世界のどこでも競争できる会社にしたかった。そのためにGGOが必要で、私はもてるすべてをGGOに注ぎ込んだ。私はライスに、年間10週間、私を好きに使ってもいいと伝えた。そして彼は実際にそうした。私はGGOを宣伝するために、300万マイルは移動したに違いない。

同時に私たちは、社内の文化にも変化を引き起こそうとしていた。GEに業界を支配できる販売部隊をつくる。顧客の問題を解決し、取引を成立させる力のある部隊だ。そこで、財務分野からセールスに人員を移動させ、販売部隊の財政能力を高めた。取引の審査過程を合理化することでスピードを増し、進展の妨げになる社内の障害を取り除いた。30万の社員が、「勝つか去るか――言い訳は許されない」の精神で団結していくことが実際に感じられた。

私たちはGGOを無から生み出したわけではない。1年前の2009年に、ローカルリーダーの権限を増やすことで何らかの利点が生じるか、すでにインドで実験していた。その時点で、GEはすでに1世紀にもわたってインドでビジネスを展開していたにもかかわらず、それまで年間の収益が10億ドルを超えたことがなかった。ニューデリーに設置していたチームは、ビジネスチームというよりもむしろ親善大使のような活動をしていた。

私たちはその点に修正を加えるために、GE23年目のベテランで、私の上級幹部チームの信頼できるメンバーでもあるジョン・フラナリーをGEインディアの社長兼CEOに任命した。つまり、インドにおけるGEビジネスの全権をフラナリーに委ねたことになる。

インドの誰もが、彼の部下になった。フラナリーは私やコネチカットのほかの幹部の署名なしに、自らの権限で損益計算を行い、雇用と解雇を実施し、工場を建て、製品をリリースする。私が求めたたった一つの条件は、収益を増やすこと。

フラナリーは結果を残した。基本的に、インドのやり方を全世界に広げたのがGGOだと言える。GGOが発足した時点で、フラナリーはすでにインド国内における販売数を増やすことにも、インド製のGE製品を他国へ供給することにも成功していた。そして、それは始まりに過ぎなかった。

雇用の皇帝

2011年1月、バラク・オバマ大統領が私に、雇用および競争に関する評議会を率いてくれと伝えてきた。失業者数が当時ほど長期にわたって高い水準に止まったのは、大恐慌時代以来初めてのことだったので、大統領はトップCEOたちが集まって、即座に長期的な雇用増加を実現するアイデアを出すことを望んでいた。

大統領の考えは、GEの世界的なフットプリントを拡大しようとする私の目的と真正面から対立している、と考える人も少なくなかった。GEの国外での成長を促している私の態度は、アメリカの雇用に危機をもたらすのではないのか。そんな人物に評議会を任せてもいいのか。私の親友ですら、誰からも感謝されないのになぜそんな役割を引き受けるのだ、と疑問を口にしたが、私の見方は少し違っていた。

合衆国政府は、２００８年から２００９年の金融危機の際ＧＥを支援してくれた。今回はその借りの一部を返すチャンスだ、と私は考えた。そしてもっと根本的なこととして、私はこの国が好きなのだ。私は共和党員ではあるが、大統領が――たとえ彼が民主党員でも――電話をしてきて、何かをしてくれと命じたのなら、断ることなどできない。

結果として、私は巨大な批判にさらされ、「雇用の皇帝」と呼ばれることになる。２０１１年秋、ピッツバーグで評議会が開かれたとき、私はメンバーを３人から４人のグループに分けて、それぞれのグループに、地域のビジネスコミュニティと情報および意見の交換をする目的で公開討論会を開かせた。

私がインテルＣＥＯのポール・オッテリーニと、米国労働総同盟産別会議の議長であるリッチ・トルムカとともに開いた公開討論会で、忘れられない出来事が起こった。三百人の群衆が集まっていて、そのほとんどが地元企業のオーナーだったが、国際電気労働者同盟のメンバー数人と、六人ほどのティーパーティ運動信者もいた。そしてこの少数派が、オッテリーニと私に狙いを定め、１時間以上にわたって罵詈雑言を浴びせかけたのである。

「お前らは搾取する側の人間だ！」。彼らは叫んだ。「何かおいしい話があるから雇用評議会に参加したのだろう。お前らの報酬は多すぎる。悪人どもめ」。その日、そこにはマスコミ関係者もいたので、ＧＥについてかなりひどい記事が書かれることになった。のちにオバマが、さらにはジョー・バイデン副大統領、ティム・ガイトナー、バレリー・ジャレットが電話をかけてきたのを、私はよく覚えている。「つらいのはわかっている」。みんなそれぞれの言葉で、同じ内容を伝えてきた。「でもあなたのおかげで、我々は前進している」

意見こそ食い違うことが多いが、私はオバマに感銘した。加えて私は、〝ビッグビジネス〟——私はビジネス評議会やビジネスラウンドテーブルなどのグループをそう呼んでいた——がどうして一見したところ無意味で、共感しがたい存在になってしまったのかも理解した。

ある日、私は大統領との会合を計画した。企業に高いペナルティを科すことなしに、海外にある現金を回収することを可能にすべきだと説得するのが目的だった。雇用評議会の代表者4人のうちの一人として大統領執務室の前で呼ばれるのを待っていたとき、私はほかの3人に少しばかり戦略的な助言を行った。「彼は大統領だ」。私はメンバーに言った。「だから『あなたにこうしてもらいたい』と言ってはだめだ。むしろ『もし私があなたの立場だったら、こうするでしょう』と話すんだ」

数分後、誰も私の助言を聞いていなかったことが明らかになった。大統領を前にしたとたん、彼らは興奮しはじめた。「現金を外国に置いたままにしておくのは愚かなことです！　私たちに税金を二度払えと言うのですか！」。オバマは、まるで史上最高のアイスホッケーのゴールキーパーだった。どんなパックが飛んできても、すべてゴール前で食い止めた。何を言われても、賢い返答で打ち負かす。私たちは手ぶらで部屋を出た。

オバマを間近から観察したうえでの結論として、私は、彼はビジネスコミュニティに共感していなかったのだと思う。しかし、彼は自分の目的のためにビジネスコミュニティを利用する才能をもっていた。たとえば、ビジネスリーダーたちがもつ外国との強いつながりを、アメリカの利益のために利用できると理解していた。

「アラブの春」ののち、米国政府はエジプト国民の生活状況を改善する手をほとんど打てずにいた。しかし停電が迫るなか、GEには彼らが求めるものを与えることができた。2ギガワットの非常用電力だ。オバマはそれが自分の役に立つと悟った。そこで彼は、私たちの求めるアメリカへの資本回収には応じないものの、私たちが本当に何かを必要としているときには、支援を差し出したのである。

基本的に、大統領と私のあいだは、大統領の特別顧問を務めていたバレリー・ジャレットが仲介した。バレリーと私は親しくなった。私は彼女のタフさと、大統領への献身を高く評価していた。多くの政権で、大統領のために働くべき人々が、自分の利益ばかりを考えて行動していた。しかしジャレットは、どんなときも、いい日も悪い日も、忠誠を尽くして大統領を支えつづけた。すばらしいことだ。

それでも、雇用評議会の議長を務める時間が長引くにつれ、私には膝の軟骨もそう考えているに違いないと思える感情が芽生えてきた。二つの硬い面に挟まれて身動きがとれないのである。今回の国への奉仕を、私はのちに次のように表現した。「私は何も求めず、得たものはそれよりもさらに少ない」

その好例が、ニュース番組『60ミニッツ』での出来事だった。そこでジャーナリストのレスリー・スタールが私に集中砲火を浴びせた。私たちはブラジルへ行き、リオから90分ほど離れたペトロポリスにあるGEの製造およびサービス拠点を紹介した。アメリカに戻り、私のオフィスで行われたインタビューで、私はスタールにこう言ったのだ。「私はグローバルCEOとして考えますが、アメリカ人です。アメリカの会社を経営しています。でも、これからの年月でGEを成功に導くには、私たちの製品を世界のいたるところで売らなければなりません」

スタールは納得できないという表情だった。「あなたは自分のことをアメリカ人だと思っているかもしれませんが、あなたの顧客はアメリカにはいない。あなたのプラントも外国にある。研究ですらよその……」

私は割って入った。「もし、全世界から注文を取らなければ、ペンシルベニアの、オハイオの、マサチューセッツの、テキサスの社員を何万人も減らさなければならなくなってしまいます。そんなことをして謝罪する気はありません。絶対にない」

それで終わりではなかった。スタールは、アメリカ人は企業のことを貪欲だと思っている、と主張しつづけたので、私はうんざりしてしまった。最後に私は、「私を応援してください」と言った。「ご存じのように、ドイツは誰もがシーメンスを応援しています。日本では、全国民が東芝を応援している。中国では、みんなが中国南車のサポーターだ。あなたも『頑張れ、GE！』と言ったらどうですか」

「あなたには、人々がアメリカ企業に胸を張れない理由がわからないのですか」。そう言いながらスタールは手を顔の前に上げて話を制しようとした。

私はそこでやめるつもりはなかった。「アメリカ国民が、大企業を敵視しているという意見は間違っていると思います」。私は続けた。「あなたも、ほかの誰でもいい、私といっしょにGEの工場を歩くと、社員が基本的に私たちに悪い感情をもっていないことに気づくでしょう。彼らは私たちを応援してくれる。私たちが勝つのを望んでいる。あなたがそうしない理由が、私にはわかりません」

どこかに必ず危機はある

GGOはGEインディアにおけるパイロット版の成功を参考につくられたので、インドでその新たな主導権を発足させることは理にかなっていた。そこで2011年3月、35人が参加する四半期に一度の経営陣評議会の集まりをニューデリーで開くことにした。経営陣評議会はGEで最高の経営委員会と位置づけられていたが、ことGGOに関しては、私は自分の考えを押し通した。私が伝えたメッセージはこうだ。「私たちは全世界で市場を2倍にする。ケニアで、シンガポールで、バングラデシュで、解決可能な問題があるのなら解決する」

その際、インド経済界の大物リーダーや実業家を私のサポート役として招待して、スピーチをしてもらった。コングロマリットのリライアンス・グループ、自動車メーカーのマヒンドラ&マヒンドラ、ITコンサルティング会社であるウィプロやインフォシスの最高幹部たちだ。彼らが順番にスピーチを行い、私のチームのメッセージを〝顧客の視点から〟代弁した。彼らは「私たちにはあなた方の最高の頭脳が必要なのです」と経営陣評議会に訴えた。「変化は起こりつつあります。GEもそこに加わらなければなりません」

私はGEの各事業のリーダーたちが、CEOオフィスの資金で設立されたGGOを、〝無料の〟成長促進剤とみなすことを望んでいた。しかし、アメリカを中心に活動するリーダーたちは、GGOが自分たちの力を弱めるのではないかと恐れていた。実際、彼らの主張が通らなくなる機会も増えるに違いない。この点について、私は経営陣評議会に次のように指摘した。「今後は、君たちとリヤドの連中が競い合って、リヤドが勝つこともあるだろう」

ありがたいことに、GGOを率いるジョン・ライスは、社内のリーダーたちを怒らせたり、権力を振りかざしている印象をもたれたりすることは、GGOの成功の妨げになることを理解していた。そして、ライスは権力を振りかざすことなしに自らの影響力を駆使する術を身につけていた。組織図のずっと下のほうにいる人と話すときでさえ、きちんと説得することを肝に銘じていた。彼は幾度となく、各事業は権限をほとんど失うことがなく、逆にGGOがもたらす地方の知恵から恩恵を受けるだろうと繰り返した。

この経営陣評議会が開かれた週は、日本で起こった出来事をきっかけに、私の記憶にいつまでも残りつづけることだろう。3月11日、経営陣評議会がインドで開催される2日前、マグニチュード9・0の地震が東北地方の太平洋沖で発生し、内陸6マイル（約10キロメートル）にまでおよぶ津波を引き起こしたのである。時速435マイル（約700キロメートル）の速さで到達した津波が、およそ二万人の命を奪った。

そして、地震が発生してから50分後、海水が福島第一原子力発電所に打ち寄せ、GEの設計した6基の原子炉を飲み込み、施設から電力を奪った。原子炉はそのような際に停止するように設計されていて、実際に正しく停止した。しかし、原子炉用冷却水のポンプを動かすための非常用電源までもが、浸水によって作動しなくなった。つまり、メルトダウンの恐れが一気に高まったのだ。私たちはその危機をつぶさに観察しつづけた。私はほとんど眠らなかった。

CEOになって10年、私はそれまでGEの原子力事業に思いを巡らせたことはほとんどなかった。原子力は比較的小さな事業で、年間収益は10億ドルにも満たない。業績も30年ほどぱっとしなかった。投資家が原子力事業を話題にすることもなかった。そこに何の前触れもなく福島危機が訪れたため、私は原子力事業について大急ぎで知識を詰め込まなければならなかった。私はニューデリーからアシスタントに連絡して、東京電力とのあいだで交わした原子炉の設置に関する商業契約書を送らせた。それは1960年代に書かれた280ページにもおよぶ文書だった。

一息つく暇もなかった。経営陣評議会の集会が終わるとすぐに、私はオーストラリアのパースに飛んで顧客を訪問し、GEオイル&ガスで働く千人の社員と集会を開いた。彼らは成功が続いていたし、GGOがその成功をさらに大きくしてくれると期待することができたので、オーストラリアのメンバーは明るい祝いの言葉を期待していた。しかし津波のせいで、私の心には恐れしかなかった。

パースで私は会議室にこもり、考えを整理しようとしていた。頭上に設置されたテレビが福島の原子炉を上空から映していた。アナリストが、今にも爆発するだろうと解説している。電話を手に取り、朝のブリーフィングにダイヤルを合わす。そこで私は、ショッキングな予想を耳にした。東京に住む千二百万人が避難を余儀なくされ、核降下物はロサンゼルスにまで届くだろう、と。

誰かがドアをノックした。私を迎えに来たのだ。数分後、私は人で埋め尽くされた大きな舞踏室のなかでマイクの前に立っていた。大きく息を吸う。「皆さんもテレビで見たでしょう」。私は話しはじめた。「GEが誇る最高の人々が、日本の危機に対処していることを皆さんにお伝えしておきます」

それだけを言うと、私はまるで曲芸師のように意識を切り替え、社員の士気を高めることに関心を向けた。集まった人々の努力に感謝し、GGOが彼らをアジアの建設ブームからもっと多くの利益を得られるようにすると約束した。

質疑応答が始まったとき、私はどんな質問が来ても動じないように気を引き締めた。それでもなお、最初に手を挙げた男の言葉には驚いてしまった。「ここではビッグマックが15ドルもします」と、その男は言った。「近い将来、給料が増える望みはあるのでしょうか?」

私たちが全社にまたがるグローバルな組織改革を着手した矢先に、核のメルトダウンが起ころうとしていた。そんな局面でこの男は、ファストフードレストランのハンバーガーの値段の話をしようとしたのである。笑うべきか、嘆くべきか、私にはわからなかった。しかしよく考えてみると、それは学習する絶好の機会だったと言える。

ビッグマックが15ドルもするということは、人手が不足しているということだろう。そして人手不足は、地域の石油やガス関連のプロジェクトにも影響をおよぼしかねない。実際しばらくのちに、私はシェブロン社の幹部から、パースで人を雇うのに苦労しているという話を聞いた。私は危機のさなかでもあらゆるデータに、たとえそれが予期していなかったものだとしても、注意を払わなければならないと、肝に銘じた。ヒントはどこにだって隠れているのだ。

最終的に、福島第一原子力発電所の6基の原子炉のうち3基で多量の放射能汚染物質が流れ出たが、日本で対応に当たった勇敢なスタッフが、より深刻な被害を食い止めることに成功した。除染作業は今も続いている。この災害はきわめて深刻であったのは確かだが、もっと悪い結果を招いていてもおかしくなかった。ありがたいことに、日本国民のほとんどは避難する必要もなく、学者はカリフォルニアで放射能による健康被害は生じないと結論づけた。

地域への投資

GGOを立ち上げた当初、GEとサウジアラビアン・オイル・カンパニー——通称「サウジアラムコ」との関係は、お世辞にもうまくいっているとはいえなかった。中東に進出してからすでに数十年がたち、石油とガスの契約の大部分を競争のすえに勝ち取ってきたのはGEだ。また、数多くのガスタービンを国営企業のサウジ電力公社に売っている。2000年から2015年にかけて、同社は世界のほかのどの顧客よりも多くのガスタービンを買った。しかし、それでもなお私たちは、まだ戦う意欲があるのか判断に迫られていた。

ジョン・ライスが2011年にリヤドに飛んだときも、さんざん小言を聞かされた。エネルギー大臣であり、サウジアラムコでも長年会長を務めているハリード・アル=ファリーハが最も声高《こわだか》だった。「GE、あなた方はどこにいる。どうしてこの王国にもっと興味を示さないのか」とアル=ファリーハは問いただした。

サウジアラビアの人々は、GEに対してパートナーとして行動し、国民のニーズをもっと幅広く満たす手伝いをしてもらいたいと望んでいた。「要するに、GEは言うとおりにするか、さもなくば黙っていろということ」。アル=ファリーハがライスにそう言った。

ナビル・ハバイェブ——GEの中東・北アフリカ・トルコ地区のCEO——とライスは、GEはサウジアラビアに多額を投資する必要があると結論した。二人が私のアシスタントであるシェイラ・ネビルに連絡してきたのは、リヤドの午後4時、コネチカットの午前9時のことだった。

「ジェフはいるか」。そう尋ねるライスの声は緊張していた。「急ぎの要件がある」

私が電話に出ると、ライスとハバイェブが背景を説明した。アラブの春の影響は地域全体に広がっていた。サウジ政府は、国民の要求にもっと応えなければならないと自覚しつつある。その一方で、投資の少なさがGEの弱点になりつつある。アラブ首長国連邦では、GEのリーダーたちが会合を開くことすら困難だ、と。

5分後、私は説得されていた。問題はどれだけ投資するか、だ。「少なくとも10億ドル」と、ライスが言った。「少なくとも」

「イエス」と答える理由は、いくらでも見つかった。サウジアラビアは、若者の失業率の高さに苦しんでいた。当時、サウジアラビア国民の65パーセント以上が30歳未満だった。とくに女性は、大学を出ても就職の見込みがなかった。また、私はサウジアラビアが中東地域で担っている役割を高く評価していた。GEがサウジアラビアに投資すればするほど、ほかの中東諸国も関心を向けるだろう。

まもなく私たちは、「プロジェクト・キングダム」を立ち上げた。サウジアラビアが最も必要としているものを見極め、その需要を満たすことがおもな目的になる。私たちは聞き役に回った。ハバイェブらが、GEが王国の誰とつながりがあるかを明らかにし、特定の指導者が何を重視しているかを調べる。次に彼らが、自分たちのコミュニティに不足していると指摘したものを集めてリストをつくる。たとえば、手ごろな価格での医療は重要な要素であり、私たちは人々に基本的な医療を提供する取り組みに着手した。

さらにサウジアラムコおよびインドのタタ・コンサルタンシー・サービシズとパートナーシップを結んで、女性だけで構成されるバックオフィスセンターをつくり、1000人を雇用した。そこで働く女性たちは国内だけでなく、サウジアラビアの外の50の国に支払処理などのサービスを提供した。この試みは大成功をもたらした。

現在、サウジアラビアでビジネスをしている米国企業――そのリストは長い――では、同国との関係を見直して活動を縮小すべきだと主張する声が強まっている。2018年にサウジアラビア人ジャーナリストのジャマル・アフマド・カショギがサウジ政府の工作員によって殺害された（CIAはそう結論した）事件がそのような主張が強まるきっかけになった。しかし、私はもっと広い視野から見ることにしている。

GEが、国民の権利がないがしろにされている（あるいはもっとひどい状態にある）国でビジネスをしていると批判されるたびに、私はそれらの国の人々の生活は、GEがそこにいるほうが、いない場合よりもはるかにましなはずだと応じてきた。GEが提供する製品やサービスから何一つ恩恵を受けていない国が存在するとは考えられない。

私たちが活動してきた国のいくつかは、独裁政権が支配していた。腐敗が進んでいる国もあった。しかし私は、GEのような優良な企業が現地に赴き、責任ある開発を推し進め、透明性を高め、公正で多彩な商業を行うこと——どれもGEが掲げる基本的価値——が、そのような国を改善する唯一の方法だと固く信じている。

結果として、GGOの設立から数年で、私たちはサウジアラビアに20億ドルを投じ、300億ドル相当のビジネスを行った。申し分のない投資利益率だ。共通の目的を果たすために、GEは取り組みを続けてきた。何千マイルも離れた場所からほかの国を判断することに意味はない。変化は、その場所で始まるのである。

不安定でも進む

インドは世界で2番目に人口の多い国であり、十二億もの人々が暮らしている。とても騒々しくて、官僚主義的な民主主義が支配していて、意思決定は遅々として進まない。たとえば、私たちはインド東部のビハール州の都市で20年も前から機関車契約を結ぼうとしている。計画の遅れについて現地の鉄道大臣に不満を伝えると、彼は最近『インドにおける機関車の入札プロセス』というタイトルで300ページの本を書いたと言ってくるのだ。1000台のディーゼル機関車の製造契約を手に入れたいのなら、彼らのやり方に従うしかないのだろう。

だから、実際に入札も2回行った。2回ともGEの入札が最も優れていたのに、取引は進まなかった。そうこうするうちに、私たちは苦しい立場に追い込まれていた。というのも、ライバル入札者が私たちの出したオファーの内容を知ったからだ。3回目の入札が行われたとき、私たちはすでにアドバンテージを失っていた。それでも諦めずに続けた努力が実って、最終的には契約を勝ち取ることができた。インドで30年以上にわたって不動の1位の座を占めていたキャタピラー社に打ち勝ったのである。

機関車契約が具体化されるまでの時間を使って、私たちは製造分野に投資した。2012年にGEで初めて、航空機部品、タービン、PETスキャナーなど、需要に応じて製造対象を変えることができる多目的プラントを建設したのである。アメリカから輸出するのではなく、国内で製品をつくれば現金を節約することができるが、インドでは各種産業のそれぞれに専門の施設をつくったところで採算がとれるほどの収益は期待できない。そこで思いついたのが多目的プラントだ。私たちはその柔軟なプラントをつくるのに2億ドルを投じ、わずか3年で出費を取り返すことに成功した。

医療事業も、インドに合わせてローカライズした。その際、中心になって働いたのがテリ・ブレゼンハムだ。インドに行く前は、フランスでGEの女性医療、超音波、心臓X線部門を運営していた才能ある幹部だ。2014年、上級リーダーを招いて行う週末ミーティングに、私はブレゼンハムを招待した。彼女は、インドにおけるGEのビジネスを改善すると心に誓ったので、その手始めとして、グジャラートにある公立病院に1週間入院してみたと話した。なぜそんなことを、と尋ねると、こう答えた。

「私たちの製品が人々の役に立たないのなら、ビジネスを続ける意味がどこにあるのです」

ブレゼンハムはバンガロールを拠点にして、アフリカとラテンアメリカ、そしてアジアで売るためにきわめて低コストの医療製品の開発に取りかかった。これは、アメリカ本部の承認なしに、新興市場のリーダーたちが互いに製品開発をサポートする初めての試みになった。それにより、開発速度が増し、コストが下がった。また、バンガロールには、GEが有する最大の研究施設があるという事実も有利に働いた。施設に集まっていたインドが誇る最高の技術者たちが、医療部門だけでなくほかの事業の拡大にも大いに役立ってくれた。

ただ、インドにGEのタービンを売る試みはうまくいかなかった。私はインドに行くたびに、宿泊先のホテルで停電を経験した。それでもインドの官僚機構が、GEの安定した電力供給の採用を阻んだ。そこで私は、いらだちに身を任せるのではなく、バングラデシュに目を向けることにした。

GGOがまだ生まれていなかったころ、GEはバングラデシュにほとんど力を入れていなかったので、当然ながら収益も少なかった。年間で1億5000万ドルほどだったと思う。しかし、GGOの発足から2年もたたないうちに、私たちはバングラデシュにすばらしいパートナーを見つけ、収益を年間10億ドルに一気に増やした。我慢のかいがあったようで、今ではバングラデシュの発電能力の半分がGEのタービンに依存している。

私に付き合ってバングラデシュへ行ったことのある同僚たちなら、私がここで〝我慢〟のすばらしさを称えていることがおかしくてたまらないだろう。なぜなら私は、新興市場でビジネスを行うには長い時間をかけることが不可欠だと本当に頭ではわかっているのだが、それでも実際にそのような土地を訪れたときにはしびれを切らす場面が多々あったからだ。

私が心から信頼し、どこにでも連れていくセキュリティ担当者のエド・ガラネクのお気に入りのエピソードを紹介しよう。私たちはダッカにいて、高官との会合に向かおうとしていた。ところが突然、私たちの乗っていた車が前に進まなくなった。目的地まで3キロメートルほどの地点だった。あたりを見回すと、3車線の道路に5車線の交通がひしめき合っていた。

「エド」。私は後部座席から尋ねた。「何があったんだ？」

ガラネクと私の関係性を知るには、ガラネクは元警察官で、なおかつコメディアンとしてもじゅうぶん通用する人物であることを知っておくべきだろう。ホテルのドアマンの息子としてブロンクスで生まれた彼は、身振り手振りが大きく、誰からも好かれていた。9・11テロ事件のとき、最初に連絡がついた人物の一人でもある。

私が初めてガラネクに会ったとき、彼は何年も前から『サタデー・ナイト・ライブ』の警備を務めていた。ガラネクに1ドルあるとき、彼はそのうちの50セントをあなたに差し出すだろう。しかし、彼は私をわざとイライラさせて楽しむこともあった。私がどうして前に進まないかを尋ねたときもそうだ。ガラネクは窓を開け、頭を外に突き出してあたりを見回した。

「ああ」。絞り出すように言った。「どうも渋滞しているようですね」

私はイラッとした。すぐに進みたかった。「ここから歩けると思うか」と私は尋ねた。ガラネクはまたあたりを見回す。私の安全を守ることが、彼の仕事なのだ。おそらく映画で似たシーンを見たことがあったのだろう。ガラネクはこう言った。

「お伝えしておきます、ジェフ。現在、我々のいるこの車内は安全です」。いつになく、へりくだった話し方をする。「この車の外はダッカの街。歩くというあなたの努力を、私がサポートいたします。私が示す方向へお進みください。私はあなたから決して目を離しません。あなたは車よりも背が高いので、絶対に見失わないでしょう。しかし、ここからは別行動。お供できるのはここまでです」

「わかった」と、私はうんざりして答えた。「もうやめろ」

しかし、イライラしたかいはあったようだ。この旅には相応の見返りがあったのだから。GGOが生まれたとき、私はインドでは5億ドル分にも満たない製品しか調達できないだろうと考えていた。しかし6年後、私たちは予想の10倍——40億ドルから50億ドル——をインドからGE本体に調達していた。ちなみに、5年後にはインドに1500台の機関車を出荷する予定が立てられていた。当初の計画よりも1・5倍多い台数だ。取引がうまくいったのである。

関係の強化

私はよく「卸しではなく小売りをする」と言う。顧客と個人的な関係を結ぶのはCEOの仕事だ、という意味だ。2010年、私はスコットランドのアバディーンを訪れ、GEが注目する油井事業を抱えるジョン・ウッド・グループの会長、サー・イアン・ウッドとティータイムをともにした。

それから1年もたたないうちに、その油井事業がオークションにかけられたのだが、入札に関心を示す3社のうち、GEが最も出遅れていた。そこで、私が自らウッドに電話した。そして話し合いのすえに28億ドルで取引することに決めたのである。私たちのできたてほやほやの友情が「取引を成立させる基礎になった」と、ウッドは『ウォール・ストリート・ジャーナル』に語った。

何年、あるいは何十年もの時間をかけて育んできた人間関係も少なくない。2004年、私はロシアへ向かった。ロシア現地でGEの機関車を製造する計画について、ウラジーミル・プーチン大統領と話し合うためだ。私は地元の機関車製造業者であるトランスメックの株式の大部分を買うと申し出た。大統領はその提案が気に入って、私をロシア鉄道社長のウラジーミル・ヤクーニンに紹介してくれた。これで決まりだ！　私はそう思った。だが、私がプーチンの言葉を伝えると、ヤクーニンは顔色を変えた。それまではずっとロシア語で話していたのに、突然英語で「さっさと出て行け」と言う。「私の生きている限り、そんなことは認めない」

そこで代わりの案として、私たちはカザフスタンの国営鉄道であるKTZとジョイントベンチャーを立ち上げた。このジョイントベンチャーは現在も続いている。しかし、私はそれでもロシアを諦められなかった。2009年、プーチンの夏の別荘がある黒海に面した小さな町ソチへ、14時間かけて飛んだ。そしてわずか4時間だけ地上で活動して、また14時間かけてアメリカに戻った。

しかしその4時間のあいだに、私はプーチンに会ってロシアでうまくやっていく手伝いをしてほしいと話すと、プーチンは初めて関心を示した。実際、2013年にはGEとロシア最大の石油会社であるロスネフチが、ガスタービン、油田設備製造、機関車などを含む戦略的パートナーシップを結んだ。

私がGEの計画を推し進めるために対峙した大物は、プーチンだけではない。たとえば、トルコのレジェップ・タイイップ・エルドアン大統領とも何度か面会したことがある。エルドアンは今でこそ独裁者と呼ばれているが、当時は改革者とみなされていた。アメリカ人とのビジネスに前向きで、私たちからの手引きを求めていた。2007年のこと、石油価格が高騰したとき、私はトルコのエネルギーや産業分野の大臣たちとともにエルドアンのオフィスにいた。すると、彼がこう宣言した。「原子力発電所をつくる」

私は驚いた。私の知る限り、トルコには原子力発電をするノウハウがなかった。そこで「原子力発電所は難しい」と私は伝えた。

「それでもやるつもりだ」とエルドアンは答える。「ミスター・イメルト、実用化までどれぐらいの時間がかかると思う？」

15年から20年ぐらいと答えると、エネルギー大臣の顔から血の気がひいた。エルドアンは大臣のほうへ顔を向けてうなずいた。「彼は5年でできると言った」。大臣は私をにらみつけたが、真実を話す以外、私に何ができるだろうか？ 私はこう伝えた。「5年でできれば、世界記録が半分に縮まることになります。最初からそれほどの記録が出せるとは期待しないほうがいいでしょう」

相手がイタリアのシルヴィオ・ベルルスコーニだろうが、パキスタンの新首相だろうが、私は国家の首脳と会うときにはいつも同じアプローチを用いた。GEの望みを言う代わりに、彼らに欲しいものを尋ねたのだ。「どんな困難に直面している？ いちばん大きな悩みは？ 私たちにどんな手助けができる？」

数多くの国のリーダーに会ってきたが、私の大のお気に入りはアンゲラ・メルケルだ。ドイツの首相を務めるメルケルはすばらしい聞き手で、打ち解けやすい。私が会った世界の指導者のなかで、ゲストに自分でコーヒーを注ぐためにアシスタントを追い払ったのは彼女だけだ。自分で立ち上がってクリームや砂糖を差し出し、客をもてなすのである。そしてまた腰を下ろし、鋼のように青い目で見つめてこう言うのだ。「それで、ミスター・イメルト、あなたはドイツの国民のために何をするおつもりなのですか」。一筋縄ではいかない相手だった。

メルケルらとの関係を通じて、私はGEの製品を売ったり、ふたたび招待してもらったりするための最高の方法は、こちらから何かを差し出すことだと悟った。その〝何か〟とは、売ろうとしている製品そのものだったこともあるし、単純に情報やアドバイスであることも多かった。良好な関係を維持するために、問題の解決が見つかるまでずっと粘りつづけることが最善の策であるケースも多い。私は人々が時間を割くに値する人間であろうと努力したし、彼らのために自分の時間を使う意欲があることを示しつづけた。

そのせいで、ときには大変な苦労をすることもあった。たとえば、私は〝30時間の1日〟を体験したことがある。その日は東京で始まった。東芝の代表者たちと朝食をともにする。数百万の日本人に電力を届けるGEガスタービンの修理を受け持つジョイントベンチャーを、東芝と共同で立ち上げたのだ。日本を出た私は、数人の部下とともに6000キロメートル近く離れたカザフスタンのアスタナへ向かった。GE機関車をつくる製造施設の契約を結ぶためだ。私たちは太陽と同じ方向へさらに進んだ。飛行機に戻って南東に3000キロメートル以上離れたアラブ首長国連邦へ飛んでも、日はまだ沈んでいなかった。そこでは、アブダビの政府系ファンドの代表者とディナーをともにした。

ムバダラと呼ばれるそのファンドはGEの石油・ガス事業の重要なパートナーであり、私が中東で育んだ数多くの大切な人間関係のなかにムバダラのメンバーも含まれていた。別れを告げ、GEのジェット機に向かったときはすでに深夜だった。アメリカへ向かう機上でようやく眠ることができた。

私が海外へ飛ぶたびに、〝随伴機〟が私の後方を飛んでいたという事実が、私が引退して以来、幾度となく話題にされてきた。どこか遠くで立ち往生したり大切なミーティングに出席できなかったりすることがないように、随伴機を飛ばしていたのだ。今振り返ると、そのような随伴機の存在がGEのイメージを悪くしているし、私を自分に甘いだけでなく、たいそう偉そうな人物に見せていたと思う。イメージにもっと気を遣うべきだっただろう。

ただし、私がそうやって懸命に世界を飛び回ったのは、顧客に対応するGEのリーダーたちをサポートするためだったことを強調しておきたい。そのかいもあって、私がCEOだった時代に、世界で大きな取引を失ったことはほとんどない。

私のチームの何人か、とくにジョン・ライスが、私を過労死から守ろうとしてくれていたことは知っている。ライスは、私がビジネス機会のにおいを嗅ぎとると、鎖につながれた犬のようになることを知っていた。彼は最前線にいるセールススタッフたちにこう言っていたようだ。

「1週間前にシーメンスの連中が顧客に会ったからというだけの理由で、ジェフを20分の会談のために10時間かけてエジプトまで呼び出すのはやめてくれ」

そして私にはこう言って警告した。「過労で倒れないでください」

また、面倒な前例をつくらないように気をつけろとも言った。たとえば、エジプトのアブドルファッターフ・アッ＝シーシー大統領は私に会うのが気に入ったらしく、今後は私と個人的にしか交渉しないと宣言した。だが、ほかにも百を超える国が同じ要求をしてくると考えられたので、やすやすと応じるわけにはいかなかった。

骨董品屋の息子であるアッ＝シーシーは、値切り交渉が得意なことで知られている。普通、国家元首を相手にした会談では理屈が優先して、話も高度な政策論に終始することが多い。しかしアッ＝シーシーは事細かな交渉を得意とした。そして、かつてはエジプトの防衛大臣も務めたことのある将軍として、自分には特別扱いを受ける資格があると信じていた。胸の前で両手をこすり合わせながら「将軍にふさわしい割引を」と言ってくる。そんなイメージだ。

私とアッ＝シーシーの関係は親密だった。すでに述べたように、2014年の夏までにGEがエジプトのために2ギガワット分の非常用電力を供給し、停電を防いだからだ。ところがある日、訪れた私に向かって挨拶もそこそこにアッ＝シーシーはこう言ったのである。「あなたのタービンが高すぎると聞いた。どこまで価格を下げられる」。私は彼が何の話をしているのか、見当がつかなかった。そんな話をするために呼ばれて来たのではない。エジプトで働いている職員もたくさんいる。私はドルやセントの話ではなく、戦略について語るためにここにいるはずだ。微笑む私の横で、大統領が何の話をしているのか、部下が必死に調べている。実際の数字は覚えていないが、たとえば20億ドルの契約だったとしたら、アッ＝シーシーはそれを半額にしろと迫った。

彼が「さあ、立って。同意を祝って握手をしよう」と言ったとき、私は思わず笑ってしまった。だが、反論はしなかった。彼のそのやり方は称賛に値する。「ミスター・プレジデント」。私は笑顔を浮かべたまま続けた。「フェアな価格を実現するとお約束します」

念のために指摘しておくが、私たちは米国政府にGEのための地ならしをしてもらったことはない。その一方で、国務省の高官とはつねに連絡を取り合っていた。国務長官のジョン・ケリー（あるいはヒラリー・クリントン）に電話をして、私のほうからロシアへ、あるいはエジプトやトルコやサウジアラビアへ行く予定があることを知らせる。そして、「私がやってはならないことは」と問うのである。

具体的な話をするわけにはいかないが、どこかで何らかの危機があった場合、GEが必ず対応した。違反行為を行う悪質な政府を支持していると思われるのを避けるために、ビジネスから手を引いたケースもある。私は何より大切なこととして、各国の情勢をその国で働いているGE社員の目を通して見ることを心がけた。私は、現地で懸命に働いている同僚たちを信頼している。そして、できる限り彼らの仕事を楽にすることに努めた。

現地チームの雇用

ここまで、ローカルな投資の重要性、粘ることの大切さ、国のリーダーたちとの関係を育むことの意義について話してきた。しかし、会社を真の意味でグローバルにするのに欠かせないことがもう一つある。それは、ものの見方を教えてくれる人材を雇うことだ。完璧な例として、ナイジェリアのGEにまつわるエピソードを紹介しよう。

ナイジェリアは複雑な土地だ。ロンドンやニューヨークから見れば、ナイジェリアでのビジネスはどれもリスクが高いように思える。だから私たちは、チームリーダーとしてラザルス・アンバゾに白羽の矢を立てた。アンバゾは首都アブジャから1時間ほど離れた場所にあるケフィという村で生まれ育った。エッゴン族の長である父親は教育の大切さを疑うことなく、9人の子を育て上げた。ザリアにあるアフマド・ベロ大学で数学を専攻したアンバゾは、卒業後にアメリカにやってきて、アイオワ大学で統計学の修士号を、ニューヨーク大学では金融分野で博士号を取得した。

アンバゾはパデュー大学で教壇に立ち、連邦住宅抵当金庫とJPモルガンで働いたのちに、GEキャピタルに入社した。遠く離れた土地にある産業オペレーターのチーム監督を任せる人物としては、とても特殊な経歴の持ち主だ。しかし、私たちが成長を期待していたサハラ以南のアフリカに対して強い愛情をもつ彼をチームリーダーに選んだのは大正解だった。アンバゾは、アフリカでGEプロジェクトを推し進めることに大きな誇りを感じた。それらの実現が土地にどのような違いをもたらすことになるか、熟知していたからだ。

GEとナイジェリア政府のあいだで結ばれた国家企業間五年契約——私たちは国家企業間契約をC2Cと呼んでいた——が、同国におけるGEの戦略の土台になった。2009年に署名された同契約には、GEは数多くの分野でナイジェリアのインフラストラクチャのニーズを解消することに協力すると明記されていた。たとえば、GEは2013年にカラバル自由貿易地域で、製造・サービス・組立を行う多目的施設の建設を開始した。

インドに2012年に建てたものと同じで、その施設もGEの発電あるいは石油・ガス事業などを支えることを目的としていて、現地におけるサービスと修理とサプライチェーンを発展させる能力をもつ。アフリカでは唯一無二の計画であり、結果、GEを際立たせている。

この計画を通じて、GEは地元の規制を守るとアピールできただけでなく、大型のオフショア計画で競争的に優位に立つことも、ナイジェリアで設置した数多くのガスタービン（同国のガスタービンの80パーセントがGE製）に対して長期サービス契約を結ぶこともできた。

GEが行ったナイジェリアで最大のプロジェクトは、同国のコングロマリットであるダンゴート・グループを相手にしていた。GEがダンゴートにタービンと機関車と医療機器を売ったのである。ダンゴートがそれらを買ったのは、間違いなくGEのチームが地元にあったからだ。

政治家たちもGEチームの存在を気に入っていた。たとえば、2014年に私はアブジャへ飛び、グッドラック・ジョナサン大統領および彼の閣僚と会談した。ジョナサンが2010年に大統領に就任して以来、4回目の会談だったが、今回は私の頭のなかに具体的な目的があった。まもなく期限が切れることになっていたC2C五年契約の延長だ。私はそれまでにさまざまな分野で行われてきた前進について話すつもりだった。しかし、私にできる賢い選択は、ナイジェリア人を中心にしたアフリカ人だけで構成される幹部チームを会合に連れていくことだと気づいた。

実行するのは簡単だった。何しろ、ナイジェリアで働くGEの管理職は95パーセントが現地の人々だったのだから。私たちが到着したとき、大統領は明らかに驚いていた。黒い肌をした12人のアフリカ人男女とひとりの白いアメリカ人CEOが会議室に入ってきたのだ。大統領の目が輝いた。私たちが席に着くと、ジョナサン——カヌーづくりを営む貧しい家族のもとに生まれ、いつもおしゃれな中折れ帽をかぶっていた——は右から左へとゆっくりと視線を動かし、私たちの意図を悟った口調でチームを歓迎した。

「あなた方の顔が気に入りました」。そう言ってうれしそうに笑った。その日、C2Cが更新され、将来におけるさらなるサービス契約や、石油とガス、電力、医療、航空関連の設備機器の受注も可能になった。すべてひっくるめて、ナイジェリアにおけるGE製品の注文は、その年に10億ドルを超えた。

中国がいちばん大切

GEはさまざまな場所で投資を行い、製品を売ってきたが、群を抜いて重要なのは中国だ。ほかにない大きな成長が期待できるし、市場はまもなくアメリカよりも大きくなるだろう。GEの同業者の多くは、そして中国政府も、安価な中国人労働力を利用して、同国を世界の工場にしようとしていた。しかし、私は違った。私は、顧客あるいは巨大な市場として中国を評価していた。

私たちが中国で工場を建てたのは、アジア全域をカバーするためであって、アメリカはそこに含まれていなかった。私は中国での成功が、GEのグローバルな競争力を高めると信じていた。部下が中国を恐れることがないように、同国を「GEの第二のホーム市場」と呼ぶようにした。

私が最初に中国を訪れたのは、GEプラスチックスのために働いていた1987年のことだ。私は香港に飛び、そこから広東省深圳《しんせん》に向かう飛行機に乗り込んだ。当時、最高指導者の鄧小平が経済改革を推し進めるために、深圳を「経済特区」に指定して、外国からの取引や投資に開放し、実験的に市場資本主義を奨励していた。しかし、空港から車で外に出た私は、その街の未開発な様子に驚いてしまった。人々は小さな小屋に住み、トイレも外にあった。

私は、中国で最初のGE製造工場が建てられる予定だった南沙地区に向かった。その工場ではわずか数年後に、自動車やコンピュータあるいは電話などの製品に利用する硬性の熱可塑性プラスチック――このプラスチックペレットについてはすでに説明した――を年間2万トンも製造することになるのである。

建設用地として選んだサイトを視察したあと、私はセールスのために会合を行った。相手はテリー・ゴウ。台湾の国際電子機器メーカーで、のちにインテルのマザーボードもつくることになるフォックスコン(鴻海科技)の創業者だ。フォックスコンが中国本土に建てる最初の工場はまもなくオープンするところで、彼らはGEのプラスチックペレットを主原料として必要としていた。2000年までに、フォックスコンはGEプラスチックスの世界最大の顧客になっていた。

それからの30年、私は毎年2回か3回は中国を訪れた。おそらく、ほかのどの西側CEOよりも、中国の成長を間近で見てきたと思う。中国は知的財産を盗む連中であふれているという見方が広まっているが、私の目には、中国人は自分自身をよりよくするためにたゆまない努力を続けていると映る。

中国の反体制派に関する報道は、個人の自由が抑圧されているという話を強調するが、私は何百万人もの農村出身者が都会へ移住して、巨大な中産階級を形成したのを目の当《ま》たりにしてきた。同時に、エリートと呼ばれる人の数も増え、個人的な富を大いに蓄えた。ホテルを出ると、BMWやメルセデスのセダンが走る姿を目にすることが日に日に増えていった。中国は世界の工場から経済のスーパーパワーに変貌を遂げた。

＊　＊　＊

GEヘルスケアのCEOだった1997年の夏、私は8月の休暇を利用して、中国の〝二級〟の20都市を訪問することにした。一級都市――「ビッグ4」などと呼ばれる北京、上海、広州、深圳――には何度も行ったことがあったので、今回は人口が四百万から六百万の小さめの都市、たとえば天津、成都、厦門《アモイ》、武漢などに行くことにしたのだ。私は数百の病院を視察し、地元のリーダーや顧客に会った。そして、この旅で見たり聞いたりしたことから、こう悟った。GEは中国にもっと大々的に進出しなければならない、と。

「たとえ何が起ころうとも」と私は自分に、のちにほかの人にも言い聞かせた。「ここに投資しなければならない。中国こそが成長だ」。事実がその考えを裏付けていた。膨大な数の人々が医療を必要とし、政府は医療を提供することを約束していた。面会した成都市長は私にこう言った。「もちろん、私たちは医療を充実させるつもりです。それだけが人民を解放する方法なのです」。GEのMRIやCT機器にとって、中国が巨大市場であることは明らかだった。

旅の途中、中国でGEを率いるチー・チェンが言った。「もし、私たちが中国でCTスキャナーをつくり、適正な価格を設定することができれば、アメリカの5倍の数を売ることが可能でしょう」

1999年、私たちは北京にCT工場を建てた。そしてまもなく、チェンの予言が現実になった。もし私がその日まで中国の大切さを理解していなかったとしても、この出来事で私は納得させられたことだろう。

CEOだった期間、私は30回ほど中国を訪れたが、いちばん印象に残っているのはCEOとして最初の訪問だ。2001年9月、9・11同時多発テロ事件の直後、私は北京で20人の幹部と会合を開いた。一通り自己紹介が終わったとき、私は彼らのうちわずか二人だけが中国本土で生活していることに驚いた。その二人ともが中間管理職だ。GEの185人の上級幹部のうち、そのころ中国に住んでいた者は一人もいない。

香港に拠点を置く幹部のスティーブ・シュナイダーから、300もの新しい空港が中国で建設されているという話が出た。私は「中国の成長に合わせて、GEもこの国の需要を満たすために自らの立ち位置を改めなければならない」という考えをその会議から持ち帰った。

たとえばアメリカでは、2005年の時点で人口四万五千人ごとに1機の民間飛行機があったが、中国では百六十万人に1機に過ぎなかった。しかし、経済が発展すれば、中国におけるジェットエンジンの需要が爆発的に増えることは容易に想像できた。都市が大きくなるにつれ、電気需要も増えるし、輸送路も改善しなければならない。つまり、機関車が必要になるということだ。消費者と事業主は金融サービスを求めるだろう。中国は、それらすべてを誰かから買わなければならない。GEがその誰かになることを、私は望んだ。

では、私たちはどうやって、望む形の進出を果たしたのか。私たちはずっと前から、中国では人間関係が、とくに政府との関係が重要だと認識していた。1999年に訪問したとき、ジャック・ウェルチと江沢民国家主席が会合し、「中国CEOプログラム」と呼ばれるものを立ち上げた。アイデアは単純だ。GEが毎年、20人から25人の中国人CEOをアメリカのクロトンヴィルに招待する。参加者を選ぶのは中国共産党中央組織部。国のいわば人事部署として機能する機関で、中国の国家機関や国営企業の上級幹部を選ぶ任を担っていた。

選ばれたCEOたちがニューヨークに到着すると、私たちは彼らにリーダーシップセミナーを開き、GEの働き方を教えた。GEの最高幹部の全員が講演を行った。ジャック・ウェルチも例外ではない。中国人CEOたちは、アメリカを象徴するコングロマリットのインサイダーから学ぶことにとても熱心だった。もちろん、GEにも得るものがあった。中国の若きリーダーたちと関係を結ぶことができたのである。

つまり、ビジネスを進めるのに有利な社会ネットワークや影響力のある結びつき、要するにコネができたのだ。中国CEOプログラムはコネづくりの武器になった。私がCEOになるころまでに、クロトンヴィルで学んだ人々が中国全土に散らばっていた。そのうちの数人は、国のトップリーダーになっていた。中国を訪問するたびに、私は彼らの多くに会った。彼らはGE的なやり方でビジネスを操縦した。

早い段階で、私は中国には技術面で大いに長所と才能があると感じていた。そこで、自ら率先して、上海に新しい研究センターをオープンさせた。このグローバル・リサーチ・センター（GRC）上海は、わずかな期間で複雑なプロジェクトを扱えるほどになっていったが、それだけではない。ビジネスで勝つ力にもなってくれた。なぜなら、中国国有企業のリーダーたちをそこに招いて相互理解を深め、彼らに何が足りないかを知ることができたからだ。

たとえば、中国企業は外国で製品を売るのが本当に不得手であることがわかった。政府が支援してくれていたので、企業は販売スキルを身につける必要がなかったのだ。この分野でもGEは価値を証明できると、私は確信した。

2000年代の初め、GEは国有企業の中国商用飛機がつくる地方用ジェット機ARJ21に用いるエンジンの製造契約を結んだ。中国にとって、ARJ21は民間航空事業への第一歩だった。とてもよくできた飛行機で、財政的にも中国政府からバックアップを受けていた。ところが、彼らにはセールスやサービスの能力が欠けていて、飛行機を世界に売り込む仕組みももっていなかった。それからの10年、中国商用飛機は数機を売ることができたが、大成功にはほど遠かった。中国国内の航空会社でさえ、買おうとしなかったのだ。

GEのジェットエンジンをもっとたくさん売るには、彼らに飛行機需要を高める方法を教えなければならない。私はそう結論づけた。そこで、中国のパートナーといくつかのジョイントベンチャーを立ち上げて、それらの力を借りて地元市場に深く入り込むことにした。そのようなことをすれば、技術が〝借用〟されて、ライバルの手駒になる恐れが必ず生じる。だが、そのリスクのほうが、中国で競争に参加しないリスクよりもはるかに小さく思えた。

結果として、GEは中国の航空部門で75パーセントのシェアを占めるにいたった。これはアメリカ国内よりも高い数字だ。中国はアメリカとフランスの2カ国からのみ、航空機エンジンを買っている。私たちが地元の経済に投資したからこそ、実現した数字だ。

2012年、私たちは国営の航空電子工学会社である中国航空工業集団（AVIC）と手を組んで、アビエージ・システムズという名でジョイントベンチャーを設立した。アビエージを設立した当初、G

Eは航空電子工学分野で、ハネウェル、ロックウェル・コリンズに次ぐ世界3位の位置につけていた。だが私たちは中国商用飛機の拡大に商機を見つけた。彼らの飛行機にGEのエンジンだけでなく、航空電子機器も搭載できるはずだと考えたのだ。そこでGEの航空電子事業とAVICのそれとを統合し、50対50のパートナーシップを結ぶことにした。それがうまくいった。中国商用飛機が次の新型飛行機C919用の電子機器を選んだ際、私たちが契約を勝ち取った。

シンシナティを拠点とするエンジニア陣を、上海で活動するエンジニアたちと結びつけるのは簡単なことではない。文化的な衝突は避けられないし、両サイドに譲歩が求められる。強いリーダーシップが欠かせなかったし、少なくともGEサイドでは、中国で行うあらゆるビジネスに共通する価値観を、繰り返し意識する必要があった。「中国人から最後の一滴まで血を絞りとるために中国に行くのではない。彼らとともに成功するために力を尽くすのだ」

現地パートナーがGEの技術を盗んで、敵対してきたことも何度かある。たとえば、2007年にGEは中国に機関車技術を導入し、300ユニットを4億5000万ドルで販売する契約を結んだ。最初の二つはアメリカで組み立ててから中国へ出荷した。残りの298ユニット分は、キットとして出荷された。部品の一部はそのうち中国でも調達できるようになるだろうと期待してのことだ。そして最終的にはGE部品の80パーセントまでを中国製にすることをもくろんでいた。

しかし、そうはならなかった。国営の中国国家鉄路集団が独自の機関車をつくりはじめたのだ。どうやら、GEの機関車を分解して、部品をコピーしたようだ。のちに私たちは、インドネシアと南アフリカとブラジルにおいて、機関車のビジネスを巡って中国国家鉄路集団と競合するという厳しい立場に追い込まれた。セールススタッフの話によると、中国のライバルは自社製の機関車のことを「GEとほぼ同じ！」と言って売り込んでいたそうだ。当然、彼らはＧＥの技術を自分たちのものとして売り込んでいたと考えざるをえない。もちろんフェアな行為ではない。だが、私はそれを一つの学習とみなした。

何より重要なのは、私たちはそれでも世界中で勝ちつづけたという事実だ。世界の顧客は中国の製品を買おうとはしなかった。たとえ中国製品がアメリカの技術をもとにしていたとしても、だ。ＧＥはセールスもサービスも優れていて、現地の人材にも投資していた。

ブラジルでＧＥの機関車を売ろうとしていたセールス担当者は、アメリカ人ではなくて、ブラジル人だ。中国のライバルには、そうしたことができていなかった。アメリカ人として私はいつも、政府は私たちに中国市場へのアクセスを与えることだけに集中すればいいと感じていた。残りは私たちが自分でやる。

私たちが中国で何らかの危惧を抱き、そのことを中国政府の高官に伝えると、彼らは外国人を締め出そうとするのではなく、問題を解決しようとする私たちの態度を快く受け入れてくれた。加えて、米国政府には、私たちに代わって問題を解決するのに必要な人脈が――もちろん意志も――欠けていた。

中国の官僚主義というと悪いイメージがつきまとうが、うわさされるほどひどいものではない。私たちが問題を指摘すると、ほとんどの場合でそれを聞かされた当人にとっても新しい知らせなのだ。長い年月をかけて相互理解を深めてきたので、私たちの会話はだいたい次のようになる。「ほら、ここに問題が潜んでいます」。「ありがとうございます、ミスター・イメルト。すぐに対処します」

中国では〝聞く〟が重視される。私は人の話をよく聞くことをビジネス戦略に取り入れるようになった。あるとき、バンドル型のエネルギー取引において、中国政府が地元の企業をＧＥやライバル社にパートナーとして振り分けた。シーメンスが上海電気と組むことになった。上海電気はＧＥがロビー活動を通じてパートナーにしようとしていた会社だ。GEに割り当てられたのは、私たちがあまり高く評価していなかったハルビン電気だった。

私が中国でマクロ経済の調整を行う国家発展改革委員会の主任に抗議すると、彼は私に勘違いをしていると指摘する。「ジェフ、この決断はあなたに対する高い評価の表れなのです」。当時、中国で最大の権力をもつ7人に含まれていたその紳士が言った。「胸を張ってください。私たちはGEをとても高く買っていて、あなた方を最も必要としている企業をパートナーに指定したのです！」

中国では、望むものをいつも得られるとは限らない。望むものが得られないことのほうが多いだろう。しかし、私は勝ち負けにあまりこだわらない態度を学んだ。中国でビジネスをするには、長い目が欠かせない。

私は、中国市場の勢いと中国政府の影響力に注目しつづけた。確かに、いくつかの市場では、経済発展の最前線のポジションを中国がアメリカから奪い取った。中東とアフリカとラテンアメリカでは、中国の建設会社がGEの製品と中国資本を使って発電施設を建てている。それがグローバル化というものだ。しかし、私の時代のGEがやったように「中国のなかで中国のために」活動することで、貿易戦争を引き起こさずに成功をつかみ取ることができるのだ。

私が引退した時点で、GEは中国で二万一千人の社員を抱えていた。その99パーセントが地元の人々で、中国の発展に力を尽くした。上級幹部の7人も中国人だった。中国市場で勝つために必要な能力のすべてを現地で開発した。1万以上のジェットエンジンを設置した。医療事業は40億ドルの収益を記録し、高い収益性を誇った。中国およびアメリカのパートナーとともに、ライフサイエンスパークも増やしていった。成長しつつあるガスタービン市場で有利なポジションを占めることができた。アメリカから中国への輸出も増やした。GEは以前からアメリカから中国への輸出量のほうが、その逆よりも多かった——アメリカが輸出超過国だったのだ。それがアメリカに多くの雇用を創出していた。中国政府は私たちのことを尊重した。私たちが彼らを尊重し、彼らの前に姿を現したからである。

COVID–19危機で、中国に厳しい目が向けられるようになった。これまでずっと中国市場や中国パートナーのポテンシャルを高く買ってきた人々でさえ、ウイルスに対する中国政府の初期対応に失望した。それに加えて貿易圧力も高まっていることから、反中国感情で彩られた情勢不安が広がると容易に想像できる。

反中国感情はアメリカで草の根レベルで広がっていて、その気持ちは私にも理解できる。建設的な話し合いを呼びかけられる立場にあったビジネスリーダーたちも口を閉ざしてしまった。しかし、世界の二大経済大国が貿易戦争をすべきだと本当に考えている者がいるのだろうか。さらに言えば、私は次世代のアメリカ人経営者たちが中国を恐れるのではないかと心配している。あるいは、彼らは中国相手に競争する方法を学ぼうともしないのではないだろうか。それは間違いだ。世界で最も困難な問題を解決できるのは、アメリカと中国という二つの国だけなのだから。

かつて単なる製造大国であった中国は、重要な知識の集まる国として尊敬を集めるほどに大きく変わった。もはや「メイド・イン・チャイナ」は安物の称号ではない。その刻印は、中国が自らの陣地を主張し、世界はそれに従わなければならないことの証となりつつある。一例を挙げると、この世にソーラー産業が存在する唯一の理由は、中国がソーラー産業は存在すべきと決め、ソーラーパネルをつくり、原価割れで売っているからだ。電気自動車でも、そのうち中国がアメリカを追い抜くだろう。

競争が激化する世界で、中国の影響を受けない場所など存在しない。過去25年間、毎年ずっと中国が、アメリカとヨーロッパを足したよりも多くのエンジニアを輩出しているのである。さらに、さまざまな問題に際して、中国が〝決定権〟を握るケースが増えつつある。たとえば気候変動だ。太陽光発電だけでなく、次世代バッテリー技術でも、原子力発電所でも、電気自動車でも、中国がリードしている。次世代の人工知能やデジタルツールでも、中国はアメリカに引けを取らないだろう。近年のボーイング社の危機では、中国が７３７ＭＡＸ型ナローボディジェット機の運用を中止した最初の国だった。中国が行き先を示し、世界がそれに従うケースが、今後も増えていくに違いない。

世界は循環する。ジャック・ウェルチがＣＥＯだった最後の10年、ＧＥプラスチックスには中国石油天然気集団と提携して、10億ドルの樹脂プラントを建設するチャンスがあった。ただし、南沙に建てたペレット製造工場とは違って、樹脂プラントをつくるにはＧＥが化学的ノウハウ――ＧＥ独自のポリマーのレシピ――を中国に持ち込む必要があった。ジャックがそれを嫌い、提携を行わなかった。「あいつらは私たちの技術を盗むに違いない！」と彼は言った。しかしその後、その技術は特許を失い、中国が私たちの協力なしに自分で工場を建てて樹脂を製造したのである。私たちは中国という巨大な市場を失ったのだ。これが、のちにＧＥプラスチックスを手放す理由の一つになった。このときもまた、私は中国から教訓を得た。「世界最大のエンドユース市場でビジネスを行わなければ、おそらく生き残ることはできない」。この教訓は現在もまだ有効なままだ。

反乱分子

私は初めから、一部のリーダーたちにとってＧＧＯは苦い薬になるだろうと予想していた。だが同時に、彼らならＧＧＯがＧＥの役に立つと理解してくれるものと信じていた。実際、ＧＥの事業の大半は、最初こそＧＧＯに関わろうとはしなかったが、そのうち態度を変えはじめた。ＧＧＯがさまざまな問題の所在を明らかにしたからだ。たとえば、同じ地区に各事業がそれぞれの人員を配置していたため、特定の役割が二重にも三重にも占められていることがわかった。外国でのビジネスが増え、その際の手際がよくなるにつれて、ＧＧＯを味方とみなす人々の数も増えていった。

しかし例外もいた。たとえばＧＥエナジーの社長兼ＣＥＯであったジョン・クレニキだ。自分に厳しく、とても理路整然としたすばらしい経営者で、私も心から尊重していた。私はクレニキのことを30年以上前から知っていて、三度昇進させたし、彼の個性は会社の再編に不可欠だと考え、２００８年には副会長にも任命した。しかし、そのクレニキにも大きな欠点があった。何かに没頭するとき、自分なりのやり方を見つけることにこだわり、他人の協力を拒むのである。

私は、自分が任命した副会長には大局的な考えを求める。ＧＥのような大会社を経営するために、私は会社全体を水平的に理解する必要があり、それを助けてくれる一握りのアドバイザーを頼りにしている。ふだんは自分の業務に従事している人々だ。彼らが優れたアイデアを採用して、それをもっと優れたものにする。悪いアイデアは解体して取り除く。

ジョン・ライス、キース・シェリン、マイク・ニール、ベス・コムストックのような人々だ。本書においてここまでまだ紹介していない、航空部門を取り仕切るデビッド・ジョイスも含まれる。金融危機を抜け出したばかりの私は、深い傷を負っていた。ほかのどの時期よりも切実に、彼らアドバイザーの協力が必要だった。しかし、クレニキはレギュラー陣には含まれなかった。

リーダーシップ論では、うんざりするほどスポーツのたとえが用いられるが、その理由は簡単で、そうしたたとえがぴったりフィットするからだ。私はCEOとして、チームプレーを改善する方法を考えるのに多くの時間を費やしてきた。しかし、ことGGOに関しては、クレニキは協力を断固として拒んだ。しかも、口を閉じようともしない。自分の受け持つ事業については自分がいちばんよく理解しているのだから、他人の意見に左右されるべきではない、とクレニキは考えるのだ。

クレニキが協力を拒んだのは、それが初めてではなかった。四半期ごとに、私は各事業について詳細なレビューを行う。GEアビエーションを率いていたジョイスは、このレビューに二十人ほどを引き連れてやってきた。全員がとてもよく準備していて、4時間ほどの時間をかけて話し込む。ほかのリーダーもだいたいそんな感じだった。だがクレニキはCFOだけを連れてきて、「早く終わりにしよう」とでも言いたげなリラックスした表情を浮かべるのだ。だらしなくリクライニングを倒して。何かに対して恨みをもっているようにさえ見えることもあった。

業績さえ満足できるものであるのなら、そのような態度も許容できるだろう。クレニキの業績が下がりはじめたとき、私は彼の態度が我慢ならなくなってきた。私たちは、何かにつけて言い争った。クレニキの指揮下でガスタービン技術に遅れが出ていたので、その点を指摘すると、彼は私に口を出すなという態度を鮮明にした。ロレンツォ・シモネッツリという若い幹部を育ててくれと頼んだときもそうだった。クレニキは、シモネッツリは経験不足だと言って拒んだ。しかし、私たちが機会を与えなければ、経験など積めるはずがない。

私は悲しかった。クレニキはGEで最も優れたリーダーの一人で、副会長にもなるべくしてなった。しかし、その次のステップを踏み外した。ほかの者と協力しながら変化を導くことが自分の新しい役割であることに気づかなかったのだ。数年前まで、私は彼のことを後継者に最もふさわしい人物とみなしていた。しかし出世してからのふるまいで、彼は後継者レースへの参加資格を失った。

そして2011年の終わり、厳しい状況のなかで、クレニキは目標を達成できなかった。私はこう考えた。しかるべき数字を出さないのなら、彼の偉そうな態度を我慢する必要があるだろうか。そこで2012年の2月、私はクレニキにしばらく時間を与えるので、新しい仕事を見つけるように伝えた。

私はこう言った。「いいか、君はGGOとGEがやっていることを重複させている。クロトンヴィルを無視して、独自のトレーニングクラスもつくった。いびつだし、時間も余分にかかる。私たちには変化が必要なんだ」。クレニキは驚いていた。

私は続けた。「ジョン、この会社にいてもらいたかったから、君を副会長にしたんだ。その見返りに、君にはもっと多くの人々の手助けをしてもらいたかった」

公開処刑が横行していたジャック・ウェルチの時代とは違って、私は解雇する人々の尊厳を守るよう努力した。2012年の7月にクレニキの解雇を発表したときも、組織としての変化を強調した。

GEエナジーは三つの事業――パワー&ウォーター、オイル&ガス、エナジーマネジメント――に分割され、そのどれもが私に直属することになった。クレニキの部下たちを昇進させること――パワー&ウォーターのスティーブ・ボルツ、オイル&ガスのダン・ハインツェルマン、エナジーマネジメントのダン・ジャンキ――が目的ではないと、私たちは説明した。ただ、10億ドルのコストを削減するために、余分な層を取り除くだけだ、と。その際、その取り除かれた層が社内に存在する問題をより大きくしていた事実は公にしなかった。

クレニキの処遇に関して、私を批判する者も多かった。確かに、彼の能力は長年にわたって、とくにエネルギー市場に参入するときに、大いに会社の役に立ったと言えるだろう。しかし、私は過去を振り返らない。GEのリーダーたちは私に忠実に従わなければならない、と思っているわけではないが、彼らは私たちの会社としての使命には忠誠でなければならない。

GGOの取り組みを支持したことを、私はまったく後悔していない。賛否両論はあったが、GGOが成果をもたらしたことに疑いの余地はないのだから。2001年、私がCEOになったばかりのころ、GEの顧客の70パーセントがアメリカにいた。2017年に社を去ったとき、収益の70パーセントがアメリカ以外の国から来ていて、GEは180の国でビジネスを展開していた。

だが、GGOのおかげで、アメリカの外側における既存産業の年間収益も、2011年から2017年にかけて510億ドルから700億ドルに増えていた。私がリタイアした時点で、収益が10億ドルを超えていた国の数は26にのぼる。ビジネスでは、ロードマップのないまま、自力で未来を切り開かなければならないケースが増えてきている。GEはグローバル化への新しい道を切り開くことに成功した。

第8章
複雑さに取り組むリーダー

それは普通のパーティではなかった。2009年の6月、1825年に邸宅として建てられたロンドンのクラレンス・ハウスで開かれたブラックタイ・ディナー(セミフォーマル・ディナー)に、私は招待された。アンティーク家具や中国製の磁器、重要な芸術作品などで満たされたその場所は、邸宅というよりもむしろ記念碑のようだ。1947年に結婚したエリザベス王女とエディンバラ公が、かつてその4階建てのマンションに住んでいた。現在は、ウェールズ公チャールズとコーンウォール公爵夫人のカミラが使っている。

チャールズ皇太子が気候変動について話し合うために呼び集めた十五人ほどのゲストに、私も含まれていた。世界のほかの国と同じく、イギリスも気温が上がっている。同国で最も暑かった夏のトップ10は、すべて2002年以降に記録されている。皇太子は危機感を抱いていた。

ゲストのなかには、ほかの産業会社のCEOが3人から4人、環境系非営利組織の代表者が数人、そして5カ月後にコペンハーゲンで開かれた国連気候変動会議で議長を務めるデンマーク人のコニー・ヘデゴーが含まれていた。金箔を貼った豪華なダイニングルームに集まった私たちは、皮肉な現実に驚かされた。その部屋はエアコンがなく、異常に暑かったのである。

ゲストは全員、息苦しいタキシードと長いガウンを着ていた。一見したところ、写真を撮って両親に自慢したくなるような情景だった。「ほら母さん、僕の隣に座っているのがチャールズ皇太子だよ！」

しかし、テーブルの向かいに座っていたヘデゴーの様子を、私は一生忘れることができないだろう。ヘデゴーは、およそこの7年後にパリ協定として実を結ぶことになる、重要な地球温暖化会議を主催するほどの人物だ。その彼女が、私と同じように皿に盛られた芽キャベツに、顎から汗を滴らせていたのである。

その夜遅く、退出しようとしていた私を、世界最大の油田関連サービス会社シュルンベルジェのCEOであるアンドリュー・グールドが引き止めた。「知ってるか、ジェフ」。グールドは言った。「潜在的な競争相手を考えるとき、私たちが最も恐れるのはハリバートンでもベーカー・ヒューズでもない。GEなんだ」

当時、GEは石油・ガス事業を大規模に行っていたわけではないにもかかわらず、グールドはGEに注目していたのである。「GEが、いつか本格的に石油とガスを扱うのではないかと心配している。GEの広がりは、つまりGEのスケールと横の連携は、私たちにとって本当に壊滅的だ。顧客は幅広い力を求めているから」

当時私は、同じような話を何度か顧客からも聞いたことがあった。幅の広さがGEの魅力だ、と。あるとき、バーリントン・ノーザン鉄道のCEOであるマット・ローズが、キャタピラー社よりもGEから買うほうがずっといいと、私に話したことがある。「技術的には、両社ともとても近いレベルにある」

と、ローズは言った。「だが、GEは新たな視線をもたらしてくれる。GEは医療にも精通していて、中国でも強いという事実が、私たちにも役に立つ」と。

同様に、クリーブランド・クリニックやオクスナー医療センター、ノースウェル・ヘルスなどといった医療関連事業のCEOも、上級幹部をGEに送り出してトレーニングを受けさせていた。なぜならGEには、産業で培ってきた能力を医療に応用するという強みがあるからだ。GEのようなコングロマリットが存在するのには、意義があったのである。

巨大なコングロマリットの役割については、ずいぶん前から議論されてきた。おもな利点の一つは、コングロマリット内の各事業が迅速にサポートし合えることにある。1990年代、GEはクレジット市場の規制緩和を利用して、金融サービス部門で大きく成長した。2001年9月11日のテロ攻撃によりGEの航空部門がどん底の状況にあったときは、GEパワーが会社全体を引っ張ってくれた。2000年代、金融サービスは大惨事に見舞われたが、天然資源分野には追い風が吹いていた。2010年から2020年にかけて、天然資源は苦戦したが、航空部門が成長した。2020年、COVID‐19がGEアビエーションを直撃した。

現在のコングロマリットのほとんどは、アルファベットやアマゾンなどのように、デジタルを中心に展開している。「市場にタイミングを合わせる」、つまり市場が成長しつつあるときに参入し、縮みはじめるとすぐに撤退するのは難しい。大切なのは、各事業をうまく運営しながら――私がグローバル化でそうしたように、いくつかのマクロな目標を選んで追い求めることだ。経営者は景気がいいときと悪いときのサイクルをうまく乗り越えなければならない。

コングロマリットの利点はほかにもある。中国のように、政府と国営企業が成長を牽引していて、業界の垣根を越えた横のつながりを重視している国では、コングロマリットのほうが重宝される。

そしてもう一点、コングロマリットは研究成果もインフラストラクチャも共有できる。それなのに、投資家のコングロマリットに対する評価は一定しない。２０００年、株式市場はコングロマリットを高く評価していた。しかし２０１７年には、投資家はコングロマリットを避けるようになっていた。彼らはもっと単純で、理解しやすい会社に資金を託したいと考えるようになっていた。

コングロマリットの最大の問題点はその複雑さにある。私たちはＧＥをシンプルにする方法をずっと探してきた。複雑な手を使わずに、複雑さから最善を引き出すにはどうすればいいのだろうか。まるで不可能に聞こえるかもしれないが、不可能ではない。

価値の積み重ね

コングロマリットの構成要素をつなぐ関係は、時間とともに変化する。バークシャー・ハサウェイの場合、ウォーレン・バフェットと彼の投資能力を中心に組織が形づくられている。そこでは、「ウォーレンが何を考えているか」が活動の根拠になる。アルファベット社は、コングロマリットを今まさにつくろうとしている段階で、人工知能の応用がコングロマリットとしての存在理由になると予想できる。アマゾンは小売業界を支配しているが、小売業者ではない。ソフトウェア会社だ。同社はソフトウェアを使って、伝統産業――とくに小売業を混乱させるために存在している。

通常、ＧＥのライバルはコングロマリットではなくて、ＧＥよりも少ない製品に注力している企業だ。たとえば、機関車販売で私たちのライバルになるのは、イリノイに本拠を置くエレクトロ・モーティブ・ディーゼル（EMD）という、以前はゼネラルモーターズの子会社だったこともある手強い企業だ。高品質のディーゼル電気機関車、エンジン、部品を製造している。こうした強力なライバルの存在にもかかわらず、GEレールの市場シェアは20年をかけて25パーセントから70パーセントに増えた。なぜなら、コングロマリットは、正しく運営すれば、単独企業には不可能なことができるからだ。

いくつか例を挙げる。グローバル・リサーチ・センターのおかげで、GEは機関車の燃料効率で市場をリードする規模と能力を手に入れることができる。GEキャピタルを通じて、資金の融通もできる。また、七大鉄道会社のCEOたちが、GEの人事プロセスに便乗することを望んだので、私たちは彼らを頻繁にクロトンヴィルに招待した。グローバル・グロース・オーガニゼーション（GGO）のサポートのおかげで、私たちはほとんどの国際取引で勝つこともできたし、航空や医療分野で培ってきたサービス技術を使って機関車を買った顧客を満足させることもできた。

GEの数多くの部門が、能力を分け合いながら顧客の問題に新しいソリューションを提供しているという考えは、GE内に広く浸透していた。その中核をなすのが製品とサービスである。

資金とデジタル技術の両方に裏付けられたテクノロジーが、世界中に届けられた。そのような能力の積み重ね――イノベーションとサービスと金融とデジタル、それらすべてが世界規模――が、GEにしかない強みだった。私は、この長所に名前をつけたいと思った。そうすることで、顧客にもイメージしやすくなるはずだ。これが、私たちがGEの水平にひろがったプラットフォームを、「GEストア」と名付けた理由である。

私がGEストアを活用する方法を考えたのは、GEヘルスケアでCEOをしていたころだ。GEヘルスケアは、1997年の時点で30億ドルだった収益が、私が退くころには20億ドル以上増えていた。グローバル・リサーチ・センターは、軽量超音波プローブから免疫療法用の専売ツールにいたるまで、貴重な製品を生む技術を開発した。GGOはのちに、GEヘルスケアが競合他社を差し置いて世界的な版図を広げられたおもな要因にもなった。

GEはきわめて包括的でありながら地に足がついていたため、インド、ケニア、サウジアラビア、トルコのような国家とも、戦略的パートナーシップを結ぶことができた。アメリカ用の医療機器販売に必要な資金の3分の1は、GEキャピタルがまかなっていた。

GEプラスチックスとGEヘルスケアを経験した私は、GEは市場の発展に合わせて、自らも新しい成長産業に拡大しつづける必要があると考えるようになっていた。GEプラスチックスで、私たちはビジネスを陳腐化させてしまった。ヘルスケアでは成長に転じた。医療用機器（MRスキャナーなど）という強固な基盤から、デジタルデバイス（患者監視システムなど）やバイオ分野（診断テストなど）に進出した。どれも大成功だった。私は投資と買収を通じて、ビジネスを拡大できることを知った。

また、実り豊かな事業を運営するだけでなく、医療業界におけるソートリーダーとしても、GEは支配的な役割を担った。それにともない評判も広がり、政策にも影響できるほどになった。そのような形でリーダーシップを発揮できたのは、私たちが幅広い活動をしてきたからこそである。GEは医療費を抑えながら競争に耐えうる機器を製造しつづけるという、相反する要求に応えることができたユニークな存在だった。

医療産業で世界的に高い信頼を得たことで、GEならほかの産業でも難解な問題を解くことができるはずと思われる機会が増えていった。これらすべてを根拠に、私はGEストアが市場におけるGEのリーダーシップの基盤になると確信するようになった。

パターンの認識

2005年、GEオイル&ガスが開催した顧客ミーティングで、私たちはGEストアの活用を前面に打ち出した。毎年開かれるそのミーティングには、七十を超える国からゲストがやってくる。問題解決のパートナーとして私たちを選んだ人々の考えを知る機会だ。2005年時点ですでに、製品を売ってサービスを提供するだけでは不十分であることが明らかだった。顧客は私たちに、ともにイノベーションを起こすパートナーとしての役割を求めるようになっていた。私たちはGEストアを、ソリューションを提供する一つの店舗、技術的な何でも屋とみなすよう説明した。

私たちが石油・ガス事業に参入したのは1995年、タービンの仕組みに欠かせないコンプレッサーを製造していたヌオーヴォ・ピニョーネという、イタリアの小さな企業を買収したのが始まりだった。初期のGEオイル&ガスの成功は、厳しい環境のなかでも壊れることなく、効率的に働く機械システムをつくることができるかどうかにかかっていた。この業界では、深海、暑い砂漠、凍てつくツンドラ地帯など、文明からかけ離れた場所で活動するのが当たり前だ。したがって、GEの顧客たちは、私たちから買ったポンプやコンプレッサーに安全性・品質・信頼性の三点セットを求めていた。それがそろって初めて、石油やガスを掘り出して、利用される場所にまで届けることができるのである。

大きな企業でも、たった一人のリーダーの洞察が投資活動を左右することもある。GEオイル&ガスでは、クラウディ・サンティアゴがそのようなリーダーだった。生涯をGEに捧げてきたスペイン人のサンティアゴは、業界に変化が訪れていることに気づいた。プロジェクトの規模は大きくなる一方で、技術的な要求も高まっている。また、アンゴラやノルウェーなど、アクセスするのが難しい場所で採掘が行われることが増えていた。さらには、水平掘削のような革新的な技術が、北米におけるシェールガスの採掘を可能にした。

そこで、GEの顧客――石油大手（エクソン、シェブロン、BP、シェル）と国営石油会社（ロシアのロスネフチ、メキシコのペメックス、ブラジルのペトロブラス、サウジアラビアのアラムコ）――は、新たな技術的ソリューションを求めていた。しかし、大手の石油会社は地質学者を大量に抱えていたが、機械エンジニアには不足していた。私たちの出番だ。

石油・ガス事業は安定を知らない。需要が増えたり減ったりを繰り返す。しかし、私はそのことにひるまなかった。1年や2年を見越して投資してきたわけではないからだ。私たちは長期的に技術的なリーダーの座を維持することを目指してきた。世界が気候変動に立ち向かうなか、私たちはクリーンな技術への移行において、天然ガスが重要な役割を果たすと確信した。私は、GEならそのような移行を促すパートナーになれると考え、取締役会もその考えを承認した。

2007年、私はシェブロンのCEOであるジョン・ワトソンを訪問した。シェブロンはオーストラリア沖の巨大プロジェクトに出資していたが、機器サプライヤーに悩まされていた。どのサプライヤーも納期を守れなかったり、コストを超過したりしていたのだ。

ワトソンは私にこう言った。「ジェフ、この業界にはGEが必要だ。GEには、地上3万フィートの高さでも動く機械をつくった経験がある。我々のために、海面下1万フィートで動く機械をつくってくれ」。私は、GEなら業界全体に研究開発を提供できるのではないか、と考えるようになった。

さて、GEストアはどのような仕組みの上に成り立っているのだろうか？　私たちの石油・ガス事業の顧客が海の真っただ中にあるオフショアプラットフォームに新たにタービンを設置しようとしていると想像してみよう。プラットフォームはおいそれと広げられるものではないので、タービンは小型でなくてはならない。重量も大切で、軽いことが絶対条件だ。また、設置したあとのタービンには簡単にアクセスできないので、顧客自身が遠隔地から監視することが前提になる。

そこで、GEのエンジニアは、航空機エンジン分野で得た知識を活かした新たなソリューションとして、強度が高くて軽い素材を使った比較的小さなタービンを開発した。医療分野で開発済みのX線と指向性ドリル技術も応用できた。それらを利用して、素材の重量や抵抗性を調整できたのである。GEストアの屋根の下で、私たちはあらゆる分野のノウハウをひとまとめにして、顧客のニーズを満たしたのだ。

GEオイル&ガスは250億ドルのビジネスに成長し、世界におけるGEの活動範囲を広げ、地理的な利点をもたらした。世界中の政府がGEの幅広さを高く買い、そのおかげで新興市場に参入しやすくなった。発展途上にある国に行くと、私たちは誰とでも会うことが許された。なぜなら、彼らの最も基本的なニーズである、医療、鉄道、航空、発電、金融を満たす製品を、私たちがもっていたからだ。多くの場合で、GEのほうが個別産業に取り組む企業よりも手厚い待遇を受けた。

リードする意欲

私たちは最初から、GEオイル&ガスを業界最大手のシュルンベルジェに匹敵する会社にすることを目指していた。だから、最高に優れた人材を同社のリーダーにする必要があった。2013年、私たちはロレンツォ・シモネッツリに白羽の矢を立てた。シモネッツリは若手のなかで最高の人材で、私はGEオイル&ガスを任せることで、彼の本当の価値がわかると考えた。

シモネッツリがほかの誰よりもハードに働くことを、私は知っていた。彼（ローマ生まれ）の家族はトスカーナで土地を運用し、ブドウ畑を経営していたことがある。しかし、シモネッツリが9歳のときに、銀行員である父親が家族を連れてロンドンへ引っ越した。シモネッツリは南ウェールズにあるカーディフ大学で経営と経済を学び、卒業した。

そして、1994年にGEに入社。世界を転々としながら、企業監査や消費者向け製品分野で活躍した。そして2008年に、私がGEトランスポーテーションのCEOに指名したのだった。当時まだ37歳だったシモネッツリは、GEで最年少の部門長になった。シモネッツリの指揮の下、同部門は5年間で、北アメリカ限定の鉄道事業からグローバルな機器およびソリューションのプロバイダーに変貌を遂げた。

そして今、そのシモネッツリにGEオイル&ガスの経営が委ねられたのだ。2014年は好景気の盛りだったが、翌年に不景気が訪れる。この不景気で、原油価格は1バレルあたり100ドル以上から30ドル以下にまで下がった。私はシモネッツリに状況をよく観察するように指示した。

私たちは大幅に成長したのではあるが、顧客はGEオイル&ガスのことを二流のプレーヤーとみなしつづけていた。しかし、この不景気が評価を一変するチャンスになるかもしれない。

当時、油田関連サービスで世界ナンバー1がシュルンベルジェだったのだが、ナンバー2のハリバートンがナンバー3のベーカー・ヒューズに敵対的買収を仕掛けていた。シモネッツリはその攻防に注目した。ハリバートンとベーカー・ヒューズの取引は、司法省によって禁止されるだろうと予想する声も多かったにもかかわらず、2年にわたって交渉が続けられていて、シモネッリはその取引の情報を逐一私に報告した。なぜなら、もし買収が成立すれば、ハリバートンのアセットの一部が強制的に処分されると予想できたからだ。もしそうなった場合、GEオイル&ガスが買い手として最有力候補になる。

しかし、2016年3月、司法省はハリバートンとベーカー・ヒューズの合併を禁じた。シモネッリはすぐに、ベーカー・ヒューズのCEOであるマーティン・クレイグヘッドに接触した。ベーカー・ヒューズの主要事業は人工採油と呼ばれていて、その技術を使うことで、自然に噴出しなくなった古い油井から石油を強制的にくみ上げることができる。原油価格の低さから、新たな掘削活動が敬遠されているなか、この人工採油法が実り豊かなビジネスになる。ベーカー・ヒューズとGEは、互いに支え合えるかもしれない。

そのころ、私たちはGEデジタルで、産業用分析プラットフォームであるプレディックスの開発にも取り組んでいた。シモネッリと私は、石油・ガス事業はプレディックスを有益に活用できる分野だと考えた。なぜそう言えるのか。石油・ガス事業に用いられるパーツの多くが、水中深くにあるパイプ群や砂漠の中など、到達困難な場所にあるからだ。業界が遠隔地から機器などを診断できるシステムを求めていたのも、不思議な話ではなかった。

また、石油・ガス事業では、機器の故障によって生じたダウンタイムを正確に測ることができる。機械システムが作動しているときにくみ上げられる原油量がわかっていれば、故障時にどれだけの量を採掘できなかったのかを知るのは簡単だ。そうした価値を数字で示すサービスは、売るのが簡単なのである。そのような事情をすべて考慮したうえで、シモネッリはベーカー・ヒューズに関心を向けた。

2016年8月、オリンピックが開催されていたリオデジャネイロにいたシモネッリから電子メールが送られてきた。そこにはこう書かれていた。「GEオイル&ガスとベーカー・ヒューズを統合して新しい会社をつくってはどうだろう」。翌日、私はシモネッリに、2016年9月の取締役会に出席してアイデアを披露するように命じた。

2004年のアマシャムのときもそうだったように、好調な時期に抜本的な変化をもたらす取引が行われることはほとんどない。私たちにはベーカー・ヒューズをあっさり買い上げるほどの現金はなかったので、少し想像力を働かせる必要があった。

今回が、シュルンベルジェに対抗する唯一のチャンスかもしれない。この業界で競い合っている企業は四つしかなく、ほかの三つは売りに出されていなかったし、将来的にも買収する機会はないと考えられた。私たちは行動を起こす必要があった。

私は未来のコングロマリット像について、いくつかのモデルを想定していた。今回は、コングロマリット内に新しい公開会社を設立する機会だと思えた。GEのパートナーでありながら、独立した株式公開会社だ。

私はつねに、よりスマートにGEを経営する方法を探していた。ずいぶん前から、テクノロジー機器メーカーのEMCのCEOであるジョー・トゥッチを知っていた。そのトゥッチも、ソフトウェア会社のVMウェアを買収しながら、それを独立した公開会社として維持していた。私は、VMウェアがかなりの価値を生み出したのを見て、同社を資本市場における実験の成功例とみなしていた。

2016年10月30日、GE取締役会のサポートを得て、私たちはベーカー・ヒューズとGEオイル&ガスの合併を発表した。新会社は「ベーカー・ヒューズ・GEカンパニー」と呼ばれ、その株式は62・5パーセントをGEが所有し、37・5パーセントが公開されることに決まった。GEオイル&ガスのC

EOだったロレンツォ・シモネッリが経営し、2017年の7月にニューヨーク証券取引所に上場する。時価総額は400億ドルを超える見込みだった。

その年の終わり、石油・ガス事業の顧客を集めて行われる年次会議の壇上で、私はBP社のCEOで、よき友でもあるボブ・ダドリーからインタビューを受けた。

話題がダドリーの業界を悩ませている価格の変動に移ったとき、私は彼に、どうすれば石油・ガス会社はそのような変動を乗り切ることができるのかと尋ねてみた。ダドリーは迷いなく答えた。「デジタルトランスフォーメーション。デジタル化を通じて、油田の生産性を上げる必要がある」と。この言葉もまた、GE内の数多くの事業は互いに支え合いながら成長できるという私の信念が正しかったことを示していた。

ちなみに、GEベーカー・ヒューズの実験は長くは続かなかった。私がGEを去ったのち、後継者が距離を置いたのだ。結局、2020年7月にGEが全株式を3年以内に売却すると発表した。さらに重要なことは、シモネッリが強固なデジタル能力なしにエネルギーサービス会社を運営するのは不可能だと悟ったことだ。

顧客の生産性と環境要件の両方に応えるには、デジタルの力が欠かせない。その一方で、GEがデジタルプラットフォームを軽視するようになってきたため、シモネッリはトム・シーベルのC3・aiとパートナー関係を結び、同社の株を10パーセント取得することに決めた。ベーカー・ヒューズとC3・aiのパートナーシップは、モノのインターネットにおけるエネルギー業界のリーダーとみなされている。ベーカー・ヒューズが所有するシーベルの会社の株式の価値は、10億ドルを超えている。また、シモネッリは、世界が石油離れするのに歩調を合わせて、炭素隔離や水素の分野で新しい技術プラットフォームづくりにいそしんでいる。

現在、成長、収益、キャッシュフローで測った場合、ベーカー・ヒューズが業界で最も成功している企業になる。世界的に見て、中東、ロシアそして北アメリカ、つまり最も大切な市場をリードしている。私たちが夢見ていたポジションを、すでに占めているのである。

石油・ガス事業には厳しいサイクルがつきまとうが、ベーカー・ヒューズに関しては、投資家たちは強気なようだ。彼らは同社の多様なポートフォリオ、グローバルなポジション、そしてデジタル化の進展具合を、高く評価している。また、同社のリーダーシップチームにもたいそう満足しているように見える。ちなみに、同社の10人の最高幹部のうち、5人がGE出身である。

プライベート・エクイティ――新しいコングロマリット？

2015年3月のある土曜日の朝、私はG・G・マイケルソンの追悼式典に参加した。マイケルソンはメイシーズの先駆的な経営幹部で、かつてはGEの取締役を務めていたこともあり、私も89歳で他界する以前はとてもお世話になった。前日までコロンビアとアルゼンチンとブラジルでビジネスレビューを行い、顧客と会合していた私は、その土曜日の午前2時にニューヨークに到着したばかりだった。だから、ラザフォードプレイスにあるソサエティ・オブ・フレンズの集会所に入ったとき、私は寝ぼけ眼だった。そこでジャック・ウェルチに会った。私たちは握手を交わし、隣り合って腰を下ろした。

もしかすると、誰かが私たちが出会うようにセッティングしていたのかもしれないが、いずれにせよ、私たちはざっくばらんに話すことができた。私は南米への出張について話し、2001年に私にC

EOの座を譲り渡したときに彼が言った、「この仕事はとても過酷だ」という言葉は本当だったと付け加えた。

90分にわたり、私たちは人々の語るマイケルソンとの思い出話に耳を傾けた。ジャックは、自分が「身のほどをわきまえない態度」をとったときに、それを注意してくれる数少ない人物の一人がG・Gだったと話した。式典が終わって建物を出たとき、ジャックはGEのCEOの仕事に終わりはないという話題に戻った。「君もそのうちプライベート・エクイティのよさを痛感するだろう」と言い、こう付け加えた。「それほど必死に仕事をしなくても、金を稼げるのだから」

私はそう言われる前から、プライベート・エクイティの世界に注目してきた。そのような会社はGEキャピタルの顧客であり、ともにビジネスを買ったり売ったりしてきたパートナーだ。

2005年、私がルーズベルト大統領時代に世界のトップCEOを集めてつくられた威厳あるビジネス評議会の議長を務めていたとき、会のメンバーを増やそうという動きがあった。私はプライベート・エクイティ会社のリーダーたちを招待しようと提案した。そして、ブラックストーン・グループのスティーブ・シュワルツマン、KKR（コールバーグ・クラビス・ロバーツ）のヘンリー・クラビス、TPGキャピタルのデビッド・ボンダーマン、CD&R（クレイトン・デュビリエ&ライス）のドン・ゴーゲルを推した。評議会メンバーたちは驚いた。「あいつらはCEOじゃない、投資家だ！」と鼻で笑う。しかし私が「彼らは私たちの会社のすべてを足したよりも大きな事業を運営している」と言い、彼らのそれぞれに、ここにいる私たちを売買する実力があると指摘したとき、流れが変わった。

非公開会社に投資したり、公開会社を買収して非公開にしたりするプライベート・エクイティはすでに40年ほど前から存在していたが、この20年ほどで勢いを増し、支配的な地位を占めるようになっていた。近年、公開会社の数がとても少なくなったが、その傍らでプライベート・エクイティが大成長した。現在、およそ2兆ドルがプライベート・エクイティの管理下にあると言われている。レガシー企業はそのような非公開ファンドを相手に、資本や才能を巡って戦わなければならないのである。

それらが成功できた理由はいくつか考えられる。まず、低金利が続いていたため、会社を買う費用を借金しやすかった。次に、大企業はしばしば自らが抱える小さな分野の存在を見落としたり、下手な経営のままほったらかしにしたりする。そこまでひどくない場合でも、勝ちにいこうとする姿勢を見せないことが多い。そして、プライベート・エクイティが公開会社を非公開にすることで、投資を受けた側の会社は問題を解決する余裕が（そして時間が）できる。公開会社とは違って、プライベート・エクイティの支援を得た企業は、世間の目から逃れることができるのだ。会社というものには、そのような自由が必要になることもある。

コングロマリットには二つの種類がある。事業会社としてのコングロマリットと持株会社としてのコングロマリットだ。GEのような事業会社のCEOは、傘下部門のそれぞれに能動的に取り組み、優先事項を決め、リーダーたちに責任を負わせる。一方、持株会社のCEOは事業にはあまり関わらない。彼らは各事業にリソースを振り分けてから一歩下がって、何が起こるか観察する。

そして、プライベート・エクイティは、そのちょうど中間に位置すると言える。部分的には自ら事業を運営し、部分的には持株会社のようにふるまうのだ。彼らは資本分配のプロである。バランスシートのつじつまを合わせるのに長けていて、債券市場の活用法や資金繰りの仕組みに熟知している。しかも、四半期ごとに結果を出さなければならないという外からの圧力にさらされることもない。

同時に、経験豊かなオペレーターを雇い入れることもできる。彼らは、「40のルール」と呼ばれることもある非常にわかりやすい考え方をもっている。40カ月で現金ならびに業務の目標を達成しろ、という意味だ。ほかのことはどうでもいい。チームはこの単純明快なメッセージに応じることだけを考えればいい。

GEにあまりうまくいっていない、あるいはほとんど注目されていない事業がある場合、私はそれをGE内で修復しようとするよりも、プライベート・エクイティに売ったほうがいいと考えることがあった。プライベート・エクイティなら、それらをレーダーの外に移し、改善を促すことができる。「この会社の業績を上向きにできたら報酬として5000万ドルを出す」などと言って、引退したフォーチュン500のCEOなどを起用することもできるだろう。もしGEの役員会でそんなことを提案したら、すぐにクビを切られるだろう。

私は、プライベート・エクイティに人気が集まる理由が理解できると認めざるを得ない。2006年、副会長だったデイブ・カルフーンがGEを去って、プライベート・エクイティが所有する小さな市場調査会社であるニールセンに移籍したことを知ったとき、世界はショックを受けた。しかし、私にとってはそれほどの驚きではなかった。カルフーンはとても有能で、何だってできる才能がある。プライベート・エクイティが彼に、自分の好きに活動する自由を与えたのだ。

プライベート・エクイティにいる限り、カルフーンを監視するのはスプレッドシートを広げる投資銀行家だ。しかし、そのような投資銀行家よりもカルフーンのほうが知識豊かなので、力関係は彼のほうに大きく傾く。ニールセンは競争力のある会社には育たなかったにもかかわらず、プライベート・エクイティにとっては大きな成功だった。この点が、プライベート・エクイティの秘密の一つだ。ビジネスで勝たなくても、投資家は大きな利益を得られるのである。

もう一つ、GEとプライベート・エクイティにまつわるエピソードを紹介しよう。何十年も前から、GEは産業用品の供給を行ってきた。照明や電気機器を売るのだが、そのビジネスがGEの中核を構成することは一度もなかったし、GEは流通会社であるという意識もなかった。そこで私たちは、GEサプライを世界最大手の流通会社だったレクセルに売り払った。レクセルは、GEサプライの社名をゲックスプロと改めた。

レクセルの多数株主は、CD&R、ユーラゼオ、そしてメリルリンチ・グローバル・プライベート・エクイティからなる投資グループだった。グループが力を入れたのは経営ではなく、あくまで金融だ。CD&Rはほかの流通会社もいくつか買収し、製品ラインと修理を追加した。現在、ゲックスプロは大きく成長し、投資家たちに多大な現金をもたらした。

ときには、私たちのほうがプライベート・エクイティから事業を買うこともあった。2012年、CVCというヨーロッパの大手プライベード・エクイティにおよそ40億ドルを支払って、アヴィオという航空関連のサプライヤーを買収した。ギアやエンジン部品をつくっていたその会社は、かつてはフィアット社の一部門だった。しかし、9・11以後の民間航空事業がたどるであろう運命に恐れを抱いたフィアットが、2002年に格安で売りに出したのだった。

それからの10年、アヴィオはさまざまなプライベード・エクイティ会社の手を転々とした。GEが買収したのは、サプライチェーンをコントロールするという目的があったからだ。しかし、長年にわたる投資不足からアヴィオの品質が悪影響を受けていたので、私たちはいくつかの点で変更を加えなければならなかった。

アヴィオはとても典型的なケースだと思える。プライベート・エクイティは、タイミングと財政の立て直しの名人だ。しかし、上空3万フィートで飛行する技術をつくる場合、4年ごとに資産を取引するようなプライベート・エクイティのやり方はあまり役に立たない。

2011年、私は当時ボーイングでCEOを務めていたジム・マックナーニとランチをともにした。そのころ、ボーイング787の開発が予定よりも2年以上遅れていて、マックナーニ自身の話によると、その理由はボーイングがあまりにも多くの航空機部品をプライベード・エクイティが所有するサプライヤーに製造委託していたからだそうだ。マックナーニは、プライベート・エクイティは自らが所有する事業に投資しなさ過ぎるとも言っていた。私も基本的に同じ意見だ。

私が強調したいのは、プライベート・エクイティは問題を抱える公開会社のCEOに、そのビジネスを違う環境で運営する選択肢を提供するという点だ。しかし、この選択肢は代償を伴う。もがき苦しむ事業を治療する方法が見つかっても、「そんなビジネスはプライベート・エクイティに売ってしまえ！」という投資活動家のひとことで、すべてが振り出しに戻ることがあるのだから。そのようにして、プライベート・エクイティは騒音ばかりを生み出し、経営を困難にするのである。

信頼できるリーダーを育てる

コングロマリットを運営する者には、幹部チームにプライベート・エクイティが喉から手が出るほどほしがる優れたビジネスリーダーが欠かせないし、彼らを手元に引き止めておかなければならない。そのようなリーダーたちは他社へ行けばもっと多くの報酬を得られることを知っているのに、そうしようとしない。なぜなら自分の市場を愛し、チームに忠実で、長期的な構築者《ビルダー》になりたいと願うからだ。

コングロマリットのＣＥＯは、マイクロマネジャーになってはならない。さもなければ、優秀なリーダーたちが逃げてしまう。手綱を緩めて、ビジネスリーダーのそれぞれに、自らの市場で成功する力を与えるのだ。そのためには、ＣＥＯはリーダーたちを信頼していなければならない。

私の場合、経営幹部たちはみんなそれぞれの領域で達人の域に達しているという強い思いが、信頼への鍵だった。しかし、どんな企業でも、真の意味でシステムリーダーと呼べる人はほんの一握りしかいない。次に何が来るかを先見し、それなのに今何が重要かを見落とさない人たち。彼らには長期的に展望しながら、短期的にも結果を残す力がある。

ＧＥにも、何人かの優れたシステムリーダーがいた。たとえば、シモネッリ。すでに述べたように、彼はさまざまな事業に、さまざまな権限をもってかかわってきた、いわば典型的なＧＥ人だ。どこで働いていようと、彼は深く潜り込み、知識を身につけていった。

しかし、私の知る限り最も優れたリーダーは、市場で勝つためにＧＥの能力を最高の形で利用する方法を理解していながら、たった一つのビジネスに尽くしつづけた人物だ。ＧＥアビエーションのＣＥＯ、デビッド・ジョイスである。

スマートで、意欲的で、徳高い人物であるジョイスは、１９８０年に製品エンジニアとしてＧＥに入社し、15年間にわたり民間機あるいは軍用機用のエンジンの設計と開発に携わった。そのため、航空部門のどの技術専門家とも互角に渡り合うことができた。加えて、売り込む先の市場にも精通していた。顧客とのつながりが密で、顧客のほうも航空業界におけるジョイスの発言を尊重していた。私と同じで顧客たちも、ジョイスがサプライチェーンからサービス契約にいたるまで、ビジネスのあらゆる側面を熟知していて、優れた決断をする力があると信じていたのだ。

ジョイスは戦略にも長けていて、40億ドル相当の航空電子事業を立ち上げた。結果、私たちは既存の顧客にさらに多くの技術を売ることができるようになった。同じように、利益を増やし、品質を高めるために、GEは独自のサプライチェーンを増やすべきだとも、彼は考えていた。

人々はよくリーダーには直感が欠かせないなどと言うが、直感は生まれつき備わっているのではなく、鍛えるものである。ジョイスには確信があった。だから次に何が来るのかが見えただけではなく、それに合わせて行動することもできた。ジョイスはいい意味で頑固だったのだ。

2014年、エアバスは新型のワイドボディ型旅客機A330xの発売計画を発表した。私はエンジンをつくる契約をとりつけようとした。なぜなら、エンジン契約を勝ち取れば、ロールスロイスからほかの契約も奪うことができて、GEとエアバスの関係はぐっと近づくだろうと思えたからだ。

しかし、ジョイスが反対した。当時すでに開発していた6種のエンジンから、集中がそがれてしまうことを恐れたのだ。また、エアバスと契約を結べば、同社の最大のライバルであるボーイングとGEの関係がこじれてしまうかもしれない。そのあたりの事情については、私よりもジョイスのほうがはるかに詳しい。だから、私は彼を信じて、契約交渉を見送ることに決めた。

そのようなことが、1回だけでなく、何度もあった。私の頭が堅くなりはじめると、ジョイスが正気に戻らせてくれた。彼は、自分が毎月どれほどの時間をGE全社のために使っているかを記録していた。ジョイスの時間はジョイス自身のビジネスに費やしてこそ最も高い成果が得られると誰もが知っていたはずなのに、その記録を見てみると、彼の時間の多くが全社に関係する雑用に奪われていたことがわかる。ジョイスがこの点を指摘したのは、私を困らせるためではない。いつものように、彼はGEをもっといい会社にしたかったのだ。

その目的のためにジョイスは、いいことも悪いこともすべて明らかにした。GEnxエンジンの最初の製造過程で低圧タービンに設計上の欠陥があることが明らかになった。その影響で、開発には大幅な遅れが生じ、軌道修正に何億ドルものコストが生じた。そのような時期でも、ジョイスはオープンで、誠実で、集中を欠かさなかった。今振り返ってみると、私がリーダーを評価するとき、この三つの資質を最重視していたことに気づく。何らかの理由から、コングロマリットではこの三つの資質がことさら重要になるのである。

ジョイスの指揮のもと、GEアビエーションは一度たりともつまずかなかった。顧客は予定どおりにエンジンを受け取り、私たちは重要な競争には必ず勝ち、投資家たちに結果を残した。GEアビエーションは、一つの事業に集中する企業のほうがコングロマリットよりも優れているという考えは間違っていることを証明した。ボーイングが737MAXでトラブルに見舞われる以前から、GEアビエーションのほうがボーイングよりもうまくいっていた。強固なコングロマリットのなかでは、優れたリーダーはいつだって勝てるのである。

イノベーション好き

最高のリーダーは新しいシステムを理解し、それを中心にビジネスを構築する。アマゾンがアマゾン・ウェブ・サービス――オンデマンド型クラウドコンピューティングプラットフォーム――でやったのがその例だ。グーグルのアルファベットもそうである。共通するのは、コングロマリットの運営を円滑にするためにつくったユニットに注目し、「これをサービスとして売ることができないだろうか」と問う姿勢だと言えるだろう。

同じことを、GEは付加製造（アディティブ製造）、つまり3D印刷でやろうとした。私たちは3D印刷技術をおもにGEアビエーションで使うために開発した。LEAPエンジンの燃料ノズルインジェクターという軽量の金属部品を大量生産するのに、その技術が必要だったからだ。

のちに私たちは、次世代型のターボプロップエンジンを設計し、部品の数や重量を減らすことに成功した。GEのようなハイテク企業にとって、付加製造は製品デザインや生産性に革命をもたらす技術だ。付加製造法を用いれば、以前は数多くの部分を組み合わせてつくるしかなかった複雑な部品を一体としてつくることが可能になるので、費用と時間を節約できる。

私は、GEアビエーションに加えてGEアディティブの陣頭指揮も執っていたジョイスに、調査チームをつくって、GE全社で付加製造を採用すればどれほどのパーツをつくることが可能かを調べるよう求めた。その答えは500だ。そして調査チームは、およそ50億ドルの節約が可能になると予想した。

そこで私たちは、付加製造機器の市場について調査することにした。その技術の最大の顧客であると同時に、500以上の特許も有していたため、私たちは市場で有利な立場にあると考えられた。

そこはおよそ250億ドルの市場で、年間20パーセントの成長を見せていた。さらに、GEのもつ設計、サービス、素材、資本という資質を活かせる場でもあった。ほかよりも優れた付加製造機器がつくれるのではないだろうかという問いが浮かんだとき、私はCTスキャナーを巡る競争を思い出した。CTスキャナーにも付加製造機器にも、貴重な部品を正確に組み合わせる技術が必要になる。

2016年9月、付加製造機器のサプライヤー2社を買収する計画を発表した。2020年までに、この事業における収益を10億ドルにまで増やすことを目指す。これがGE内の新しい部門になり、すぐに業界トップに躍り出た。しかも、この部門ができたおかげで、私たちは新しい顧客グループを得ることもできた。たとえば医療用インプラントのグローバルリーダーであるステリス社は、GEの付加製造技術をつかって会社をつくったと言っていい。

私は、イノベーションに対する前向きさを失わないことが大切だとずっと考えてきた。そこで2012年にシリコンバレーでGEベンチャーズを立ち上げ、スー・シーゲルにその指揮を任せた。私は、過去数年間に何度かシーゲルに会ったことがあり、企業幹部およびベンチャーキャピタリストとして30年も大規模なイノベーションに携わってきた彼女に感銘を受けていた。GEベンチャーズの考えを思いついたとき、私はシーゲルに、スタートアップ企業と連携する機敏な組織をつくることで、GEのイノベーション力を高めたいと説明した。GEのほうがはるかに規模が大きいのに、スタートアップに信用が集まるのはどうしてだろうか。

シーゲルは、一瞬の時間も無駄にしなかった。GEのほかの事業主の前で自己紹介をしたとき、シーゲルはリスクを囲い込みながら、わずかな資本しか投じないという新しい手法を主張した。明確に設定されたマイルストーンを達成できない者は、資金を得ることもできない、と。

GEベンチャーズの役割は、GEを外の世界と結びつけることにあった。5年の期間で、私たちは、GEにすでに存在する事業を強化してくれると思えた120のスタートアップに投資した。

うれしいことに、私はシーゲルのチームがまるで登山ガイドのように、スタートアップたちがビッグGEという高い山を登る際のサポートをしたと、報告することができる。GEベンチャーを設立したのは、スタートアップをGEの多くの構成員と結びつけることができれば、実り豊かなパートナーシップを築くチャンスが増えると考えたからだ。

また、ＧＥベンチャーズがゼロから新しい会社をつくるケースもあった。たとえば、石油・ガス事業の顧客から石油掘削リグの検査を安全にする方法を考えてくれと依頼されたときにも、アイデアが生まれた。テキサスのパーミアン盆地の真ん中にある掘削リグに人を送って検査させるのは、時間がかかるし危険でもある。もっといい方法はないだろうか？　そこで私たちはアビタスという名で会社を設立したのである。無人ドローン、地表クローラーロボット、自走式水中車両などを利用して、空中、地表、水中などのアクセスしにくい場所を監視するのが仕事だ。

そしてそのアビタスから、さらに新しいアイデアが生まれた。誰もが、注文したその日のうちに商品を受け取ることを望む。そのため、人口の多い地域ではドローンを利用して商品を送り届ける企業が増えると予想できた。ＧＥアビエーションのスタッフは、それら無数のドローンのトラフィックを管理するシステムをデザインすることに成功した者は、多大な報酬を得ることができると確信していた。この考えから生まれたのが、ドローンの飛行ルートをインタラクティブに登録するシステム「ＡｉＲＸＯＳ（エアクソス）」だ。これは、民間および軍事飛行を規制するやり方とよく似ている。

この技術は、ほかにも数多くの分野に応用できるだろう。たとえば、渋滞が頻繁な都市における移植用臓器の迅速な運搬などだ。このシステムは今のところまだＧＥアビエーション内にあるが、将来とても貴重になると考えられる。

私たちは九つのスタートアップをゼロから立ち上げた。そのうちの８社が今も繁栄を続けている。また、投資した１２０社の56パーセントは、何らかの形でＧＥとパートナーシップを結んだ。イノベーションに対する前向きさが、ＧＥを斬新なアイデアや新しい投資家、あるいは新市場に結びつけている。

できるだけ簡素に

どうやってもうまくいかないときもあった。２０１２年、私はカナダのピーターボロにいた。そこにある大きなモーター工場が赤字を出していたからだ。私はたくさんのマネジャーと話して、その都度、誰が直属の上司にあたるのか尋ねた。すると、みんな上司がバラバラだったうえに、上司たちの誰一人としてその場にいなかったのだ。工場で製造に従事していた者はアトランタにいる誰かの下で働いていた。サービス担当者の上司は別の場所にいる誰かだった。エンジニアのリーダーもまた別の人物だ。上下関係が複雑で、リーダー同士をつなぐ力も生じていなかった。

その事実を、私は心に刻んだ。そのうち私は、GE社員の働き方を観察しながら、次のような単純な問いを通じて、複雑で官僚的な仕組みをなくすことを目指すようになった。最初の問いは、「あなたは誰の下で働いているのか」。もし答えが一人でなく複数なら、それは悪いサインだ。直属の上司は一人でなければならない。

次の問いは、「あなたは何をもとに評価を受けるのか」。自分にどんな数字が求められているのか知らなければ、社員たちは高い成果を残すのが難しくなる。また、目標となる数字は多くても三つか四つまでで、それらはどれも明確で、簡単に理解できるものでなければならない。

そして最後の質問は、「あなたはどこで生活しているのか」。問いかけた相手がアフリカを担当しているのに、ロンドンやドバイに住んでいるのなら、問題が生じるのは目に見えている。仕事と生活の場は近いに限る。この点については、第10章であるエピソードを紹介しながら詳しく述べる。

私は、一つのオペレーション分野を選び、それをしばらく追跡することにした。「コム・オプ」と呼ばれていた商業オペレーションを18カ月にわたって観察し、注文が社内でどのようにして処理されているのか、深く掘り下げた。人々を呼んで、契約書の作成や承認などの仕組みを教えてもらった。コム・オプの舞台裏を知れば知るほど、重要な決断を下す立場にいる者たちのおよそ半分は、実際には「権限をもたない関係者」であることがわかってきた。彼らは必要な専門知識も、説明責任もないのに、口は出さなければならないと感じていたのだ。しかし、それは会社側の責任だ。私たちが彼らにそうするよう求めていたのだから。

そのような交流から、GEは金融危機から抜け出すとき、あまりにも過剰に反応してしまっていたことが明らかになった。でこぼこ道を走るとき、ついついハンドルを強く握ってしまうのと同じだ。問題をなくすのではなく、同じ問題に対して何度も対処してしまうこともある。2012年のGEがまさしくそんな状態で、ひとことで言えば肥大化していた。複雑になりすぎて、機能不全に陥っていたのだ。

例を挙げよう。GEは共通の情報システムとして、一般にCRMと呼ばれる顧客関係管理システムを用いていた。CRMのサプライヤーはセールスフォース・ドットコム社だ。私たちは39のCRMをバラバラに用いていた。それらは互いに結びついていなかったのだ。結果として、エクソンのようなGEの大型顧客は、さまざまなGE事業からそれぞれ別々に何十もの請求書を受け取っていた。

GEの管理費用とハネウェル――私たちが高く評価するGEと同じように複合的な企業――のそれと比べると、GEのほうが10億ドルも多かった。社員がGEを優れた職場として他人にも推薦するか、などといった項目から算出される「エンゲージメントスコア」は、60パーセントを下回っていた。官僚的な複雑な仕組みが、GEを殺そうとしていたのだ。

高いコスト、低いエンゲージメント、鈍い足取り。この三つは同時に現れることが多い。そこで私たちは、4年をかけて管理費用を20億ドル削減するという目標を立てた。この取り組みは「簡素化《シンプリフィケーション》」と名付けられたが、実際に私たちが目指したのは組織のスピードと柔軟さの向上だった。

複雑さは二つの形で明らかになる。複数の社員が同じ責任をもつ場合と、「いっしょにやってくれ！」という態度が蔓延するときだ。私たちは、責任の所在の明確化、最前線にいる者の権限の強化、組織内の境界の取り払いに取りかかった。ＧＥ内のある部門がほかの部門に何かを依頼することも容易にできるようにした。私たちは簡素化を通じて、社員には仕事へのやる気を、顧客には満足度を高めたいと考えていた。

私はチームとともに、ＣＥＯである私自身と工場労働者のあいだにどれだけの階級層があるのか数えてみた。その数は13。いくら何でも多すぎる！　私たちは、ＧＥの外に助けを求めることにした。

ある日の深更、私はたまたまユーチューブ上でイヴ・モリューのＴＥＤトーク動画を見つけた。ボストン・コンサルティング・グループ（ＢＣＧ）のシニアパートナーとして知られる人物だ。彼は簡素化のフレームワークをつくったばかりで、私にはその動画がまるで私個人に向けて話しかけてくるかのように感じられた。

規制強化、技術化、グローバル化、製品サイクルの短縮、情報交換の高速化などを通じて、世界が複雑になるにつれて、組織もどんどん官僚的になっていったと主張するのは、ＢＣＧのモリューだけではない。しかし、その規模を数字として計測したのは、モリューと彼のチームだけだ。それによると、世界は以前より6倍複雑になり、企業組織にいたっては35倍も複雑化したそうだ。

この数字は、コングロマリットにとって何を意味しているのか。より頻繁なミーティング、より多くの委員会、増えるプロセス、より多くのタスクフォース、スコアカードの増加、上司と部下の関係の複雑化を意味する。何らかの問題や機会が生じるたびに、複雑な仕組みが新たに生まれ、それらはいったん生まれれば、取り除くのはとても難しい。

では、それらを放っておけない理由は何だろう。意思決定を遅らせ、イノベーションを押しつぶし、不満を覚える社員を増やすからだ。官僚は悪い連中だ、と言いたいわけではない。しかし、善良な人も間違った方向に進めば、会社に悪い影響を与えるのである。モリューの協力を仰いだあと、私たちもこう言うようになった。「悪いマネジャーがどこかにいるのと同じぐらい、優れたマネジャーが間違った地位にいるのもやっかいだ」

モリューとピーター・トールマンが著書『組織が動くシンプルな6つの原則』で書いたように、複雑すぎる組織で働く社員は、まるで迷宮をさまよっているかのような気分になる。複雑な組織が突きつけてくるあまりにも多くの要求を前に、意味を見失い、満足できなくなり、ストレスを覚え、燃え尽きる。

では、どうすればいいのだろう。モリューらが挙げる六つの原則のうちの最初の三つは、社員に自ら判断することを促し、主導権を握らせることを目的にしている。（1）社員が何をしているのかを知る。（2）垣根を越えてタスクを実行する〝インテグレーター〟にリソースと権限を与えて、彼らの立場を強くする。（3）社員の行使できる権限の総量を増やす。新たな役職を設けるとき、ほかの者から権限を奪うことなしに、その者に権限を与える。

残りの三つの原則は、向上した自主性が複雑さに対処して、パフォーマンスを高めるために使われることを促すためにある。（4）助け合えば双方に利があるとわかる形で明確な目標を設定することで、相互の協力を促進する。（5）未来の影を伸ばす。つまり、人々に今日の行いがもたらす結果をはっきりと見せる。(6)協力した人に報い、しなかった人を責める。

私たちはモリューらに、彼らのアイデアをGEヘルスケアで試験的に応用するよう依頼した。BCGは、重要なのは人々に自らソリューションを見つけさせることであって、解決策を上から与えてはならないと強調する。

そこでBCGチームは、GEの社員と話し合いながら、効率が下がっていると考えられる領域を見つけようとした。GEの社員は考えをいくつか述べた。そこには、ある製品に欠陥が見つかったときには、できるだけ早くリコールしたいという望みも含まれていた。

BCGの協力のもと、私たちは迅速なリコールという目標を妨げている、化石のように古くて頑固なプロセスを取り除くために、小さなチームをつくった。BCGはチームに次の単純な問いに対する答えを見つけるよう促した。

どんな重要な役職が製品リコールに関係しているだろうか。マネジャーからマネジャーへのバトンの受け渡しの鍵となるインターフェースは何だろうか。あるいは、コラボレーションが重要になるインターフェースは何か。それら重要な役職の行動やインターフェースとの関わりは、理想的にはどうあるべきか。それに対して、現状はどんな手順が行われているか。理想と現実に違いが生じている根本的な原因は何だろうか。こうした努力の結果、スピードとエンゲージメントが数年で劇的に向上した。

アーロン・ディグナンが経営するザ・レディという会社にも手助けしてもらった。ザ・レディは組織設計を得意としている会社で、複雑な官僚機構を取り除くことは不可欠ではあるが、取り除く際には職場における人間性を絶対に重視しなければならないと考える。2012年から2013年にかけて、私たちは多くの時間をザ・レディとの話し合いに費やし、会社をもっと人間中心にして適応力を高める方法を模索した。

ザ・レディが解消した問題を例として紹介しよう。２００８年、環境保護庁が新たな規制の発効を決めた。その規制は、アメリカ合衆国で導入される新しい機関車の3分の2を製造するGEトランスポーテーションに複雑さと機会の両方をもたらす内容だった。

毎年アメリカでは、全貨物の40パーセントをディーゼル電気エンジンを動力源とする列車が運んでいて、運搬距離は14万マイル（約22万５０００キロ）を超える。その規制は、ディーゼル電気エンジンの排出物（粒子、一酸化窒素、二酸化窒素）を大幅に削減することをもくろんでいた。ティア4と呼ばれるこの最も厳しい諸規制は、２０１５年に発効する予定だった。規制の求める要件を満たすことに成功すれば、大もうけできることは明らかだったが、失敗すれば、アメリカ国内で機関車を売ることができなくなる。

時間は限られている。そこで私たちは働き方を変えて、問題を解決するための新しい方法を試す「チームのチーム」をつくった。そのチームの任務は、あくまで目の前の問題に取り組むことであって、官僚機構に対処することではなかった。

これまで私たちは、機能別に分けられていた数多くの指標が矛盾する結果を示すのに悩まされることが多かった。エンジニアリングには六つか七つの指標があったし、同じぐらいの数の指標がサプライチェーン関連にも、金融にも、マーケティング分野にもあった。それらはつながりがなく、バラバラだった。しかし今回、ザ・レディの力を借りた私たちは、たった一つの疑問を中心に据えた。「株主と顧客の目から見て、もっとも重要な指標を二つか三つ挙げるとしたら、どれだろうか」

２０１０年、GEのエンジニアたちはクリーンなエンジンの開発にいそしんだ。燃料操作や燃焼プロセスの制御方法、あるいは全体的な効率性を高める方法を探した。古いタイプのディーゼルエンジンは、尿素を用いた後処理を通じて、大気中に放出されるガスを減らしていた。この仕組みはうまく機能していたが、顧客はそれを面倒だと感じていた。エンジンに大きなアドオンを取り付ける必要があったからだ。チームは自問した。後処理の手間をなくす方法は存在するのだろうか。その答えは、「ある」だった。

複雑さをなくすことで、社員の満足度が上がった。官僚的な煩わしさから解放された社員は、容易に創造性を発揮し、問題解決に取り組めるようになった。最終的に、GEはティア4の期限に間に合った唯一の機関車メーカーになった。2015年、GEはアメリカ市場を手中に収めた。

透明な経営

複雑さを減らすには、いくつかの経営メカニズムを全社で共有するのが効果的だ。GEの場合、私は四半期ごとに業績を比較してマクロな問題に対処する仕組みが必要だと感じていた。

私たちは各事業と定期的にミーティングを開いて、重要な問題について話し合ってきた。目的と戦略、リソースと労働力、リスクと報酬などについては、個別のミーティングを半年、あるいは1年ごとに行ってきた。その一方で、財務レビューはもっと頻繁に行っていた。そのため、共通する目標に対する時間軸にずれが生じていた。

たとえば、再生可能エネルギーに取り組むチームは、ある会議では四半期目標を達成するためにコストを削減することが求められ、別の会議では、まさにそのコストを減らした分野で期待を裏切ったといって非難された。

そこで私たちは、ブループリント・レビューという仕組みを導入して、ミーティングの回数を一気に減らした。今ではどの事業も、財務、戦略、人員、リスクの四つの主要分野の目標を定めた唯一の正式なブループリントをもっている。

それらの目標が達成できたかどうかで、事前に決められていた範囲内でチームへの支払いが変わり、奨励給の額も決められるようになった。1年に4回、ブループリント・レビュー会議を開き、そこでは例外的な出来事のみに集中した。要するに、順調な事柄についてはさらっと触れるだけか、完全に無視したのである。また、ブループリント・レビューがビジネス上の決断を下す唯一の場になった。その結果、決断がほかの会議と食い違ったりすることがなくなった。

2015年、GEリニューアブル・エナジー（GE Renewable Energy：太陽光、風力、水力など再生エレルギーを扱う部門）のメンバーがブループリント・レビューを使って、再生可能エネルギーへの減税措置を5年間延長するという新しい公共政策の影響を明らかにした。この政策転換により、GEの製品、とくに風力タービンの需要が大きく増えるであろうことは、誰の目にも明らかだった。

そこで、レビューもまだ終わらないうちに、私たちはサプライチェーンを確保するために風力タービン用のブレードを製造している会社を買収することにした。とくに移り変わりの激しい市場では、ブループリント・レビューのおかげで、無駄のない決断を戦略的に行えるようになった。

また、ブループリント・レビューで柔軟さも増したように思える。何か問題があるとき、予定されていたいつもの議題を離れて、緊急案件のみに集中できるようにもなった。たとえば、LEAPエンジンの増産、石油・ガス事業の景気サイクル、デジタルトランスフォーメーションなどのテーマについてミーティングを重ねた。流れ作業に陥ることなく、最も重要なテーマを中心に、リアルタイムでビジネスを分析できるようになったのだ。

ブループリント・レビューが、チームがどれほどうまく協力できているか、あるいはできていないかを明らかにした。レビューは終わったのに、今会ったばかりのチームに対する感想を共有するために、経営陣側がなかなか立ち去らないことも多かった。ミーティング相手のチームの連携が見事だと感じることもあれば、ギクシャクしている、それどころか「こいつらはいがみ合っているのではないか」と思うこともあった。成果をより高めるために、組織のダイナミクスを修正するのは私の役割だった。

ピアラーニングとピアプレッシャー

年に2回、私たちはさまざまな事業に関わるGEのリーダーたちを集めて、結果やベストプラクティスを共有する。「工場フロアにおけるデータツールの応用」あるいは「チームにおけるコーチングの向上」など、テーマが何であれ、リーダー全員にビッグGEと同じ目標を目指してもらいたかったからだ。

それと並行して、GEの抱える数多くの事業のCEOたちが一堂に会して、彼らのブループリントの進捗を確認する。これが互いの説明責任を今一度意識に植え付ける機会になった。私からせかされることなしに、目標を達成したCEOたちが、達成できなかったCEOを熱くした。

コングロマリットでは同僚からの圧力、いわゆる「ピアプレッシャー」がとても効果的に働く。単一事業を営む会社では、製造担当者が販売担当者と張り合うことがあるかもしれないが、結局のところ、両者はそれぞれ異なる仕事にかかわっているのである。リンゴとミカンのようなものだ。しかし、たとえば八つの事業を抱えるコングロマリットでは、どの業務にも少なくとも八人の最高責任者がいるのだ。彼らは互いに競い合いながら、生産性や社員の効率などについて学んでいく。これは明らかな利点だ。

別の事業の経営者の前で、自らのビジネスについて語る様子を眺めることで、トップリーダーの能力を判断することもできる。私はいつも、自らの使命を簡潔に説明できる人や、全員の利になるアイデアを思いつく人に感銘を受けてきた。彼らは困難な時期にも自信を失わずにいただろうか。問題を解決したか。それともほかの者に委ねたか。私にも話すことはあったが、おもに部屋にいる人々の顔を眺めて、あるリーダーがほかの仲間からどれほど信頼されているかを観察した。

もちろん、誰もが成功できるわけではない。私がＣＥＯになった時点で上級幹部だった１８５人のうち、16年後に残っていたのはわずか三人だけだった。引退した人もいれば、ＧＥを去った人もいる。もちろん、こちらが解雇した者も。業績と、明確な指標と、オープンな議論を通じて透明性を高めることは、コングロマリットにとって絶対的な条件だ。

ＧＥの場合、責任の所在を明らかにするいくつかの単純な仕組みを導入しただけで、社員は集中できるようになった。２０１２年から２０１８年の年月を通じて、私たちはＣＥＯの私と単純労働者とのあいだに存在したレイヤーの数を13から8にまで減らした。プロセスや共通するサービスのおよそ3分の1を廃止し、重複をなくした。ＩＴシステムも半分にまで縮小した。社員の満足度は増し、エンゲージメントスコアは70を超えるまで回復した。

しかし、私たちはこの会社を投資家にもわかりやすいものにするという責任があった。この課題には、まだ取り組んでいる途中だった。金融危機を脱した私たちは、着実に前に進んでいた。ＧＥ株は、各部門の合計よりも高い額で取引されていた。しかしながら、アクティブに運用されていたポートフォリオの一部は、金融危機から来る不安定さから、ＧＥのファイナンス銘柄を維持できなかった。この時点で、投資家がＧＥの金融サービスの収益をあてにしていないことは明らかだった。

株を動かしていたのは、産業分野における収益だけだった。何十年ものあいだ、ＧＥキャピタルが魔法を駆使して、コングロマリットとしてのＧＥに燃料を注いできた。しかし今、投資家たちはＧＥの金融部門に背を向けたのである。ＧＥキャピタルの問題にケリをつけるときが来た。

第9章

問題を解決するのがリーダー

私はたくさん本を読む。ミステリー小説、伝記、リーダー論など、何でもござれだ。ジョージ・W・ブッシュが大統領だったころ、インドの首相のためにホワイトハウスで開かれたディナーに、妻のアンディと私も招待されたことがある。アンディはカール・ローヴの横に恐る恐る腰を下ろした（ブッシュ政権の次席補佐官だったローヴはラスプーチンのように恐れられていたが、実際に接してみると、アンディはとても好印象を得た）。私は横に座る人物におびえる必要はなかった。横に座ったのは、私が大ファンだった歴史家のデビッド・マカルーだったからだ。私は彼に会えたのが本当にうれしかった。「あなたの本はすべて読みました」と私は話しかけた。

マカルーは信じられないとでも言いたげな表情を浮かべる（マカルーはこれまで13冊の長めの本を書いているが、当時はまだ8冊しか書いていなかったと思う）。そこで私は1冊ずつ数え上げていった。私はブルックリン橋とパナマ運河の歴史物語が大のお気に入りだった（両方合わせて1334ページにのぼる）。彼が書いたライト兄弟に関する本からも多くを学んだ。マカルーは大統領の伝記を3冊書いたが、私の一番のお気に入りはトルーマンの伝記だ。「そこにいたのは50歳でとんでもない失敗をした男」、私は熱弁した。「2回も破産を宣言したのに、大統領を2期務めることができた。まったく無名の存在だったのに、きわめて重要な人物になった。アメリカならではの話です」。アメリカ独立革命の始まりについて書いた『1776』の話もした。私はそもそも軍事史が好きでよく読むのだが、この本はとくにすばらしかった、と。

「すごい!」。私の隙を突いて、マカルーが言った。「本当にすべての本を読んでいただいたのですね!」

ビジネスリーダーシップに関する優れた本があれば教えてくれと言われれば、私はいつも軍事史の本を薦めることにしている。なぜなら、その種の本にはあらゆる失敗が描かれているからだ。たとえば、スティーブン・W・シアーズの『Gettysburg(ゲティスバーグ)』。この本を読めば、この戦いには勝てなかったのではなく、負けるべくして負けたことがわかる。

南部連合軍の将軍、ロバート・E・リーはあまりに攻撃的だったのだ。「ピケットの突撃」として知られる歩兵による総攻撃の前に、リーは「ここが我々の正念場だ。我々には戦争に勝つにじゅうぶんな戦力がないのだから、ここを押さえなければならない」といった内容の檄を飛ばした。攻撃を指揮したジェームズ・ロングストリート中将は、リーの部隊は大敗すると予想していた。

Dデイやワーテルローについて読めば、出来事の80パーセントが失敗の産物であることがわかる。たとえば、第二次世界大戦で、多くの人が北アフリカで連合軍を率いたドワイト・D・アイゼンハワーを批判したが、1945年時点で彼の部隊は世界最高の戦闘部隊だったのである。戦いには混乱がつきものだ。優れたアイデアも、初めからうまく機能することは少ない。しかし、そこに学びがあるのだ。失敗に直面し、恐れを克服し、決断を下し、責任を負い、物語が展開しても冷静さを失ってはならない。

リスクの管理

2010年7月21日、バラク・オバマ大統領が署名をし、ドッド=フランク法という名で知られる法案が連邦法として成立した。クリス・ドッド上院議員とバーニー・フランク下院議員が主導した同法案は、世界金融危機の原因になった規制制度の欠陥を是正することを目的にしていた。

金融安定監視委員会の設立もその一環だ。同委員会には、アメリカにおける金融の安定性を監視し、調査し、評価するための幅広い権限が与えられた。委員会は、あまりにも大きいので失敗することが許されない「システム上重要な金融機関」、略してSIFIのリストを公開し、これまでよりも厳しい監視の対象に指定した。

保険会社やその他のノンバンクに、SIFIのレッテルが次々と貼られていった。連邦準備制度は2011年7月からGEキャピタルの監視を始め、2年後に同社をSIFIに指定した。

この規制の強化は、ある意味で皮肉な取り決めだった。と言うのも、2013年時点でGEキャピタルは大企業ではあったが、以前に比べればかなり規模が縮小していたからだ。

2008年末には、GEキャピタルの資産は6600億ドルを超えていた。その後、『30ロック』の脚本から借用した「成長するための縮小」をモットーに活動した結果、およそ4000億ドルにまで資産を減らすことに成功していた。それでもいまだに国内最大のノンバンク金融機関だったため、SIFIに指定されたのである。

初めのうち、SIFI指定の意味を、私たちはよく理解していなかった。わかっていたのは、連邦準備制度の監視者の気分を損ねてはならないことと、以前よりも多く自己資本の蓄えが求められていることぐらいだった。GEキャピタルは、それまで大々的に規制されたことがなかったのでわからないことだらけであり、そのため助けが必要だった。

私は財務省の次官補、デイブ・ネーソンに声をかけ、最高規制責任者兼コンプライアンス長と名付けた新設の役職に就くよう求めた。私は、金融危機のころからネーソンを少し知っていた。UPSの運転手の息子であるネーソンは、とても常識があり、人並み外れて賢いのに気取らない人物だ。GEでやってもらいたい仕事について話すとき、私はこう説明した。規制されるのが好きな者などいないが、どうせされるのなら、正しくされなければならない。

GEの外で経験を積んできたネーソンは、GEに加わるとすぐに、GEの連中がまったく準備ができていないことに気づいた。たとえば、規制対象になってすぐ、ニューヨーク連邦準備銀行がGEキャピタルの上級管理者との初ミーティングを行うと連絡してきた。

本格的な監視を始める前に、相手のことをよく知るためのミーティングであり、そのようなステップが行われるのが珍しいことを知っていたネーソンは、当局が提案してきた日程の候補をすぐにGEのチームに申し渡した。するとまもなく、ネーソンのアシスタントが悪い知らせを伝えてきた。GEキャピタルの面々は、提案されたどの日程も都合が悪いと答えたのだ。

ネーソンにはそれが信じられなかった。「みんな外国にでもいるのか?」と彼は問い返した。「それとも、誰かが死んだのか」。調べてみると、連邦準備制度理事会（FRB）が提案した日付が社内ミーティングと重なっていた。そしてGEキャピタルの誰一人として、連邦準備制度の通達は基本的に命令であるという事実を理解していなかったのだ。ネーソンは、政府が「この日なら会える」と言うとき、唯一の正しい答えは「もちろん大丈夫です！」でしかないと説明した。

自己資本の保有量を金融サービス資本の14パーセント以上——おそらく彼らの金融モデルに基づく数字——に増やせというFRBの要求により、GEキャピタルが事業資金を調達するために行う借金の量は制限された。新たに資産を調達することはできたが、資産に対する自己資本の率を高く保つ必要があるので、事業収益は大幅に減った。

以前、GEキャピタルは、25パーセント以上の投資利益率を生み出していた。しかしそれが6から7パーセント程度に下がっていた。投資利益率は資本コストを上回るのが理想だ。連邦準備制度による制限があるため、世界25カ国で働くGEキャピタルの五万人の社員は、その数字を維持するのに苦労していた。

しかし、SIFIが押しつけてくる課題はそれだけではなかった。最大の困難は、GEに突然、連邦準備制度というほかの誰よりも強力な利害関係者ができたことだった。そしてFRBは、株主や社員、あるいは取締役会とはまったく違う動機をもっていた。衝突は避けられない。もちろん、それが喜ばしい話であるはずがない。

FRBの監視担当者は、GEキャピタルに戸惑った。どうやら、GEの分散型システムは、彼らの規制モデルとウマが合わないようだ。さまざまな事業の財務部門は、コンピュータシステムを通じて互いに結びついていなかった。そのため、理事会が求めてきても、迅速に財務分析を提出することができなかった。

なのに、理事会はおびただしい量のデータを要求した。その圧力で、GEの誰もが疲弊していた。長年にわたり、GEキャピタルは金の卵を産むガチョウだった。少ない規制と低い資金調達コストで活動できた。GEキャピタルの査定担当者は、有利な利幅で現金を貸す機会を見つける名人だった。私たちは大いに稼ぎ、毎年50億から100億ドルの現金を配当していた。それが今、規制当局によって新しいルールに従うことが求められたのである。それまで有利だった立場が、一夜にして巨大な不利に一変した。

幸いなことに、GEキャピタルは金融危機を乗り越えることができた。私はゆっくりと時間をかけてGEキャピタルを小さくしたかったのだが、そうは言っていられなくなった。GEキャピタルは現金をばらまくのではなく、現金の注入が必要になったのだ。その結果、株価が下がっただけでなく、会社そのものが永遠に変わる必要に迫られた。

もし、2013年の時点で尋ねられたとしたら、私は、規制当局は雨の日が来るのを恐れ過ぎていると答えただろう。彼らが求めていたのは、悲観的な視点からGEキャピタルを経営することだった。FRBは、GEの関係者は楽観的すぎると考えていたようだ。

規制が始まってまもなく、私は連邦準備制度でGEの監督を担当することになったキャロライン・フローリーと何度も会合をした。そのうちの1回で、彼女はGEの取締役会に向けて辛辣《しんらつ》なプレゼンテーションを行った。GEの欠点を数え上げたのである。それを聞いて私は自制心を失い、GEが直面している圧力を列挙した。「あなたは理由もなく私をこき下ろしているだけだ」と私は不満をぶちまけた。しかし、フローリーが部屋を出るやいなや、取締役のジェフ・ビーティーが私を叱りつけた。「GEキャピタルが足を踏み外したから、君も足を踏み外したようだ」と彼は言った。「君が思っているやり方ではうまくいかない。フローリーに逆らうのではなく、彼女に合わせなければ」

私は反省し、態度を改めた。GEキャピタルの連中は自らのビジネスに精通していた一方で、GEの外側に存在する、大きくて複雑なリスクの評価は得意ではなかった事実を否定することはできない。私たちはマクロな問題に取り組める形に組織されていなかった。4000億ドルの資産をもつ者は、債務者が借金を返せるかどうか以上のことを考える責任を負うのである。

FRBが「エンタープライズリスク」と呼ぶものを評価しなければならない。つまり、会社の複雑さが会社にどれほどの害をおよぼすか考える必要がある、ということだ。規制が敷かれて、資金コストが一気に上昇した今、私は方向転換する必要を悟った。

ホテル・カリフォルニアへようこそ

FRBの指導に応じるために、私たちは多額を費やさなければならなかった。まず、数万人を雇用した。ピーク時は、GEキャピタルで五千人以上のフルタイム社員が規制当局の要望に応えるためだけに働いていて、その費用は毎年およそ10億ドル近くにおよんでいた。規制当局が私たちに与えた命令には、反論の余地がほとんどなかった。それらは監視の最前線にいる社員だけでなく、GE幹部にとっても大きな負担だった。

規制関連の経験の豊富さを買われて、GEヘルスケアからGEキャピタルへCOOとして移籍していたトム・ジェンティーレが、連邦準備制度の要求に応えるためにGEキャピタルが変わらなければならない項目を集めてガントチャートを制作した。作成されたチャート図は、必要なタスクだけでなく、それら同士の結びつきも明らかにしていた。誓って嘘ではないが、そのチャートは20フィート（約6メートル）の長さだった。

私の幹部チームとGEの取締役会にとって、SIFIであるという事実が意識の80パーセントを占めていた。FRBの監視対象はGEキャピタルだけだった――彼らがGEキャピタルのバランスシートと準備金を承認した――はずなのに、そのうちビッグGEについても疑問を呈するようになった。つまり、資本配分を決めるときも、SIFIという拘束衣を着ているような状態だったのである。私たちは、次世代型の航空機エンジンなど、ほかのビジネスのために資金を調達する許可をFRBに求めなければならなくなるとは想像もしていなかったのだが、実際にはそうすることを強いられた。

SIFIに指定されたほかのノンバンク機関（AIGことアメリカン・インターナショナル・グループ、プルデンシャル・ファイナンシャル、メットライフなどといった保険業者）と同じで、規制を解除するために何をすればいいのかを明らかにしない当局の態度に、GEは不満を募らせていた。

この点について、バージニア州選出のマーク・ワーナー上院議員は、2015年の3月に上院で行われた銀行公聴会でイーグルスの曲「ホテル・カリフォルニア」の歌詞をもじって、「君はいつでも好きなときにチェックアウトできるが、立ち去ることはできない」と述べた。ワーナーが「ジャック」ことジェイコブ・ルー財務長官に話したように、SIFIはホテル・カリフォルニアに閉じ込められているような状態だった。そして、ホテル・カリフォルニアと同じで、そこは素敵な場所ではなかった。

これらすべての理由から、私たちは金の貸し借りのビジネスから手を引くことを真剣に考えるようになった。そう考えたのは初めてではなかったが、今回ほど切羽詰まっていたのは初めてだった。結局のところ、リスクの大きさの割には、もうけが少なかったのである。

実際、金融業は産業会社がやるにはあまりに不安定であり、GEキャピタルがGEの株価を30ドル以下に抑える要因になっているという不満の声が、ずいぶん前から投資家から漏れていた。GEの上位25

の投資家は例外なく、金融部門の切り離しを望んでいた。

しかし、それまでこの問題に対処しなかったのには理由がある。何十年もかけてつくり上げられたGEキャピタルは、非常に複雑な構造になっていた。国際的に活動していて、全世界で展開していた27ほどのビジネスラインが互いに絡み合い、それらがさまざまな規制当局によって監視されていたのである。

そのような、数多くの構成要素からなるビジネスが、私たちに課せられる税率を低く抑える役に立っていた。たとえば、私たちは巨大なリース会社と分類され、減価償却費を損金算入することができた。過去、GEキャピタルの解体を検討するたびに、税の増加――200億ドル以上――があまりにも大きいと考えられた。私たちはそれに耐えられるだろうか。試すときが来た。

月を目指して

2013年の6月に話は戻るが、SIFI指定がGEキャピタルの経営陣にさらなる圧力をかけたころ、同社CEOのマイク・ニールが34年間におよぶキャリアに終止符を打つことを決めた。ニールはすばらしいリーダーで、誰からも尊敬されていた（一時はシティグループの経営者になることも検討されていた）。最も困難な時期のGEキャピタルを導いてくれたのも彼だった。

そのニールに代わってCEOの座についたのが、それまでGEのCFOを務めていたキース・シェリンである（シェリンのあとはGEキャピタルのCFOだったジェフ・ボーンスタインが継いだ）。シェリンはすぐにアナリストを集めてグループをつくり、秘密裏にGEキャピタルの大部分をスピンオフする方法を探しはじめた。「プロジェクト・ビーコン」と名付けられたそのグループは、2014年9月にシェリンに調査結果を提出した。

それからまもない2014年の感謝祭《サンクスギビング》の直後、シェリンは新たな極秘任務チームをつくり、今度はさらに難しい任務を与えた。GEキャピタルを分割し、売り払うのである。過去、そのような試みはいつも失敗に終わった。GEキャピタルの海外資産を売って得た資金を米国内の負債返済に回そうとしたため、莫大な税金が発生したからだ。そこでシェリンはGEキャピタルの最高幹部の3人――税務担当のマイク・ゴスク、ファイナンシャル・プランニングを受け持つダニエル・コラオ、合併・買収の責任者であるアリス・ケケジアン――に、ほかの方法を見つけるよう指示した。3人は、コネチカット州ノーウォークにあるガラス張りのビルの会議室を占拠した。GEの金融オペレーションの中枢と呼べる建物だ。12月のあいだずっとそこにこもりきりで、ホワイトボードやフリップチャートに文字を書き込み、黄色い法律用箋《リーガルパッド》を数式やシミュレーションで埋め尽くした。GE内にいるほかの専門家に、サポートを依頼することもあった。

たとえば、優秀な弁護士であり、会社に20年在籍するベテランのマイク・シュレシンジャーだ。私がCEOだった時期に行われた大型の取引には、必ず彼が関与していた。その彼が、本気を出すときが来た。シュレシンジャーは、まず米国内の資産の売却に専念し、それが終わるまでは国外のアセット――その大部分はGEキャピタルの航空機リース部門――はそのまま運営することを提案したのである。

私たちには「それだ!」と思えた瞬間が2回あったのだが、これがその一つ目になった。税による負担を極力減らしながら、可能な限り迅速にSIFIの指定を逃れることが目的だ。シュレシンジャーがその案を初めて披露したとき、部屋が静まりかえったことを、その場にいた者全員が今も覚えている。

その案は、戦略の大転換を意味していた。

2回目の「それだ!」は、肝心のGEキャピタルの資産の買い手をどうやって見つけるかを相談しているときにやってきた。それらの資産は、帳簿価格で売らなければならなかったため、GEキャピタルを単独の買い手に売るという可能性は、実質的に排除するしかなかった。4000億ドル規模の銀行と呼んで差し支えない事業を、丸ごと買える会社は世界のどこにも存在しない。GEキャピタルはあまりにも大きすぎた。それに、この時点では、銀行が大型のM&Aを行うことはFRBによって禁止されていた。

チームは、GEキャピタルの各資産に値札をつけるためにも、GEの投資家がGEの株価にそれらの資産が占める割合をどれぐらいと考えているのかを知る必要があった。分析の結果、投資家はGEキャピタルの大部分を帳簿価格の70パーセントほどにしか評価していないことがわかった。帳簿価格と評価額のあいだに差があるのはうれしい知らせだった。もしGEキャピタルの多くの資産を額面通りに売ることができれば、私たちは投資家の期待を上回る利益を得ることができるからだ。

光明が見えはじめたこともあり、この極秘任務チームにも名前をつける圧力が生まれてきた。そのとき、大学を卒業してからわずか7年、最年少のメンバーとしてチームに加わっていたイギリス人アナリストのマシュー・ヴォーガンがこう言った。「プロジェクト・ハッブルはどうだろうか?」。ハッブル宇宙望遠鏡から取った名前だ。プロジェクト・ハッブルという響きがもつ、月を目指すかのような大胆さがみんなの心に刺さり、その名前に決まった。

2014年秋、ハッブルチームはシェリンにアイデアを披露した。シェリンは感銘を受けた。次に、2015年1月に、チームはGEのCFOであるボーンスタインを訪問した。彼らは、ビッグGEがG

Eキャピタルの債務を保証しなければ、取引が成功することは決してないと警告した。彼らはボーンスタインに拒否されると恐れていたが、ボーンスタインは意外にも協力的だった。彼らの提案はとても複雑だったが、GEの債務保証約款に抵触しない方法で実現できそうだった。それが、誰もが前進できる方法にいちばん近い案だった。

そのころ、ボーンスタインが私に、GEとFRBの関係について説明した。簡単に言えば、関係はかなり悪化していた。GEがFRBに従うのを拒んでいたわけではなく、実際に彼らの要望を満たそうとしていたのだが、いくら努力してもじゅうぶんとはみなされなかったのだ。ことあるごとに、そのつど2万ページ分のレポートの提出が求められた。これには本当に苦しめられた。

2月半ば、ボーンスタインとシェリンと私は、まだまだたくさんの問題を吟味する必要はあるものの、GEキャピタルを少しずつ切り売りすることは実際に可能であるという点で、初めて意見を一致させた。当時、GEの産業部門が好調だったことも追い風になった。事業が不振だったら、私たちには息をつく暇もなかったに違いない。

たとえ1年で10億ドル以上のコストを削減したとしても、依然としてGEキャピタルのみに注目するウォール街から信用を勝ち取ることはできなかったはずだ。しかし今、産業部門の利益が11パーセントの上昇を見せた。もし、GEキャピタルの事業を売り払うことができれば、株価の針を動かす絶好のきっかけになる。

2月のうちに私たちは、この考え方に予想外の賛同を得ることになる。コネチカット州グリニッジにある高級レストランのレベッカスで、ケケジアンがトロントに拠点を置く金融サービス会社のエレメント・ファイナンシャル社のCEOであるスティーブン・ハドソンと会食した。外では雪が降りはじめていた。ケケジアンはハドソンがそわそわしていることに気づいた。何度も上着のポケットに手を突っ込む仕草をする。ケケジアンは尋ねた。「何か、私に渡したいものでもあるのですか」

「ええ」、ハドソンは答えた。「でも、プロポーズではありません」。そう言って、ハドソンは買収提案書を取り出したのだ。そこには、GEキャピタルが有する数十億ドル規模の車両管理部門のアメリカ国内事業に対する、詳細な買収オファーが書かれていた。ケケジアンは、GEがすでにGEキャピタルの大部分を売る計画を立てていることを悟られないように、努めて冷静を装った。ケケジアンはハドソンに、今はタイミングがよくないが、今後は連絡を密にしようと提案した。この出来事は明るい兆しだったと言える。自発的にオファーしてくる者がいるということは、資産の処分は恐れていたほど難しくないのかもしれない。

それでもなお私たちは、ハッブル計画について極秘を貫いた。GEキャピタルにとって最大の資産は、優れた社員たちだ。もし、売却の計画が漏れてしまえば、社員たちが出口に殺到して事業の価値は一気に下がるだろう。この時点で、プロジェクト・ハッブルに直接関わる人々以外で、売却計画の存在を知っていたのはわずか8人ほどだった。

3月初旬、私は最高幹部をGEのコネチカット本社3階にある会議室に集めた。その部屋には、大きくて頑丈な椅子、木製の羽目板、アンティークな敷物など、古きよき時代の豪華さが備わっている。数日後の3月6日には、同じ部屋で取締役会が開かれることになっていた。取締役会に先立って、私は直属の幹部たちの考えを知りたいと思った。プロジェクト・ハッブルの存在を取締役会で明かす時期が来たのだろうか。

シェリンとハッブルチームの全員がうなずいた。彼らは意見を発表し、その最後にシェリンが「私たちは、GEキャピタルを手放すべきだと考えます。そして、そのための方法も見つかったと考えています」

参加者たちがそれぞれの立場から計画について疑問を口にしたので、部屋は熱気に満ちた。負債に対して破損費用を支払わなければならないのだろうか。資産の価値を大幅に抹消したら、バランスシートに傷がつくだろうか。債務格付けを維持できるだろうか。残りの不良資産はどうなるのか。格付け機関はどう考えるだろうか。それらに対する答えはなかった。私はしばらく待ってから、全員に話しかけた。「みんなどう思う」。私は重ねて問いかけた。「検討を続けるべきだろうか」。もし続けるなら、そのことを取締役会に知らせるべきだろうか。右に目をやると、GEのCFOと目が合った。

「ジェフ、君の意見は」。私が尋ねると、ボーンスタインは深刻な表情を浮かべた。彼は、それまでの10年間をともに過ごしてきたGEキャピタルの社員を愛していた。みんなが自分の責任を真剣に果たし、GEの収益に大いに貢献してきたことを、誰よりもよくわかっていた。しかし時代が変わった、とボーンスタインは言い、こう付け加えた。「やるべきです」

私はテーブルを回って、同じ質問をGEキャピタルCFOのロバート・グリーン、GEとGEキャピタルの弁護士であるブラケット・デニストンとアレックス・ディミトリエフ、最高リスク責任者であるライアン・ザニン、会計担当のダン・ジャンキ、投資家向け広報担当副社長であるマット・クリビンス、最高マーケティングおよび商務責任者のベス・コムストック、そして企業財務計画および分析担当の副社長であるプニート・マハジャンにぶつけた。そしてその全員が、ボーンスタインと同じ言葉を繰り返した。「やるべきです」「今がそのときです」と。異論はなかった。全員が答えたあと、私は立ち上がり、「わかった、やろう!」と言って部屋を出た。

この最終決断と同時に湧き起こった複雑な気持ちを説明するのは難しい。GEキャピタルにはとても多くの才能が詰まっていた。各部門の売却を進めていくと、私たちはたくさんの本当に優秀な人々を失ってしまうだろう。それに、確かに数カ月前からGEキャピタルはネガティブな批判にさらされることは多かったのではあるが、私自身、投資家たちが売却案にどう反応するのか、予想がつかなかった。

しかし結局のところ、私たち全員が、GEは逆風にさらされていると感じていた。私たちは毎日のように、GEの複雑なコングロマリットモデル――基本的に産業会社と金融会社の二つの独立した事業体からなる持株会社――が株価を下げる原因になっていると考えるマスコミやアナリストにこき下ろされていたし、GEキャピタルの収益に疑いの目が向けられるようにもなっていた。行動を起こすときが来たのである。

秘密を漏らすな

取締役会は3月6日の金曜日に開かれ、議題はハッブル計画一本のみだった。キース・シェリンとハッブルチームが計画の全容を説明した。私は、アリス・ケケジアンが取締役たちに言った言葉をよく覚えている。

「もし、これをやるつもりなら、今がそのときです。市場は有利だし、人々は利回りや良質なビジネスを求めている。今なら窓が大きく開いている。この窓が閉まる前に動くべきです」

続けて私が発言した。「この計画がうまくいくかどうかを予想するためには、FRBと一部の債券保有者に私たちの考えを明かさなければならないでしょう。そこからうわさが広がる可能性があります。

このような重要なことを、役員の皆さんが私以外の誰かから耳にする事態は避けたいと考えました。FRBなどに計画を伝えることを、認めていただけますでしょうか」。取締役会は青信号をともした。

私たちはすぐに行動を開始した。3月の取締役会が終わるやいなや、ボーンスタイン、シェリン、そして私の三人は、JPモルガン・チェースの会長兼CEOであるジェイミー・ダイモン、ならびに副会長にして最高の交渉人としても知られるジミー・リーに会った。私はリーのことはよく知っていたし、ダイモンにいたってはハーバード・ビジネス・スクール時代の同級生だった。

「どう思う」。私は尋ねた。「君たちはこれだけたくさんのものを売れるかね。買い手が見つかるだろうか」。二人は、売ることは可能だし、買い手も見つかるだろうと答えた。

翌月私たちは、寝る時間も惜しんでプロジェクト・ハッブルを実現するために働いた。投資家相手に売却計画を発表する仮日程として、4月10日を選んだ。それから発表までの数週間におけるみんなの働きはまさに英雄的だった。

時期がたまたま春休みと重なっていたので、子どものいるGEキャピタル社員のほとんどは休暇を取る予定になっていたのだが、みんな休みを返上して働いてくれた。あるいは家族だけを休暇に送り出した。それだけではない。

家族に対して、もし誰かに聞かれたら自分は今中国に出張していると答えるようにも伝えた。連絡がつきにくい場所にいる、と。ハッブルチームは疲れ知らずだった。通常業務は続いており、もちろんFRBの規制も続いていた。ハッブルに関係する者の多くは、昼間は通常の仕事をして、夜に売却準備に取り組まなければならなかった。

この時期、GEの誰もが何らかの役割を担った。そのなかでも、GEキャピタルの人事部の働きは特筆に値する。すでに述べたが、ハッブルに青信号が出るまで、彼らは規制当局の要求を満たすために監査人やほかの財務担当者を大急ぎで雇い入れていた。それが突然、上層部から一時停止ボタンを押すように命じられたのである。しかも、GEキャピタルの社員が情報を漏らしてしまうことを恐れた私たちから、役職の高い人物にすら、一時停止の理由を伝えることを禁止されていたのだ。

GEキャピタルの人事担当上級副社長であるジャック・ライアンは、3月6日の決定的な取締役会のあとの月曜日に出社したときのことをよく覚えている。ライアンは部下たちにこう言った。「みんな、冷静に聞いてくれ。我々は多くの人を雇い入れてきた。ここらで一呼吸置いて、少しペースを落とそう」。突然の方向転換に、社員たちの多くは混乱した。彼らは多くの人にジョブのオファーをしている。オファーはまだ有効なのだろうか。いったい何が起きているのか。

ある管理職員がライアンに説明を求めた。「鈍い人間だと思われたくないのですが」と、その女性は言った。「この6カ月、私たちはコンプライアンス担当者をどんどん雇ってきました。それをやめろと言うのですか。その理由はなんですか」

ライアンにも、彼女のいらだちは理解できた。彼女を信用していないわけではない。彼女が次世代のリーダー格で、会社のために懸命に働いていることを知っている。それでも、詳しい事情を話すわけにはいかなかった。そこで、ライアンはこう言った。「君たちは、何か重要なことを知っているのに、それを誰にも話してはならない状況に陥ったことはあるか」。部下たちの目に光が宿った。「頼む」とライアンは続けた。「私をあまり追い詰めないでくれ。今は私に従ってくれ」

プロジェクト・ハッブルを公表するまで、秘密を守り通すこと以外に、もう一つやっておきたいことが我々にはあった。GEの勢いを世に示すために、大きな取引を少なくとも一つは成立させておきたかったのだ。

第一候補として最適なのは、不動産だと考えられた。投資家も規制当局も目の敵にしている資産クラスが不動産だったからだ。それらを最初に売ることができれば、私たちが本気だということを伝える強力なメッセージになるだろう。買い手としては、世界最大級の不動産投資管理会社であるブラックストーン・グループが考えられた。シェリンはブラックストーンの長であるジョナサン・D・グレイにアプローチし、決断を急ぎ、じゅうぶんな額を提示するなら、ブラックストーンに独占的な機会を与えると約束した。

「独占的な機会ですので、入札さえすれば、それはあなたのものです」。シェリンは言った。もししないのなら、入札を一般に公開する、と。グレイは前向きに検討すると答えた。

3月の第3週、シェリンとアレックス・ディミトリエフはヨーロッパへ飛んだ。私たちがやろうとしていることを承認してもらうためには、世界の20を超える規制機関を説得しなければならないのだ。シェリンとディミトリエフは、GEは二つの段階をへて金融サービスから撤退するつもりだと説明した。最初に、SIFIのレッテルを剥がすためにアメリカ国内での貸付・リース事業を売却する。ヨーロッパとアジアで貸付・リース事業を手放すのは、そのあとになる。したがって、GEの歴史で初めて、GEキャピタルの重心がアメリカからヨーロッパに移ることになる。アメリカでSIFIの指定を解除できれば、イギリスのプルーデンス規制機構（PRA）やフランスの金融市場庁（AMF）がFRBに代わるGEキャピタルの監督機関になると予想できた。

GEキャピタルの再編には欧州の承認を得ることが絶対に必要だったが、容易ではなかった。欧州の規制当局は、SIFIプロセスに関する考え方がアメリカのそれとはまったく違うし、イギリスのPR

Aを除いて、ほかの国の当局は決められた期限を守ろうという気すらない。そこで私たちは、ドイツ、イタリア、ベルギー、日本、韓国、インド、オーストラリアなどの国々に、規制に対する私たちの取り組みを審査して、承認してもらうよう巧みに働きかけなければならなかった。

その一方で私は、3月の終わりにはシェリンと顧問弁護士のデニストンとともにワシントンDCに向かった。これから何が行われようとしているのか、内密に伝えておくべき人がいた。オバマ大統領の相談役を務めるバレリー・ジャレットが最初だ。突然大きな発表をして大統領をびっくりさせるべきではないと考えたからだ。ジャレットは事前連絡に感謝し、私たちに幸運を祈ってくれた。

次に会ったのは、財務長官のジャック・ルーだ。ルーは公務に就く前はシティグループで最高執行責任者を務めていたこともあるので、GEにとって銀行と同じように規制されるのがどれほど大変なことか理解してくれるはずだった。売却発表の準備を進めていると話したあと、私は彼にこう伝えた。「あなたは、SIFI指定には出口があるだろうとおっしゃいました。GEはその出口を使う最初の車になるつもりです」。ルーは協力的だったが、彼だけの力でSIFIの指定を外せるわけではない。だから、彼は私に何の約束もできなかった。

4月1日には最後の相手として、FRB議長のジャネット・イエレンとそのチームに会った。私たちと彼らの関係は複雑だった。私たちが最も深く関係していたニューヨークFRBはGEのことを嫌っていたし、GEは反感を招くようなこともしてきたと言える。だからこそ、この会合がとても重要だった。私たちは、自分たちがやろうとしていることの複雑さをかいつまんで説明した。少しずつ、私は目指す全体像を描きだした。

私たちがプレゼンテーションを行った30分のあいだ、ほとんどの時間でイエレンは石のような顔をしていた。じっと耳を傾け、何の反応も見せない。プレゼンテーションが終わり、感謝の言葉を述べたとき、シェリンとデニストンがドアに向かい、私もそのあとに続いた。そのとき、FRBのメンバーであるダニエル・タルーロが私を引き止めた。タルーロは細かい性格で知られていた。いや、恐れられていた。イエレンは感情をまったく態度に出さないが、タルーロはまったくその逆で、何も隠そうとしない。イエレンは決していい刑事ではなかったが、タルーロは間違いなく悪い刑事だ。何が降りかかってくるのか、私にはまったく予想がつかなかった。

「私はあなた方がやっていることに賛成します。我々はその努力に報いるつもりです」と、タルーロは言った。「あなた方がSIFI指定を嫌っているのはわかっています。我々も、あなた方をSIFIとみなしたくはありません。ここにいるほかの者たちが首を縦に振らないとしても、私は賛成です。私があなた方を監獄から引っ張り出しましょう」

私は平静を装ったが、心のなかでは飛び上がって喜んだ。タルーロにはそうするだけの力があった。数分話したあとタルーロに別れを告げた私は、うれしい知らせを伝えるために車に急いだ。そしてシェリンとデニストンにこう言った。「最高のミーティングだった」

4月2日、最後にもう一度ハッブルについて話し合う目的で取締役会が開かれた。この日のことを、私は決して忘れないだろう。

GEの取締役会メンバー――規制に詳しい者が必要だったので18人に増えていた――に加えて、GEキャピタルの首脳陣もそこにいた。また、世界で活躍する最高の法律、会計、投資の専門家も参加していた。デービス・ポーク、ウェイル、そしてJPモルガンのアドバイザーたちだ。彼ら外部のアドバイザーはそれぞれがプレゼンテーションを行った。シェリンとボーンスタインと私は、取引のやり方について話した。シェリンと人事リーダーのジャック・ライアンが、GEキャピタルの個別事業の売却を進めながら、どのようにしてGEキャピタルをつなぎまとめておくか、戦略を明かした。ブラックストーンとの取引——まだ交渉が続いていたが、もうすぐ成立しそうだった——について説明し、FRBが我々の計画に好意的な目を向けていることも伝えた。

8日後に予定されている投資家への発表に反対している者がいれば、今ならまだ計画を取りやめる時間があるとも話した。同時に、もしこのまま前に進むのなら、それに対して市場がどう反応するか、まったく予想ができないとも警告した。

ポジティブな反応が得られると想像できたが、株価に20パーセントほどの悪影響が出ることも覚悟していた。「GE帝国にとって、本当につらい1日になってしまうかもしれません」と、私は警告した。「これまでも、何度もそんなことはありましたが」。しかし、それでも取締役会は動じなかった。

4月5日は復活祭の日曜日だったが、ハッブルが発射台にあったため休んでいる暇はなく、みんな出社していた。

4月9日木曜日、予定されていた投資家への発表の1日前、私は、4月10日をいい日にするためにできることは何でもした。私は、投資管理会社ブラックロックの会長兼CEOであるラリー・フィンクと彼のオフィスでランチをともにした。翌日に発表する内容をおおざっぱに話すと、フィンクは驚いた顔をした。もし私が、そのときまでこの再編案がどれほど前例のない大それたものであるかに気づいていなかったとしても、遅くともフィンクのその表情を見たときに理解していただろう。

部屋を去る前に、私はある頼み事をした。「あなたのことは、誰もが尊重し信頼しています」と、私は言った。「ですから、もし来週、この件について公にコメントする機会があれば、とにかく何か話してください。たとえそれが『まったく馬鹿げている』でもかまいませんから」。フィンクはわかったと言った。

ところが4月9日、市場が閉じたあと、誰か（おそらく銀行の誰か）が宙ぶらりんになっていたブラックストーンとの取引について『ウォール・ストリート・ジャーナル』に漏らした。しかし、コメントを求めてきたレポーターの言葉を拾い集めてみると、彼らは1回限りの商業用不動産取引というネタをつかんでいるようだった。これから起ころうとしていることの規模の大きさを知っている者はいなかった。それでもGEの誰もが驚いた。この時点で、社内の六十人ほどが計画について知っていた。たとえほんの一部分だけだとしても、それまでずっと秘密にしてきたことが、最後の最後になって漏れてしまったことに焦っていた。

しかし、よく考えてみれば、この情報のリークこそが天の恵みだと思えた。もっと大きなニュースを発表する最高のお膳立てだ。私たちは『ウォール・ストリート・ジャーナル』には「ノーコメント」とだけ答えたが、数分後には「GEは保有不動産を売ろうとしている」という見出しがオンライン記事に躍った。午後5時、私たちは「明朝8時30分に開催されるGEキャピタルに関する投資家向け発表会へのご招待」と題し、ウェブキャストへのリンクを記したメールを一斉送信した。『ウォール・ストリート・ジャーナル』の記事が発表された直後なのだから、このメールを無視する者はいないだろう。

ただし、問題が一つあった。『ウォール・ストリート・ジャーナル』が正しく指摘したように、ブラックストーンとの取引はまだ成立していなかったのだ。GEキャピタル不動産部門のCEOであるアレック・バーガーは最善を尽くした。その時点まで、バーガーとアリス・ケケジアンは48時間一睡もせずに、ブラックストーンの代表者たちのあいだを行ったり来たりしていた。投資家向け発表会の数時間前、私たちは二つのバージョンのプレスリリースを作成した。一つはブラックストーン相手の不動産取引の成立報告を含む内容、もう一つは含まないもの、である。

4月10日の未明、バーガーとケケジアン、ブラックストーンのジョナサン・グレイ、そして弁護士やアドバイザーの一団がいまだにとある会議室にこもっていた。ウェルズ・ファーゴで卸売銀行業務を担当しているティモシー・スローン——取引のパートナー——はカリフォルニアでスピーカーフォンの前に座っていた。

買い手側があまりほしくない不動産を取引から除外しようとしていたため、議論は行き詰まっていた。GE側は抵抗したが、議論が永遠に続くのではないかと不安になっていた。このままでは、投資家向け発表会の前に取引を成立させることができない。それどころか、永遠に成立しないかもしれない。

休憩の時間に、ケケジアンがバーガーに話しかけた。「面倒な手続きははしょって、ブザーでも鳴らして一気にケリをつけたほうがいい」。そして携帯電話を取り出し、アップストアを検索した。ホテルのポーターを呼ぶときに鳴らすベルの音をシミュレートしたアプリがすぐに見つかった。完璧だ。

ケケジアンはミーティングに戻ったが、今手に入れたばかりのアプリについては何も話さない。しかし、相手側の弁護士がある点で合意すると、彼はそのアプリを鳴らした。チン！「完璧です」。ケケジアンは言った。「さあ、次！」。のちに議論が進まなくなったときも、彼女はベルを鳴らした。チン！チン！人々をけしかけるためだ。その音は耳障りで、弁護士たちはいらついたが、ケケジアンとバーガーが望んだ効果をもたらした。交渉が進みはじめたのだ。

音がプレッシャーになった。「ごらんのように」、空が明るくなりはじめたころ、GE側のスタッフが言った。「あなた方の有利にことを進めるのなら、契約を今すぐ成立させるべきです」。彼らは粘った。

「我々はどちらでもいいのです」。ブラックストーンとウェルズ・ファーゴの代表者に話しかける。「あなた方が今すぐ決断しないのなら、不動産業で名を上げようとしているほかの誰かに声をかけることにします」

午前6時半、ついに私たちも満足できる価格で署名が取り交わされた。ブラックストーン・グループとウェルズ・ファーゴおよびほかの買い手が、GEの所有するオフィスビルや商業用不動産債券を265億ドルで買うことに合意したのである。大喜びでケケジアンがシェリンに電話した。「プレスリリースを発表してください。計画通りに話を進めましょう」

秘密の終わり

ブラックストーンとの取引が成立した2時間後、私はシェリン、ボーンスタイン、デニストンの3人とともにフェアフィールドに向かい、投資家向けの発表会を開いた。各自、自分の役割を何日も前からリハーサルしていた。私が最初に話し、おおざっぱに売却計画について説明する。次に、どの資産を束ねて、どう売るつもりかを明らかにする。私たちは、航空機のリースやエネルギーおよび医療事業への融資など、GEの産業を支えている貸付ラインは維持する一方で、GEキャピタルの事業の大半は2年以内に売り払うと説明した。

そして最後に、外国の子会社から360億ドル分の現金を呼び戻す予定で、それにより60億ドルの納税が必要になると述べた。それだけ見れば17パーセントの税率と言えるが、所得に対して外国ですでに支払われていた税を考慮すると、アメリカの法人税率である35パーセントになる。すべてひっくるめると、出費は160億ドル程度になると予想できた。会社を簡素にするためなら、それほどの額を支払うのも痛くなかった。

すでに複数の国の規制当局の承認も得られているし、残りの国とも交渉が進んでいるとも伝えた。たとえばその日の朝には、ディミトリエフがワルシャワにいて、ポーランドの金融監督局から承認を得たばかりだった。

さらに、最大500億ドル分の普通株式の買い戻しを通じて売却利益を株主に還元する案を、GEの取締役会が承認したとも発表した。この買い戻しにより、2018年までにGEの株式数はおよそ85億株に減ることになる。この発表会の時点で、会社の全収益における金融サービスの占める割合は25パーセント、私がCEOになった2001年では50パーセントだった。目標は、2018年までにこの数字を10パーセント以下にすることだった。

当時、アナリストのなかでもGEに最も手厳しかった人物が、投資銀行バークレイズに所属するスコット・デイビスだ。2014年の秋には、GEを「AT&Tを手本にして完全分割すべき」と提案したほどだが、この発表会のあと、そのデイビスが私に連絡を入れてきた。「これまで我々はあなたのことをさんざんこき下ろしてきたが、今回の決断はそれをすべて帳消しにできるほどすばらしい。これまでのことをわびたい。もうしばらく、今の仕事を続けてくれ」と。シェリンとボーンスタインと私は笑った。うれしかったからというよりも、安堵の笑いだ。

発表会はこれ以上ないほど完璧だった。最大のポートフォリオの一つである不動産を、帳簿価格を超える額で売る取引をすでに成立させていた事実も、予想どおりの効果を示し、人々の関心を高めた。その日、株価が11パーセントも上昇し、28・51ドルで取引を終えた。過去5年で最大の上げ幅だった。

社員に心を開く

私たちは秘密を明かした。今度は約束を果たす番だ。ありがたいことに、発表したその日のうちに、潜在的な買い手から450件を超える問い合わせがあった。個人的に話し合うために、ノーフォークにあるGEキャピタルのロビーにやってきた銀行家の数も少なくなかった。

しかし、求婚者をもてなしてばかりはいられない。GEキャピタルの社員たちを、すぐにでも安心させなければならなかった。彼らに、私たちが彼らの属する事業の買い手を探しているあいだも今の仕事を続けてもらいたいとはっきりと示さなければならなかったし、今の仕事を続けることに価値があると思える理由を示す必要もあった。

4月のプロジェクト・ハッブルの発表が近づいていたころ、コンプライアンス担当の新しい上級幹部が、GEキャピタルで人事を担当していたジャック・ライアンにセキュリティプランを立てておくべきかどうか相談していた。簡単に言えば、退職を決めた社員が社を去る際に機密情報を盗んでいくのを阻止するための方策だ。

「売却を知れば、社員は怒りをあらわにするだろう」と、新人幹部が言った。「大きな銀行で売却案が明らかになれば、社員の多くは腹を立てて、すぐに出て行こうとする。我々も、予防策を講じたほうがいいのではないか」。しかし、ライアンは「ノー」と答えた。ここは大銀行ではない、と。

GEキャピタルの社員は深く悲しみ、損失感を味わうことになるだろうが、きっと最後まで会社に忠誠を示してくれるに違いない。「必要なのは、彼らの悲しみに寄り添うことだ」と、ライアンは説明した。「それさえしっかりすれば、彼らは新しいゲームプランも気高く立派に実行してくれるはずだ」

そこで、シェリンとライアンが一連のミーティングと電話会議を開いた。その1回目では、一万七千人が電話の向こうで耳を傾け、文書で質問を提出した。なかには厳しい質問もあった。「私は48時間前に人事マネジャーと話したばかりだけど、彼女が言っていたこととあなた方の言い分はまったく異なっている」と、ある人物は書いていた。「あなた方人事担当者は、どうして嘘をつくのか」

シェリンが電話に向けてその質問を読み上げたとき、ライアンはいてもたってもいられない気持ちになった。そこに胃の痛みが加わったのは、シェリンが「この質問にはジャックに答えてもらおう」と言ったからだ。ライアンは大きく息をついて、答えはじめた。

「いいですか、あなたの人事マネジャーには何も知らされていなかったのです。彼女が嘘をついたのではないことは、私が保証します。今回のような、市場やGEに間違いなく多大な影響を与える情報は、多くの人に伝えるわけにはいきません。その情報を知るわずかな数の人々は、みんな秘密保持契約を結んでいました。あなたの人事マネジャーは、自分が知っていることを、知っているときに、あなたに話したのであって、そのあとで状況が変わったのです」

その言葉が真実かどうか、人々には伝わるものだ。その瞬間、そしてそのあとも何度も、ライアンたちは自分の将来を危惧するGEキャピタルの社員たちに率直に真実を打ち明けることで、緊張を解くことに成功した。

役員報酬担当マネジャーのジョン・ヒンショー率いる人事チームは、三つのグループを対象に引き止め計画を作成した。上級リーダーにはインセンティブを提供する。GEキャピタルの資産を高額で迅速に売れば売るほど、多くの報酬を彼らに与える。オーナーが代わることになる事業の社員には、移行作業を手伝うとボーナスを出すことにした。そして、移行期のGEキャピタルの経営を担うインフラストラクチャ要員は、彼らの働きが必要とされなくなるまで働きつづければ、それに対して報奨金を支払うことに決めた。

また、会社に一定期間以上居残った人に支払うボーナスなど、寛大なパッケージも用意した。ストックオプションの権利付与も加速させた。何らかの理由で売却後に職を失った人々には、GEが再就職先を探すことも約束した。実際、これらの作戦がうまくいったようだ。GEキャピタルは、「保持最優先」リストに含まれる101人の社員のうち、たった一人しか失わなかったのだ。

私は、4月10日の『ニューヨーク・タイムズ』紙上で「私たちは感情に流されたりしない」と、毅然とした表情で語っている。しかし、誤解しないでもらいたいが、GEキャピタルの社員にGEを去ってもらうことは感情的にとてもつらいことだった。彼らは数十年にわたって市場で勝ちつづけ、SIFI指定後も規制に対処する新しい組織をつくりあげた。そんな彼らに、「今までの仕事を辞めろ」と言うのは、本当に難しいことだった。

たとえばボーンスタインは、GEのCFOになる前、GEキャピタルで貸付やリースあるいは在庫融資を担当するチームをイリノイ州シカゴにつくる仕事に携わっていた。チームの一部は、その際に行った買収によってGEキャピタルに参加した人々で、その大半は5年から7年ほどしかGEのために働いていなかった。そこで4月の発表会の6週間後、ボーンスタインは彼ら相手の質疑応答に出席するためにイリノイ州へ飛んだ。ボーンスタインは、会には百人ほどの社員が集まると予想していた。

ところが、メイン会場だけでも数百人の人々が集まり、その4倍の数の人が同じ建物内のほかの部屋あるいは周辺地区にいて、ビデオ映像を通じて集会の様子を見ていたのである。ふだんは毅然とした態度のボーンスタインも、その日ばかりはステージに上がると感情が押し上げてきた。10年以上もGEキャピタルのビジネスに携わってきた彼にとって、不安げな表情を浮かべる数多くの社員たちに別れを告げるのは、心が張り裂けそうな思いだった。

ボーンスタインによると、目の前にいる人々の事業は――GEが売ろうとしていたほかのビジネスと同じで――まもなくほかの誰かによって〝完全な形で〟所有されることになると考えることで、つらい気持ちも幾分か楽になったそうだ。「君たちは仕事を続けられる」と、ボーンスタインは人々に約束した。

必死に涙をこらえながら。そこにいた人々の誰もが、自分の仕事に自信をもっていた。銀行にはできない方法で成功してきた事実を、誇りに感じていた。銀行よりも不利な状況にありながら、果敢に立ち向かってきた。

「信じてくれ」。ボーンスタインは言った。「みんなといっしょにつくりあげてきたビジネスを愛していないから、売却する決断を下したのではない。私たちもこのビジネスを愛している。だが、今の規制状況では、売却するのが君たちの将来にとって最善の答えだと思う」

その集会は45分におよんだ。ボーンスタインが最後の質問に答えた瞬間、会場は静まりかえった。ステージを下りようとしたとき、その空間は万雷の拍手に包まれた。

アクティビスト

少し時間を巻き戻して、4月の発表会をきっかけに活動を始めた別のグループについて話そう。物言う株主などとも呼ばれる、いわゆるアクティビスト投資家だ。5月の半ば、私は数年前から親交のある、ウォール街で人望の高いジョー・ペレラという銀行家から電話を受け取った。「いいか、ジェフ」、ペレラは言った。「君はこれで深みからは脱したと考えているだろうが、それは正しくない」

ペレラは顔が広い。ファースト・ボストン社で数年を過ごしたあと、１９８０年代後半に2人の仲間とともにブティック系投資銀行「ワッサースタイン・ペレラ」を立ち上げ、のちに同社を14億ドルで売り払った。続けて、新たな金融サービス会社「ペレラ・ワインバーグ」を創業し、モルガン・スタンレーの経営委員会のメンバーだったこともある。私は、ペレラが知っていることをぜひとも聞きたいと思った。

彼も話すつもりだった。「君がGEキャピタルを処分したので、GEの株を買おうとしているアクティビストたちが数人いる。その彼らも、今まではGEがSIFIに指定されていたので、近づこうとしなかった。ところが、君たちがSIFIのリストから除外されそうなので、群がってきたのだ」

その話のなかで、ペレラは具体的に二つの会社の名前を挙げた。サンフランシスコに拠点を置く「バリューアクト・キャピタル」というヘッジファンドと、パークアベニューにある「トライアン・ファンド・マネジメント」という会社だ。後者のホームページにはすべて大文字で「大いに物言う株主」と書かれている。

ペレラは続けた。「いいか、GEの株は実際よりも低い価値で取引されている。GEはコングロマリットだ。そして理屈としては、君たちは彼らが毒とみなしていたものをきれいに取り除いた。それを見た連中は、『CEOを解雇しろ、会社を分割しろ、あれもやれ、これもやれ』と言うために、いよいよGEに近づこうとしている。そのことを、君に警告しておきたかったんだ」

私はペレラに感謝を述べたうえで、その話を聞いてもあまり驚いていないと伝えた。私が初めてトライアン社のCEOであるネルソン・ペルツに会ったのは2006年、『フォーチュン』に掲載されたH・J・ハインツ社に関する記事を読んだあとだった。買収の巨人として知られるペルツは、委任状争奪戦に勝ってハインツ社の取締役会の2議席を得ていた。これについて、ハインツのCEOが『フォーチュン』に対して、ペルツの参加はすばらしい動きであり、彼からのインプットを高く評価すると語ったのである。この発言に興味をもった私は、ペルツにGEの取締役会に加わるつもりがないか、探りを入れてみたのだった。

のちに何が起こったかを知る者にとっては、私のほうから彼に声をかけたという事実がショッキングに思えるかもしれないが、当時の私は優れた役員候補者を探していたのである。ペルツが一筋縄ではいかない人物だという評判も聞いていたが、私は彼に銃を突きつけられて無理強いされるのではなく、自分のほうから彼を取締役会に誘えば、彼は私の後ろ盾になってくれると期待していた。ところが、何度か会談を重ねて互いのことを知りはじめたころに金融危機がやってきたので、計画が中止になったのだった。

そして、話は2015年に戻る。ペレラの電話からまもなく、今度はそのペルツが電話をかけてきた。彼はGEキャピタルの分離に対して、祝いの言葉を述べた。私は礼を言って、さりげなくこう付け加えた。「君が株主ならありがたいんだが」

もちろん、ペルツのトライアン社はすでに株主になっていた。ペレラがその事実を前もって教えてくれていた。しかし、それからこの電話までのあいだに、私たちには分析をする時間があった。大型のアクティビストは12人ほどいて、そのうちの半分が過激な連中であることが知られていた。自分たちが投資した会社の経営者たちに根本的な変化を強制し、株価を引き上げようとする投資家たちだ。残りの半分は、もっと合理的な活動をする。私は、トライアン社は後者に含まれると判断した。ペルツ自身、自分のことを建設的な人物とみなしていて、自分の目的は投資した会社を改善することにあると公言していた。私はその言葉を信じた。もちろん、私もばかではない。アクティビスト投資家たちが、CEOの仕事を複雑にする存在であることは承知していた。

GEキャピタルの売却後に私が本当にやりたかったのは、会社を経営することだけだった。ハップルを実行し、マスコミの見出しから逃れ、純粋に経営に集中する。しかし、どうやってもアクティビストたちの影響を逃れることができないのなら、私はそれが個人的に知っているアクティビストであってもらいたかった。トライアン社なら、GEが満足のいく結果を出している限り、我慢強く長い目で見てくれると期待した。

この点について、私は最も信頼するアドバイザーたちと真剣に話し合った。ある日、ハップル計画で私たちをサポートしてくれた銀行家のブレア・エフロンが私の意見に異を唱え、トライアン社を誘うことに反対した。「酷い結果になる恐れがある」と彼は言った。

エフロンの考えが正しいことを、私も自覚していた。しかし同時に、理屈としてはアクティビストが価値をもたらすこともあるはず、とも考えていた。

「一つはっきりとさせておこう」。私はエフロンに言った。「もし、私たちがうまくやれば、それでも醜い結果になるだろうか。ならないはずだ。では、私たちがうまくやらなければ、醜い結果になるのか。そのとおりだ。そうならない理由がないではないか。もし私が役立たずなら、誰かが私を責めるのは当たり前のことだ」。私は、私と私のチームが責任を負うのは当然だと考えていた。

売って、売って、売りまくれ！

基本的に、私たちは世界に向けて、３０００億ドル分のローンやリース、あるいはほかの資産を帳簿価格の1・1倍で迅速に手放すと宣言したことになる。売却目的でそのようなアプローチが行われることは、通常ありえない。しかし、私たちは売却するビジネスの質が高いことを知っていたし、当時は金利がほぼゼロだったので、タイミングも最高だったといえる。

4月10日の発表後に、最初に声をかけるべき相手はもう決まっていた。2月に思いがけないオファーをしてきたエレメント社ＣＥＯのスティーブン・ハドソンだ。彼のオファーがあったからこそ、私たちはプロジェクト・ハッブルが実行可能だと確信できたのだから。ケケジアンが連絡を入れたところ、ハドソンは興味を失っておらず、まもなくＧＥキャピタルの車両管理部門の大部分を69億ドルで買うことに同意した。

次にチームは、ＧＥキャピタルが誇る至宝に目を向けた。レバレッジド融資業務を行うＧＥアンタレスだ。ほかの資産売却の基準にするために、アンタレスを高額で売る必要があった。投げ売りを期待した数多くのプライベート・エクイティ会社が、ＧＥキャピタルのまわりを取り囲んでいた。

そこで私たちは、アンタレスの取引を、我々が絶望しておらず、交渉の主導権を握る立場にあることを示す機会とみなすことにした。メッセージはこうだ。「誰もが私たちの売り物をほしがっているのだから、値切ろうとするな」

私たちの想定した主要入札者は、当時オンタリオ州出身のマーク・ワイズマンが運営していたカナダ・ペンション・プラン（ＣＰＰ）だった。第二候補はアポロ社だったが、私たちはＣＰＰを希望していたし、ＣＰＰならほかよりも多くの額を出せると考えていた。

私たちは取締役会に属するカナダ人のジェフ・ビーティーの力を借りて、あらゆる手を尽くして交渉を進めた。アポロとＣＰＰは熾烈な入札戦を繰り広げた。最終的に、私たちはＣＰＰを相手に１２０億ドルで取引を成立させた。想定以上の額だ。この取引は、ブラックストーンとの不動産取引がまぐれではなかったことを証明した。

ＧＥアンタレスの売却は、影響力のあるウォール街の投資銀行家ジミー・リーと私たちが行った最後の取引でもあった。２０１５年6月、リーはコネチカットの自宅で運動したあとに、62歳の若さで急逝した。

ＣＥＯが、自分の仕事がいかに孤独かを語ることはめったにない。私はつねに、「順番待ちせずに話しかけられる相手を探していた。損得勘定なしで話せる相手がほしかったのだ。リーはそのような相手だった。私は彼に心を許していたし、彼はＧＥと私のために最善を望んでいたと思う。

ＣＥＯ職のもう一つのつらいところは、毎日のようにたくさんの悪い知らせを聞かなければならないことだ。うれしい知らせがＣＥＯのもとに届くことはめったにない。私の心が折れそうになっているときに、必ず声をかけてくれたのはリーだった。彼の死は大きなダメージだった。

このころ、私たちが進めていた売却のペースと複雑さは、何度も厳しいＭ＆Ａ交渉を行ってきた担当チームにとっても息をのむほどだった。

キャピタル・ワン・フィナンシャル社に病院や介護施設に融資を行う事業を90億ドルで売却した。ゴールドマン・サックスにはオンライン銀行を、モントリオール銀行には鉄道車両金融事業を売った。

所有していた現代《ヒョンデ》のクレジット事業の43パーセントの株式も手放し、アメリカ国内の貸付およびリース事業――320億ドルの資産を含む三万人が関わる事業――の大部分もウェルズ・ファーゴに売り払った。

どのプラットフォームでも、数百あるいは数千の社員が最前線で働いていた。融資を行い、集金し、資産を管理していた人々だ。私は、経験豊かな運営リーダーであるシャロン・ギャラベルとマリア・ディピエトロに、各事業の売却時にチームをまとめる任務を与えた。

当時、私たちは多くのことに気づいていなかった。気づいていないことにすら気づいていなかったことが、この時期の鍵だったと言わざるをえない。

今になってわかることだが、プロジェクト・ハッブルを実行する直前、取締役会に臨んだ時点の私たちは、全体像の60パーセントしか把握していなかった。もし、自分たちがやろうとしていることの大きさを正しく認識していたなら、私たちはそれを決してやろうとしなかっただろう。ときには、考えるのをやめて行動すべき場合がある。すべてが見通せる完璧なタイミングが来るのを待っていれば、永遠に待ちつづけることになる。

ミッション完了

2015年9月、トライアン社がGEの株式を25億ドル相当、言い換えれば時価総額の1パーセント分を購入したと公表した。これをもって同社は、GEの10大株主の仲間入りを果たし、GEの経営に口を出しはじめた。

10月初め、ペルツが『ウォール・ストリート・ジャーナル』に対し、GEが航空機エンジンや医療器具、あるいは発電施設の販売に利用してきたクレジット業務を手放していないのが不満だ、と語った。そしてこう付け加えた。「トライアンの私たちは、産業企業が現金を資源にしたビジネスに関わることを快く思っていない」

しかしその1カ月後には、トライアンは80ページにおよぶきわめて強気な見解書を発表し、2018年までにGEの1株あたりの利益（EPS）が2・20ドルになると予測した。彼らはとくにGEの立てた株式買い戻し計画を高く評価していた。実際に、私たちは最終的におよそ350億ドル分の株を買い戻した。目標は、GEキャピタルの売却によるEPSの変動を抑えること。つまり、GEキャピタルの売却で減った分子に合わせて、分母（発行済み株式）も減らしたのである。

過去3年間で私のチームに向けられた最も不公平な批判は、私たちが1株あたり2ドルの利益は達成できないことを知っていながら、株価をつり上げるためだけに買い戻しをしていたという主張だ。これは最悪な部類の後出しジャンケンだ。私たちは買い戻しの理由を隠すことなく正直に伝えていた。私が、2017年には6ドルにまで値を落とすと予想しながら22ドルで株を買い戻していたという主張は、完全に間違っている。当時、1株あたり2ドルの利益は無理だと考えていた人も、1・90ドルぐらいは可能だと考えていた。私たちが買い戻しを通じて何十億ドルも無駄に捨てたという人々は、はっきり言って、大嘘つきだ。

取締役会と経営陣は、GEキャピタルを解体した際の資本配分のやり方についてオープンに話し合った。また、同じ時期にGEアプライアンシズとGEウォーターも売却したので、現金が潤沢にあった。株式を買い戻す代わりに、現金をバランスシートに残しておくこともできただろう。しかし、2015

年時点では、ＧＥパワーがフランスの多国籍企業アルストムのエネルギー資産を買収することが計画されていて、それを通じてさらに多くの現金が手に入ると予想できたため、株の買い戻しを決断したのである。加えて、6年にわたりＳＩＦＩの指定を受けていた私たちは、ＧＥキャピタルのバランスシートはとても強力だとみなしていた。ところが、この二つの仮定が間違っていたことが、のちになってわかったのである。

トライアン社はＧＥを6カ月にわたって調べ尽くした。そのうえで、私たちがやっていることは正しいと考えたのだろう。ほかの投資家の多くも、同じ結論に達していた。２０１５年12月に開かれた展望会議――いわばＧＥが開く投資家向けの一般教書演説――では、トライアンもほかの者も満足していた。ある木曜日の午後、私たちは投資家たちの一団を『サタデー・ナイト・ライブ』の収録スタジオ（必要に応じてコムキャストから借りることができた）に招き、夜には大型投資家と食事会も開いた。

翌朝はアナリストやほかの投資家グループと朝食をともにし、30ロックで非公式の質疑応答に応じた。その席上、最も敵対的なヘッジファンド投資家の一人が、ＧＥの投資家向け広報担当者であるマット・クリビンスに話しかけた。その男性は30年以上ＧＥを観察していて、歯に衣着せぬ物言いで知られていた。その彼がクリビンスにこう言った。「1年前なら、この部屋にいる人の25パーセントしかジェフを支持しなかっただろう。その彼が、今では神のような存在だ。ものすごい変わりようだ」

もし、当時の私が読者であるあなたに尋ねられたら、私は自分のことを神どころか、今にも死にそうだと感じていると答えただろう。私たちは金融業から手を引くという「大胆な決断」を理由に高い評価を得たが、私個人としては喜ぶ気になれなかった。ＧＥキャピタルから完全に手を引くことはできたものの、私は、もし待つという選択肢を選んでいたらもっと多くの現金が手に入ったのではないか、それを取りこぼしてしまったのではないか、と不安を覚えていたのだ。

しかし、私たちは待たなかった。企業再編は、GEにとって正しい選択だった。だが、私にとってそれは、〝降伏〟を意味していた。利益を増やすためではなく、損失を抑えるための決断だった。私は、後退のしかたを学ぶこともリーダーのスキルだという事実を受け入れなくてはならなかった。もちろんそんなスキルは学びたくなかった。

2015年4月、私たちは3年以内に売却を完了すると発表した。実際には、26の国で100を超える取引を行い、2年でほとんどの売却を終えていた。しかも、予言したとおり帳簿価格の1・1倍、おそらくもう少し高い数字も実現できた。GEキャピタルの処分を発表してからわずか14カ月後の2016年6月29日、GEはSIFIのレッテルを剥がすことに成功した最初の大手金融機関になった。多くの人が不可能だと言ったことを実現した。私たちはふたたび会社の経営に集中できるようになった。

第10章
リーダーの透明性

2005年のある土曜日、私はコネチカット州フェアフィールドのオフィスにいた。仕事が終わったので、どうしようかと考える。妻のアンディと、当時ハイスクール3年生だった娘のサラがショッピングに出かけていることを知っていたので、急いで帰宅する必要はない。車に向かいながら、ようやくそのときが来たと感じた。今日こそタトゥーを入れる。

タトゥーについては、もう何カ月も前から娘とあれこれふざけあってきた。娘がタトゥーを入れると脅してくると、私のほうが先に入れてやる、と応じる。すると娘はうんざりした顔でこう言うのだ。「口ばっかり」。しかし、タトゥーのような自己表現の方法に、私は強くひかれていた。

私はダンベリーへ向かった。そこでタトゥーショップをいくつか見たことがあったからだ。私はいちばんすっきりした見た目の店を選んでなかに入り、店員に希望を伝えた。複雑なことをするつもりはない。GEミートボールの通称で知られる、筆記体で書かれたGEの青いロゴを彫ってくれ。タトゥーアーティストは、そんな注文は初めてだと言う。私は彼女にCEOだと打ち明けるつもりはなかったので、ストーリーをでっち上げた。

「ＧＥで働いているんです。で、ボーリングのリーグ戦でＧＥが勝つと賭けたんだけど負けちゃって。それで、ここに来たってわけです」。その女性は笑った。「そんなことでＧＥのタトゥーを入れるのですか」と尋ねる。「面白いわ!」。彼女は仕事に取りかかった。左側の腰、ベルトのちょうど下あたりに道具を当てる。もうすぐ終わろうとするころ、私は追加で赤い文字を入れるよう頼んだ。「A.I.」と「S.I.」。最愛の相手、妻と娘のイニシャルだ。

それからの年月、私は何回か、楽しい催しとしてゲストが紙に自分の秘密を書くように求められる食事会に出席したことがある。代表者がみんなの秘密が書かれた紙切れを一つの帽子に集めて、それを順番に読み上げるのだが、名前が書かれていないので、参加者はそれが誰の秘密かを推測する、という趣向だ。そのたびに私は「タトゥーがある」と書いた。誰もそれが私だとは思わない。そのゲームは、ほとんどいつも私の勝ちで終わった。

しかし、私のタトゥーには、パーティの余興以上の意義があった。私の場合、生活を仕事と家族の2点——私は、ＣＥＯとして過ごした日々を「一つの会社と一人の妻」と呼んでいた——に絞り込むことでストレスを減らすことができたのだ。

私は自分自身への贈り物として、最愛のものを描いた。何が大切かを見失わないように。ＧＥ内に、私のタトゥーのことを知る者はほとんどいなかった。私も、見せびらかすつもりはなかった。ＧＥへの献身を約束する、個人的な誓いだったのだから。

私がＧＥを去ってから、私の献身を疑う声が大きくなった。とくに、話題がＧＥパワーで起こった出来事になるとそうだ。何がうまくいかなかったのかという話になったとき、最も頻繁に繰り広げられたのは、私のごり押しのせいで、GEがとんでもない取引――2015年のフランス系多国籍企業であるアルストムの電力インフラ部門買収――をしてしまった、という主張だ。しかし、その主張は正確ではない。GEパワーは、基幹産業に属する優れたビジネスだったのだから、アルストムを買収するのも理にかなっていた。

アルストムの買収が成立したのは、電力業界が厳しいサイクルに入る直前だった。ただし、その後に起こったことすべての原因が不況にあったわけではない。GEはそれまで、どのビジネスでも厳しい時期を乗り越えてきたし、私たちの幹部は複雑な取引もうまくこなしてきた。たとえば2004年にアマシャムを買収した直後にも取引そのものを脅かすほどの重大な品質問題が発覚したが、GEのヘルスケアチームが見事に問題を解決した。

むしろ、私がアルストム買収から学ばなければならなかった教訓は、資本配分の問題だけではなく、リーダーシップに関係していた。GEパワーの主要経営陣の能力の点で、私と取締役会のあいだで意見の食い違いが生じていた。その結果として、適切でないチームがつくられてしまった。それが、私の犯した過ちだ。

これから私が語る話は、私にとっても心苦しい告白になる。40年にわたり、何かがうまくいかなかったり、誰かが私の性格や判断力を不当に批判したりしても、私は口をつぐんでじっと我慢してきた。しかし、今回ばかりは例外にしようと思う。

GEパワーにまつわる出来事が、あまりにも多くの人々に大きなダメージを与えたので、私はここで初めて真実を話すつもりだ。この点について、これまで不完全な、ときには事実無根の主張ばかりが行われてきた。本当は話したくないのだが、人々は真実を知るべきだろう。

熟知する市場で行った単純な取引

私がGEのCEOとして行ったすべての取引のなかで、最も強く批判されるのがアルストムの買収だ。

その話は、神話のような扱いを受けることもある。この取引を提案したのはGEパワーの首脳陣で、取締役会、投資家、アナリスト、そして私を含むほかの関係者が支持した。とても透明な取引だった。私たちは、自分たちが買おうとしている相手が基本的に電力サービス事業であり、GEの電力事業を補うものだと理解していた。アルストムの現状も把握していたし、同社が問題に直面していることもわかっていた。

それでも買収しようと考えたのには、二つの理由があった。一つは、買収によりライバルが減ること。もう一つは、私たちにはアルストムを統合して活用するノウハウがあったので、短期間で大きな額の現金を生み出すことができると考えられたからだ。

1世紀にわたって電気関連事業で多大な信頼を得てきたゼネラル・エレクトリックという会社にとって、電力市場に参入するのは間違った考えではない。GEはトップシェアを誇り、イノベーションと信頼性で名高い。しかし、だからといって、電力市場が簡単な市場だというわけではない。今も昔も、技術と経済と公共政策が複雑に絡み合う市場だ。政府からの補助金や規制も、大いに影響してくる。

しかし、そのような複雑さの裏側には、長期的な成長という約束が横たわっている。世界の電気市場はすでに巨大で、今も大きくなりつづけている。ある試算によると、電力需要は2030年までに60

パーセント増加するそうだ。しかも今でさえ、世界人口の3分の1はまだ電気のない生活を営んでいる。インドネシアやベトナムが、ヨーロッパを超えるほどの新たな需要になる可能性があるのだ。

アルストム買収のアイデアが生まれたとき、ＧＥはそれを検討してしかるべき好調な状況にあった。２０１４年は堅調な1年だった。１１００億ドルの産業収益をベースに、会社はめざましい成長――７パーセント――を遂げ、競合他社を圧倒していた。一方、収益の増加率は10パーセントで、現金も同様に増えていた。

その成長に大いに貢献したのが電力事業だった。私の計算では、ＧＥパワーは収益、キャッシュフロー、市場シェア、グローバルフットプリント、社会的な影響のどの点をとっても、業界で最も成功している企業体だった。

ガスタービンと風力タービンで支配的な地位を占め、世界の発電施設のおよそ3分の1を所有していた。原子力発電、蒸気、配電の分野では、シェアは少し小さくなる。ＧＥキャピタルを通じて、ＧＥは電力プロジェクト、とくに再生可能エネルギーの開発に対する融資でもリードしていた。商業用建築物や病院用の太陽光発電プロジェクトに資金を提供する目的で、ＧＥカレントというビジネスプラットフォームも立ち上げた。

私はライバルの三菱重工業（ＭＨＩ）とシーメンスが観念したものと、本気で考えていた。私たちは、Ｈタービンをリリースした。業界最大にして、エネルギー効率が最も高いタービンだ。ＧＥのグローバル・グロース・オーガニゼーション（ＧＧＯ）も機能していた。それまでライバルに流れていた世界的な大型取引にも勝ちつづけていた。

さらに重要なことは、私たちには低コストで資金調達をする手段があった。それを使って、全世界に発電施設をつくることができた。そして、大きくなればなるほど、サービスから得られる収益も増えていった。プレディックスのおかげで、サービス事業も高い利益率ですくすくと成長した。発電設備の市場は不安定であることは承知している。それでもなお、私はGEの能力に自信をもっていた。

専門家たちが、天然ガスの消費量は数十年にわたり最低でも年間5パーセントの成長を示すだろうと予測し、私たちはその言葉を信じた。天然ガスはクリーンで、安価で、取り出しやすかった。需要が増えれば、タービンやサービスの需要も高まるはずだ。

その一方で、再生可能エネルギーの発電設備で利益につながる可能性があるのは風力だけだと、私たちは理解していた。私たちは、ソーラーおよびバッテリー技術——何十億ドルもの損失を生んだ業界——への投資をすでに3億ドル分抹消していた。それにもかかわらず私たちは、二酸化炭素の排出量を減らす技術の開発を続けていた。そのための資金として、アルストムが生みだす現金を役立てようと考えたのだ。

電力産業に投資するなら、気候変動を無視するわけにはいかない。現在、電気の93パーセントが、従来の技術（石炭、ガス、原子力、水力）を用いて生産されている。再生可能エネルギーは、わずか7パーセントに過ぎない。どれほど真剣に力を尽くしても、全世界の政治家が手を結んでも、この関係が逆転するまでには数十年がかかるだろう。したがってそれまでの期間、従来の発電方式の汚染を減らすためのサービスにも、多くの資金を投じざるをえないのである。

私たちGEは、電力事業で次のような目標を設定した。全世界で50パーセントのシェアを維持する。陸上および洋上の風力ビジネスを拡大する。ガスタービンの優位性を維持する。コストを減らす。全世界でビジネスを行えるようにする。必要に応じて資金調達を行う。そして、最も大切なこととして、既存のタービンの保守、修理、更新を含むサービスで利益を上げる。

私たちは、この最後の目標に取り組む事業を拡大するために、投資を行った。タービンを多く売って設置すればするほど、修理する機会も増え、収益も増えることになる。アルストムを買収すれば、サービスの対象になるタービンが増え、収益も上がるはずだった。

支配的なポジション

私たちは何年も前から、アルストムを繰り返し分析し、買収を検討してきた。実際、1999年にすでに、アルストムのタービン製造事業の一部を買収している。アルストムはエネルギー関連だけでなく、高速鉄道輸送や信号技術でも一流だった。しかし、GEが欲していたのはアルストムの発電およびグリッド部門だけだ。だが同社はそれらを絶対に手放そうとしなかった。

ところが、2013年から2014年にかけて、アルストムの株価が80ユーロから30ユーロに下落したのである。そして2014年、アルストムのCEOであるパトリック・クロンが、GEパワーCEOのスティーブ・ボルツに会いたいと伝えてきたのだった。

私はそれまでクロンに会ったことがなかったのだが、ボルツがとても興奮していたので、私も興味をそそられた。私は、ボルツのことは何年も前から知っていた。彼は1993年からGEでおもにエネルギー事業と医療事業に携わってきた。2012年まではジョン・クレニキの下で働いていた。それまでのボルツの決断には、クレニキの意思が色濃く反映されていた。

つまり2014年時点で、私はボルツ個人としてのリーダーシップを2年間しか観察していなかったのだが、その内容には満足していた。ミーティングなどで話してみると、彼は自分のビジネスの裏と表を知り尽くしているように思えた。その彼が、アルストムのクロンと会うべきだと提案したのだから、私はイエスと答えたのである。

2014年2月、私たちはパリでディナー会を開いた。GEからはボルツと私のほかに、CFOジェフ・ボーンスタインと、当時は事業開発を担当していたジョン・フラナリーが参加していた。そして、全員がアルストムに興味をそそられた。

アルストムはサービス事業がじゅうぶんな利益を出していたし、GEに欠けている再生可能エネルギー事業――特筆すべきは、GEがまだ参入していなかった大規模洋上風力タービンだろう――も有していた。洋上風力タービンは大当たりで、2020年にはGEに20億ドルをもたらすほどの事業に成長した。

だが、当のクロンは切羽詰まった様子だった。アルストムのエネルギー関連資産をすぐにでも売り払いたい姿勢を見せ、もしGEが応じないのなら、GEのライバルの誰かに売ることになるだろうとほのめかした。

私にとってサービスの拡大は、財政的にも戦略的にも魅力的な話だった。市況動向に左右されやすい産業にあって、サービス業務は変動の少ない分野だ。アルストムを買収すれば、GEの競争力強化につながり、二酸化炭素排出量の削減計画にも有利に働くと予想できた。

加えて、GEパワーの顧客はデジタルなサービスを望んでいたので、アルストムを手に入れれば、この領域でもこれまでの大々的な投資を活用できると考えられた。アルストムを買えば、我々は支配的なポジションを占めることができるはずだ。

2014年3月、私たちはGEの取締役会で、アルストムの買収は単純な取引であり、その結果として既存タービンのシェアが50パーセント拡大し、長期的に巨大な利益をもたらすだろうと報告した。また、今はシーメンスと三菱重工業の後塵を拝しているGEの大型ガスタービン技術も、アルストムの力で向上することになる、とも伝えた。

マイナス面は、アルストムが発電所の建設事業を抱えていたことで、私たちは建設に関してはあまり多くを知らなかった。そしてもう一点、この取引のまわりには地政学的なきな臭さが漂っていたことだ。この危惧を、私たちは「フランスリスク」と名付けた。

私は、ボルツとフラナリーにこの取引に関する適性評価《デューデリジェンス》を行うように命じた。私は、この任務を二人の才能を探るのに適した試験だとみなしていた。

すでに述べたように、ボルツはクレニキのもとから独り立ちしてまだ日が浅かった。アルストム買収の評価をやらせることで、彼の実力がわかると考えたのだ。フラナリーも同じように昇進したばかりだったので、私は彼の仕事をこの目で見てみたかった。当時はまだ後継者選びを意識していたわけではなかったのだが、それでもボルツとフラナリーは私のあとを継ぐ候補者になると思えたのだ。今回の取引は世代交代の準備の一環だった。

ボルツとフラナリーがデューデリジェンスをすればするほど、買収を成立させれば収益が大幅に増えるという思いが強まった。1999年にアルストムのガスタービン事業を買収した前例があるので、フランスでのビジネスも経験済みだった。ボルツとフラナリーがGE取締役会でアルストムにまつわる最終のプレゼンテーションを行ったとき、役員たちが最も危惧したのはアルストムの建設事業であり、GEが建設業では経験が浅いという事実だった。しかし、すべてをひっくるめると、取締役会の反応は上々だった。

2014年4月にシカゴで開かれた株主総会で、私たちはアルストム買収計画の経済性を明らかにした。その際、最もやっかいな問題は、もしGEが最終的に買収しないという結論を出した場合、何が起こるかを予想することだった。私たちは、株主たちが集まる会場の近くにあるホテルで、密かにクロン率いるチームと会合を開いた。違約金について話し合ったのだ。そして、買収を進めた際に、もし規制当局がGEに対して事業の10パーセント以上を売却するよう強制してきたら、GEはアルストムに7億ドルを支払うことで買収取引から手を引くことができるという案で合意した。10パーセントを超えることがなければ、買収を成立させる。

その水曜日、私たちはシカゴで握手を交わした。ところが不幸なことに、翌日の4月24日にその合意内容がメディアに漏れたのである。アルストムを国の宝とみなしていたフランス政府はその知らせに驚き、GEがフランスを尊重していないと感じた。135億ドルに運転資金を加えた額で行われる予定だったその取引は、GEにとって過去最大の買収になるはずだった。しかし、メディアのリークにより事情が変わった。

フランス政府は、フランスの技術的優位性を手放すわけにはいかないという理由で買収に抵抗し、GEを罰するだろう。同時に、フランス政府の意向を受けて、シーメンスと三菱重工業が共同で入札する動きを見せはじめた。

私たちがフランス入りした初日の日曜日、フランソワ・オランド仏大統領は私たちとの会合を拒否し、代わりに使者をよこした。当時、政府事務次長という肩書きの末席議員だったエマニュエル・マクロンだ。マクロンは私たちに、数日間は契約に署名しないよう求めた。それを聞いた私は、彼をセーヌ川に落としてやろうかと思った。しかし、GEフランスのCEO兼社長で、人望の厚いことで知られるクララ・ゲマールが少し時間をくれと言う。私は同意した。

そして火曜日、私はついにオランドとの面会を果たした。オランドはとてもフォーマルで、彼が左派の政敵からかなりのプレッシャーを受けていることが明らかだった。そして水曜日、私たちは最終合意に署名した。私たちは、フランスで千人の雇用を創出することにも合意した。当時すでにヨーロッパ十万人を雇用していたGEにしてみれば、千人など楽に達成できる数字だった。

それにもかかわらず、フランス人の多くはヨーロッパの企業によるアルストムの買収を望んでいた。具体的には、GEとほぼ同じ額を提示したシーメンスが主導する入札だ。5月に入って、私たちの取引はフランスのアルノー・モントブール経済大臣によって阻止された。EUの理念に真っ向から反する動きだと言える。社会主義者であるモントブールは、外国企業によるフランス企業の買収を国益に反する行為とみなしたのだ。だから私たちの取引に横やりを入れた。

それからの60日間は膠着状態が続いた。私たちは、スタートゲートで足止めを食らったのだ。ヨーロッパは、つねづね口先ではグローバル化を高らかに唱えるが、行動がともなっていなかった。彼らは規制を武器にして、自国の企業を優遇する。

今回の件では、モントブールはアメリカ企業がフランス企業を買収するのを阻止するためにEUのルールを破った。そこまでしてドイツの会社を支援した。EUがGEをサポートする兆しは見えなかった。自分たちで何とかするしかない。だからこそ、多くの人々が「ドナルド・トランプ前大統領は保護主義者だった」と言って嘆いているのを見ると、私は笑ってしまうのである。保護主義を発明したのは、トランプではないのだ。

最終的に2014年6月、私たちの取引はようやくフランス政府の承認を得ることに成功した。しかしそれはまだ準備段階に過ぎなかった。メインイベントの会場はEUの競争政策を司る欧州競争総局があるブリュッセルだ。GEパワーのチームがこの取引にかける熱意を知っていた私は、GEの影響力を使えば、ブリュッセルの承認も得られると楽観視していた。

リードするのをやめたリーダー

アルストム買収計画をスタートさせたボルツは、初めのうちは交渉を楽しんでいたようだ。ボールは彼の手のなかにあった。彼はそのボールを見事に使いこなした、と言えればよかったのだが。ボルツが取締役や経営陣に取引の詳細を伝えるのを怠ったわけではない。どうやら彼は、そのようなことをする義務を単純に感じていなかったようだ。

私はそのことに前からずっと気づいていたわけではない。私の直属になってからの2年、私はボルツが商業面で高い才能をもっているのを見た。以前、クレニキが上司だったころ、たとえばアルゼンチンの社員がタービンを売るのに助けを必要としていても、彼らは本社に支援を求めようなどとはしなかった。しかし、ボルツは熱心にビジネスを牽引して、世界中でその状況を変えていった。

加えて彼は、最前線の士気を高める達人でもあった。彼は工場を自分の足で歩き、社員たちと交流を深めた。ミーティングでも、いつも準備万端だった。ボルツの下で働いていた人々は、彼が大きなプレゼンテーションの前に詳細な情報交換を望んでいることを知っていた。自分ですべてを知っておきたい性格なのだ。

しかし、アルストム相手の交渉が進むにつれて、私はボルツがシェフではなく給仕係にふさわしい人物だと思えてきた。客の相手をするのは得意だが、メイン料理の材料について尋ねられるとうまく答えられない。ボルツには〝CEOの勘〟――ほかにふさわしい言葉が思い浮かばない――が欠けていた。私たちはコーチを雇い入れて、彼に戦略をたたき込むために多くの時間も使ったが、それでも足りなかった。

また、まもなくボルツには、「後継候補のエチケット」とでも呼ぶべき要素が欠けていることが明らかになった。2014年の夏、彼は人事リーダーのスーザン・ピーターズにこう言ったのである。「ジェフが引退したら、私がCEOになりたい」。そしてこう付け加えた。「私がジェフのあとを継ぐという確かな約束がなされないのなら、会社を去る」

ピーターズはボルツの厚かましさよりも、後継者選びのプロセスに対する無知さに驚いた。そこでボルツをディナーに誘い、取締役会が次のCEOを選ぶのであり、今はまだその決断をする時期ではないので、慌てる必要はないと説明した。

ピーターズはボルツにしばらく待つように求めた。ボルツがCEOにふさわしい人物と考えたからではなく――実際にはその逆だった――、GE取締役の数人が彼を高く買っているのを知っていたからだ。だから、取締役会が後継者選びを始めるまで、会社を辞めるなと諭したのだった。私はというと、ボルツはただ無知なだけで、そのうち成長してくれるだろうと思っていた。

アルストムの統合

私たちは初めから、最大の敵は時間だと考えていた。アルストムとの交渉が長引けば長引くほど、顧客にもチームにも不利になる、と。そのリスクについて取締役たちに警告を発し、私たちがパリで交渉していた時期には、週に2回電話を通じて取締役会と会議を行った。

私たちは、アルストムをGEパワーに統合するために全力を注いだ。四百人規模の活動を指揮するために、3人の上級リーダーを担当に任命した。まず、中国からマーク・ハッチンソンを呼び寄せた。ブリュッセルで必要とされる政治的なノウハウを知る人物と期待してのことだ。

次にGEパワーでキャリアを積んできた、冷静な人事リーダーのシャロン・デイリー。彼女ならすべてのプレーヤーを知っていて、私に嘘偽りのない情報をくれると考えた。そしてもう一人がGEラテンアメリカのCFOで、財務に長けたホセ・イグナシオ・ガルシアだ。キャリアの多くをGEパワーで過ごしてきた人物である。

統合計画は、私および私のチームとの協議を通じて、毎月更新された。その都度、取締役会にも変更点が伝えられた。この時期の私は、GEパワーの経営陣が何らかの変更を企てたり、問題点に気づいたりしたときには、その報告が私だけでなくほかの関係者にももたらされることにこだわった。そのかいがあって、問題や障害はオープンに議論された。

そのようなミーティングには、全社から、そして世界中から、五十人以上が参加した。アルストムのマネジャーが参加することも珍しくなかった。私は彼らの意見も聞きたかったのだ。買収する側の会社の社員が、買収される会社の社員を敗者とみなすことは、珍しいことではない。しかし私は、アルストムの人々の負けん気の強さを高く評価していた。彼らのその精神を無駄にしたくなかった。だから、ミーティングではいつもさまざまな意見が飛び交ったし、誰もが発言する機会を得た。

アルストムの買収案は、わずか6カ月でアメリカ政府の承認を得ることに成功した。一方のブリュッセルでは、私たちは世界で最も厳しい規制当局として知られるDG COMPこと競争総局に立ち向かわなければならない。EUの競争政策を計画・実施する役割を担うこの組織は、マルグレーテ・ベステアーを新しいリーダーとして迎え入れたばかりだった。そしてそのベステアーは、初の大仕事となるアルストム交渉に自分の名を刻み込もうとしていた。

私は、それまで15年間にわたり、ブリュッセルでさまざまな交渉に携わってきたが、ベステアーほど目的意識がはっきりしていて、能率的な政治家はほかにいないと断言できる。私は彼女とウマが合った。たとえば、ある首相の台頭を描いたデンマーク発のテレビドラマ『コペンハーゲン』について話し、笑い合ったりした。ちなみにドラマの脚本家によると、ベステアーがドラマのモデルだそうだ。しかし、時間をかけてコツコツとアプローチするベステアー特有のやり方は、GEが望んでいたものではなかった。

ベステアーの判断を早めるために、できることは何だってした。その際に中心となって活動したのが、GEの顧問弁護士であるブラケット・デニストンだ。アルストムのCEOとフランス政府——この時点では私たちのサポート側に回っていた——も協力した。しかし、取引を長引かせることはアルストムを傷つけるだけであるという私たちの主張を、ブリュッセルの官僚たちは受け入れなかった。また、アメリカの司法省も、私たちに代わってヨーロッパの司法機関と交渉することを拒否した。

私が本書の執筆を始めてから、ベステアーの権限がヨーロッパのデジタル政策の監督にまで拡大された。今や彼女は、シリコンバレーの最大の敵と呼ばれている。しかし、当時の彼女はGEに照準を定めていた。まもなく私は、ベステアーは私たちを極限まで追い詰めるつもりに違いないと確信した。

実際、私たちはさらに12カ月を欧州連合との交渉に費やすことになる。この時間がアルストムをむしばんでいった。宙ぶらりんになった会社から商品を買おうとする顧客はいない。アルストムの売上も激減した。主要な人材の数人も、自分の将来を不安視して会社を去っていった。

しかしその一方では、初めのうちは見えなかった無駄や節約の可能性が次々と明らかになったため、統合計画にとっては都合がよかった。たとえば、私たちはアルストムの負債をすべて受け入れることには同意したが、入札の前に発生していた贈収賄容疑に対する和解金の8億ドルは、GEではなくアルストムが支払うことになった。事業運営に慣れてきたころには、GEパワー・サービス（GE Power Services：GEの発電部門の一部として発電施設管理などを担当）の本社をスイスに移すことで、20億ドルの税金を節約することにも成功した。それもまた、取引プロファイルの改善につながった。

透明性

私は、すべてが計画通りに進んだ取引を経験したことがない。だからこそ、アルストムの件でも透明性を重視し、取締役会によるレビューや社内会議を何度も繰り返した。以前は、取引から逃げ出したこともある。

2005年には、原子力発電所の建設やサービスを行うウェスティングハウス・エレクトリック社に入札する寸前だったのだが、GEの取締役会メンバーであるロジャー・ペンスキーが「こんなビジネスは大嫌いだ」と言って反対した。「リスクしかないのに、見返りは少ない」。だから私たちは手を引いた。GEが2006年にダウ・ジョーンズ、2007年にアボット・ダイアグノスティクスに目をつけたときも、同じようなことがあった。だが、アルストムでは撤退せずに、前に進むことにした。

私はGE内部のチェックシステムやバランス感覚を頼りにしていた。取締役会は12回もアルストムの買収計画をレビューした。GEパワーのチームも取締役会相手に繰り返しプレゼンテーションを行い、質疑応答の機会もふんだんにあった。何年も前から、私は取締役会メンバーに対し、年に8回取締役会に出席することに加え、私抜きで毎年二つの事業を訪問するよう求めてきた。

訪問することで各チームとのつながりが生まれ、透明性が増し、取締役たちも複雑なビジネスに関する知識を深めることができる。そのような訪問の日程を決めるのは私ではなく、各事業のリーダーたちだ。アルストムの買収計画が進んでいた時期も、GEパワーへ少なくとも4回、取締役会の訪問が行われた。

さらにGEには、取締役会の監査委員会に報告する監査スタッフが450人いて、その多くがアルストムの件に関係していた。会計会社のKPMGにも年間1億1000万ドルを支払っていて、同社もGEの監査委員会に報告し、取引を精査した。

ボルツとハッチンソン、そして顧問弁護士のデニストンが、アルストムとの最終交渉のまとめ役を担った。2015年の夏のあいだ、アルストム側の値引きやEUに対する譲歩案などについて交渉を重ねた。ベステアーと彼女が率いる競争委員会は、私たちの違約金契約について知っていた。もし譲歩によりアルストムの価値が10パーセント以上目減りすれば、私たちは買収から手を引くという契約だ。べステアーたちは、細心の注意を払って10パーセント以下の値を維持した。

一方、GEの投資家たちは、トライアン社のネルソン・ペルツも含めて、アルストムの買収を好意的な目で見ていた。ところが、交渉を続けていても、ボルツに私が期待していたリーダーシップが見えてこないのだ。ある日、ボルツは私のところにやってきて、アルストムの販売数が減っているのが心配だと言う。すでに述べたように、この時期に販売が不振なのは誰もが予想できたことだ。

私は唖然とした。私たちは、ボルツと彼の部下が分析してはじき出した数字や予測をもとに、ボルツが取締役会に提案した取引を成立させようと努力しているのである。私は言った。「スティーブ、君はこの取引を信じていないのか」。もちろん信じている、とボルツは言った。ただ、買収額を少し下げたほうがいいと思っただけだ、と。

私は、今の値札と彼が望んでいる価格の差は、3000億ドルの時価総額を誇るGEにしてみればないに等しいと言った。今も同じ考えだ。「いいか」、私はボルツとチームに言った。「今はとにかくこの取引を成立させて、統合を実現することが肝心だ。それに支払う額については私が責任を負う」。ボルツがまとめた数字を根拠に、私は取引を進めるべきであり、統合計画で予想した利益の実現を目指すのが正しい選択だと考えたのだ。

私は、アルストムの買収は理にかなっていると思っていた。今もそう思っている。しかし、このとき私は、GEパワーのトップであるボルツこそが深刻な問題であるという事実に気づきはじめた。ボルツはデータを説得力のある形で発表することはできるが、覚えることはできないといううわさを聞いたこともある。理解力に欠けていたのだろう。私に向けて行った詳細な説明は、スタッフに用意してもらったものだったのだろうか。そう考えると、それはデューデリジェンスというよりも、試験前に慌ててすべてを詰め込んだだけのレポートのように思えてきた。基礎すらろくに理解できていない。

ボルツが優柔不断なだけでなく、GEパワーのCFOであるリン・カルペーターもやる気を失っていたようだ。アルストムとの取引を進めていた2年間で、彼女はわずか1回しかフランスへ行かなかった。統合チームのほうが、GEパワーのリーダーたちよりもアルストム買収に熱心だと思える日も多かった。統合チームの代表者の三人は、私が引退したあとにもしボルツがCEOに任命されたら、所有するGEの株をすべて売り払うと言っていた。悪い兆候だ。

私はボルツに何度も言った。「これは君のアイデアだったんだから、やりきれ」。GEパワーのCEOとして、ボルツは取引の戦略的影響を見極める責任を負っていた。それなのに、数字が以前よりも悪くなったと嘆いてばかりいる。

「君が私と取締役会に示した試算を信じるなら、この取引にはまだ15パーセントのリターンがある」と私は言った。「確かに、15は当初に予想された20よりも小さい数字だ。しかし、こちらには財政的な余裕があるのだし、この規模の買収では15というのはかなりいい数字だと言える。今後も君が責任をもってやってくれるか」。ボルツはいつもイエスと答えた。

あやふやな態度を続けるボルツに、私は信頼を失いつつあった。しかし私を悩ませたのは、彼が私に悪い知らせをもってくるからではない。対処する限り、悪いニュースを聞くこと自体は悪いことではない。同じ時期、私はGEオイル&ガスの社長兼CEOであるロレンツォ・シモネッリから毎日のように悪い知らせを聞いていた。しかし、シモネッリはそれらに対処した。私はボルツにも同じことを望んだ。

厳しくなった状況のなかで、取引をどう成立させるつもりなのか、自分で考えてもらいたかった。だが、彼には難しい決断をする力が欠けていたようだ。自分の立場を守るために、どの数字が上がった、どの数字が下がったなどという情報ばかりを伝えてくる。

２０１５年７月下旬、ＧＥパワーのＣＥＯになってから１年後、ボルツはふたたびピーターズに接触した。今回はＧＥを〝本当に〟去るつもりだと漏らした。「もう決めた」と彼は言った。「私がジェフの後継者にふさわしい人物とみなされていないのなら、それがすでに何かを物語っている」

ピーターズはふたたび忍耐を促したが、そう言うピーターズのほうの我慢も限界に達しそうだった。彼女は「スティーブ、１年前に説明したように、ＣＥＯの交代はまだ数年先の話なのだから、今はまだ誰もあなたのことを次期ＣＥＯに指名したりしない。それにもう一度繰り返すが、そもそものような決断を下すのは取締役会だ」と応じた。

それに対してボルツは、フォード・モーターの場合、マーク・フィールズが正式にＣＥＯに任命される18カ月前の２０１２年には、すでにＣＥＯとしての仕事を始めていたと反論した。「私をＧＥの最高執行責任者（ＣＯＯ）にしてくれてもいい」とも、ボルツは提案した。

一線を越えたボルツを非難する代わりに、ピーターズは彼の良識に訴えかけた。「一つ提案がある」。彼女は、会社のほとんどの者が８月に休暇を取る事実を意識して、こう説得した。「休暇中に、この問題についてじっくりと考えてみればいい。本当にしっかりと考えたうえで、休暇を終えても同じ考えなら、その結論をジェフに話せばいい」

＊　＊　＊

２０１５年９月、みんなが夏休みから戻ってきたころ、ボルツが私のところへやってきて、自分をＣ

OOにしろと要求した。当時、私の後継者候補として、4人の名が挙がっていることは誰もが知っていた。ボルツ、フラナリー、ボーンスタイン、シモネッリの4人だ。自分こそがふさわしいとふるまうボルツの自信に、ピーターズと同じで私も驚いた。

私は大きな決断を下さなければならなかった。その時点でもまだ、私はアルストムの買収は理にかなっていると信じていたが、この取引から最大限を引き出すには秀でた実行力が必要になることも明らかだった。したがって、ボルツには退場してもらわなければならない。彼の経営手腕は鈍かったし、先を見越す力もなかった。この上なく重要な時期に、チームではなく自分の利益ばかりを求めようとする態度にもがっかりさせられた。このままでは、取引が危機に陥る。

私はGE取締役会の筆頭取締役であるジャック・ブレナンに状況を説明し、意見を求めた。取締役会の数人はボルツのことを気に入っていた。アルストムの件があったため、ほかの次期CEO候補よりもボルツと顔を合わせる機会のほうが多かったからだ。また、私の後継者選びに関しては、取締役会が主導権を握ろうとしていたことも、私は知っていた。

しかし、取締役会がどう考えようと、ボルツを第一候補にすることにはメリットがないし、そもそもフェアでもないと思った。後継者選びを破綻させることなく、同時にボルツ問題に対処するために、ブレナンは彼を経営者開発・報酬委員会——要するに取締役会の人事部門——の会合に招待することにした。そこにボルツを招いて、彼の人となりを評価するのである。

もし、これが5年か10年前の出来事だったなら、私はためらうことなくボルツを解雇しただろう。しかしこの時点では、私はデリケートなバランスを保たなければならなかった。私は実際に経営に携わるCEOであると同時に、非公式には会長の役目も担っていたからだ。私は在職期間中ずっと、両方の役割を果たしていた。

そこで私は、短くまとめると次のようなことを言った。「私の時代がもうすぐ終わることはわかっている。あなた方に従う」。私個人としては、ボルツを問題とみなしていた。しかし、私は報酬委員会に判断する機会を与えるのが妥当だと思った。ピーターズがそうしたように、報酬委員会もボルツに、後継者選びを前倒しにするわけにはいかない、と説明した。もう少し待て、と。

ところが、である。2015年9月の取締役会で、ボルツがアルストム買収に関する熱のこもったプレゼンテーションを行ったところ、長年GEの役員を務めるサンディ・ワーナーが私に笑いかけながらこう言ったのだ。「これで次の会長は決まりだ」

ワーナーの言葉に、私はパニックに陥った。私に言わせれば、ボルツがその役職に向いていない理由はいくらでも挙げることができる。政治活動ですべてを乗り切ろうとする彼の態度を、GE幹部陣が嫌うであろうことも明らかだ。

かつて、JPモルガン取締役会の会長を務めていたこともあるワーナーは強引な人物なので、私は彼がボルツを次のCEOにゴリ押しするのではないかと恐れた。同時に私は、私たちがブレナンを筆頭取締役にしたことが気に食わないため、ワーナーが私の退任を心待ちにしているのではないかとも疑っていた。ワーナーがGEのためにやってくれた多くのことには感謝しているが、同時に、彼の影響力があまりにも大きくなりすぎたと、私は感じていた。

そこで10月の前半、私は取締役会のガバナンス委員会の名を借りて、ワーナーに次の4月に行われる取締役会の再選には参加しないよう求めた。ワーナーは憤慨し、取締役会宛てに、私をいつまでCEOの座にとどめておくつもりか、と問う手紙を書いた。

取引を成立させて、リーダーを失う?

アルストム買収にともなうマイナス面の受け皿として、CFOのジェフ・ボーンスタインが保守的な保険を設定した。市場が軟化しても大丈夫なように、節税、コスト管理、企業シナジーの拡大などを通じて30億ドル分の価値を追加で盛り込んだのである。守りに徹するために、ほとんどすべての発電施設建設計画の価額——バランスシート上の帳簿価格——も切り下げた。

アナリストたちは、買収を支援していた。トライアン社も例外ではない。アクティビストであるトライアンは、2015年の10月に発表した80ページからなるホワイトペーパーのなかで「我々はアルストム買収により、価値が創造されると信じている」と書いた。この取引を通じて、堅実な収益と15パーセントのリターンが得られると考えられた。あとは実行するのみだ。

そして2015年11月2日、ついに取引が成立した。GEの電力および水部門とアルストムのエネルギー事業の統合だ。ニューヨーク州スケネクタディに本拠を置く統合後のGEパワーは、ボルツの指揮の下全世界で六万五千人を超える社員を擁し、年間収益は300億ドルに達すると予想された。

その日のうちにGEの株価は、5パーセント上昇した。アナリスト、ブローカー、コメンテーターなどの評価も一様に高かった。投資情報サイトTheStreetのジム・クレイマーも、この買収を高く評価した専門家の一人だ。「すばらしい……なぜなら、世界がよりクリーンな発電へ移行しようとしているときに、GEがこのビジネスをわしづかみにしたのだから」

アルストムとの契約が結ばれた1週間後の2015年11月9日、私はピーターズとサウスカロライナ州のグリーンビルにいた。そこにあるＧＥの大型発電施設で会合があったからだ。会合が終わると、ボルツが話しかけてきた。辞職する、と言う。

そして、こう続けた「あなたは私の価値に気づいていない。あなたが私を評価しないから、ここを去るつもりだ」。私は反論しなかった。正直なところ、私はその時点であまりにも身勝手なボルツに嫌気がさしていた。それまで何度も辞めると脅してきたのだから、私もピーターズも、その言葉を受け入れることにした。

夜遅く、まだ日が変わらないうちに、私たちはコネチカットに戻る飛行機に乗り込み、誰がＧＥパワーを率いるべきか話し合った。そしてすぐに、その役割を引き受けられるだけの経験とスキルをもつ人物は一人しかいないことに気づいた。グローバル・グロース・オーガニゼーションの社長兼ＣＥＯとして、私が信頼を寄せるジョン・ライスである。ライスは、２０００年から２００５年にかけてＧＥのエネルギービジネスを運営していた経験をもつ。そこには電力事業も含まれていた。

私たちはライスに電話をかけ、ＧＥパワーの経営を引き受けるつもりがあるか尋ねた。私が思うに、当時の状況を考えれば、ライスは申し出を断りたかったはずだ。しかし、彼は会社がピンチにあることを知っていて、やると言ってくれた。いかにも、いつも会社のために尽くしてくれるライスらしい決断だ。次に私たちは、筆頭取締役のジャック・ブレナンに電話をして、ボルツが去り、ライスがあとを継ぐと伝えた。

しかし、私たちの知らないところで、ボルツはまだロビー活動を続けていたのである。翌日の火曜日、私やピーターズに知らせないまま、ボルツは取締役員の何人かに電話をして、自分の辞職について話していたのだ。その相手には、ディア・アンド・カンパニーの元ＣＥＯロバート・レーンとハーバード大学名誉教授のジム・キャッシュが含まれていた。そして次から次へと相手を変えては、自分の境遇を嘆き、自分は過小評価されていると訴えた。ボルツは、いまだにCEOになることを諦めていなかった。そしてついに、取締役会に直訴したのである。

火曜日の夜9時、ボルツはブレナンに電話をして、自分は考えを変えた、やっぱりGEにとどまりたいと伝えた。

翌日の11月11日は、「退役軍人の日」。ブレナンが私に電話をかけてきて、とどまるというボルツの望みをかなえたいと申し出た。ブレナンは、ボルツを去らせてしまうと、後継者レースに世間から不要な注目が集まってしまうと恐れたのだ。私は、一晩考える時間がほしい、と答えた。

GEを去ってからの年月、私は、私がアルストムやGEパワーにまつわる議論を封じ込めてきたという主張を聞くたびに、笑いをこらえなければならなかった。これほど真実からかけ離れた主張がほかにあるだろうか。

しかも、6カ月もの期間、ボルツはGEパワーのリーダーとして、GEの役員たちの一部と密会を繰り返していたのだ。アルストムの買収に、あるいは自分に求められる成果に不安や不満を感じるたびに、ボルツはそれを彼らに打ち明けていたのだろう。しかし、取締役たちは誰一人として、彼がそのようなことをしていると、私に教えてくれなかった。そこまでしてボルツは、自分の昇進のために活動したのである。

私は取締役会に心を開いていた。私たちは協力しながらたくさんのことを成し遂げてきた。すでに述べたように、私は皇帝になるつもりはなかった。取締役会が後継者選びを始めたいというので、私は同意したのである。

だが、アルストム買収が成立してわずか数週間でGEパワーのCEOを更迭すれば、市場や顧客が混乱するかもしれない。だから私は、とても大きな、もしかすると生涯で最大の間違いだったのかもしれない決断を下した。ブレナンたちの言い分を黙認したのである。そうすることで、私はそれまでずっと守りつづけてきた原則を破ってしまったことになる。「個人よりも会社を優先する」というルールを。ボルツに仕事を続けさせたことを、私は後悔している。

苦しむビジネス

2016年から2017年にかけて、電力事業にはさまざまな問題が降りかかった。市場は厳しくなりつつあった。アルストムの統合を進めながら、チームはもう一つの複雑な問題にも取り組んでいた。2018年から、新たな収益認識方法にもとづく会計ルールを適用することにしたので、私たちは長期サービス契約の業績報告のやり方を変える必要があったのだ。

社の内外の担当者――GE内の監査委員や外部コンサルタントのKPMGなど――は、すでに数年前からこのルール変更に備えてきた。GEチームが採用した新基準によってどのような影響が生じるか、すべてのGE事業のあらゆる長期契約を丁寧に調べていった。

私たちは証券取引委員会（SEC）の主任会計士室とともに、GEと同様のビジネスモデルを敷くほかの企業が推し進めようとしていたものよりも保守的なフレームワークを提案していた。この会計上の変更により――さらにそこに市場の厳しさ、焦点の定まらないチーム、アルストム買収という要素が加わることで――GEパワーの強みと弱みが明らかになるだろう。

2016年8月に開かれた執行役会議で、GEパワーのCFOであるリン・カルペーターが同社の経営状況についてプレゼンテーションを行う予定になっていた。そのような場合、私はふだんからレポートを前もって読んでおくことにしていた。

このときも例外ではない。カルペーターが発表しようとしている内容を見て、私はショックを受けた。GEパワーが、それまでより優れた運転資本を生み出すためにやろうとしていることは書かれていたが、今何をやっているかは書かれていなかったのだ。会社の命運が彼女の肩にのしかかっているにもかかわらず、中途半端で不完全なレポートだった。私には、カルペーターが自分の仕事をあまり真剣に受け止めていないように思えた。

そこで私は会議の前の日曜日の朝にカルペーターに電話でこう言った。「リン、私がGEに入社して以来、こんないい加減なプレゼンテーションは見たことがない。ずさんすぎる。しっかりしろ」

ブループリント・レビューを通じて、各事業は目標を設定し、私たちが承認する。そして、目標の達成度に応じて報酬が決められる。この仕組みはGEのすべての事業で機能していた。唯一の例外がGEパワーだ。すでに述べたように、GEオイル&ガスが目標に届かなかったとき、彼らはチーム一丸となって問題に取り組み、つらい時期を乗り越えた。一方、GEパワーのリーダーたちは、チームとして機能していなかった。CEOとCFOが、方向性をはっきりと示さなかったからだ。両者には、優れた経営に不可欠な決断力が欠けていた。

私がGEを去って以降、GEパワーの歴史を書き換えようとする動きが頻繁に見られる。その一つが、GEパワーの経営陣はさまざまな問題点を指摘したのに、私がそれらを無視した、という主張だ。この主張にもとづき、『ウォール・ストリート・ジャーナル』は私がいわゆる「成功劇場《サクセスシアター》」の社風をつくりあげ、ネガティブな話には耳を閉ざした、と報じたのだった。

しかし、それは真実ではない。私は最高幹部たちに、ビジネスが軌道から外れたとき、あるいは特定の目標が達成できなかったときには、必ず伝えるように命じていた。複数のチームが数字とにらめっこして、私たちが行ったさまざまな譲歩がアルストムの取引額の10パーセントを超えていないか精査した。

もし超えたなら、私たちは買収から手を引くことができたし、実際にそうしただろう。しかし、10パーセントを超えることはなかったし、取引の詳細を知る人々の誰一人として、懸念を示さなかった。現地フランスで活動するチームも、結果を残す責任を担う製品ラインのリーダーたちも、買収案をサポートしていた。

ある記事で、GEパワー関係者と称する匿名の人物の証言として、買収を監視する上司からこれは「ジェフの案件」だから何も言うなと釘を刺されていたと書かれているが、これもでたらめな話だ。これは会社が行った取引だ。私たちの誰もが、その責任を負う。買収を提案したのは、私ではなくGEパワーのチームであり、彼ら自身が計画を立てた。当然、その結果には彼らも責任を負わなければならない。また、私たちは取締役会や内部会議だけでなく、25回以上も公開セッションを行い、人々に自由に意見を述べてもらった。

かつてGEの顧問弁護士を務めていたアレックス・ディミトリエフが、ビジネス用SNSのリンクトインでこう書いている。私たちは「匿名の報告経路を設置するなどして、社員が会計や倫理上の懸念を、報復を恐れずに安全に報告することができ、それが尊重されるようなオープンな文化をつくることを目指していた。毎年、さまざまな話題に対する懸念が数千件も寄せられていた。私たちはそれらのすべてを調査し、正当であることがわかったときには懲戒処分や是正措置を講じた」。そして、私自身このやり方をサポートしていたことを、社内の誰もが知っていた。

この時点で私の財務チーム――ジェフ・ボーンスタインとプニート・マハジャン、そして投資家向け広報担当のマット・クリビンス――が、GEパワーの経営陣がやる気をなくしているようだと報告した。彼らは、私にボルツの更迭を熱心に勧めた。ボーンスタインはとくに難しい立場にあった。彼にはGEパワーのコストを削減する任が与えられていたので、実質的にボルツとカルペーターの頭越しに介入する必要があったのだ。

2016年、私は2回、具体的には5月と11月に、ボルツの解任を取締役会に提案した。彼に指揮を執らせつづけることは、GEにとって大きなリスクになる、と。しかし取締役会は、後継者レースの真っただ中でCEO候補を排除するのは世間体が悪いという考えを曲げなかった。だから、私が譲るしかなかった。

2015年と2016年のGEパワーの業績は、悪くこそなかったものの、計画通りでもなかった。売上も収益もほぼ横ばいだった。一方で、市場シェアは拡大していた。風力事業も好調だった。2016年のアルストムは期待されていた数字を達成した。騒々しいビジネス環境に置かれながらも、石炭事業も安定していて、高い収益を維持していた。

一方、2016年10月末には、私たちはGEの石油・ガス事業とベーカー・ヒューズを統合し、ロレンツォ・シモネッリをそのトップに据えると発表した。発表のあと、取締役の一部は、この決断によりシモネッリがCEO候補のリストから実質上削除されることになるのでは、と懸念を明らかにした。それに対して私は、もしそれが必要になれば、彼をCEOに任命することも可能だと請け負った。まだ42

歳だったシモネッリは、CEOになるには若すぎるという声があることも知っていたが……。しかし、シモネッリに新しい役職を与えたことで、取締役会はボルツの排除にさらに消極的になってしまった。彼がいなくなれば、ボーンスタインとフラナリーしか次期CEO候補がいなくなると恐れたのだ。

一方の私は、2016年の11月ごろから、CEO候補の誰一人として、まだしっかりと準備ができていないのではないかと心配になってきた。そこで、会長とCEOの役割を分離することを提案した。会長が取締役会の議題を設定し、CEOは会社を営む。私がそうだったように、一人で両方の役割を担うこともできるが、取締役会が選んだ次期CEOを支えることに専念する有能な策士を会長に任命するのも悪くないと思えた。

会社のことを知り尽くしている長老的存在として、真っ先に思い浮かぶのはジョン・ライスだ。しかしまもなく、ライスが多発性骨髄腫を患っていることが明らかになった。治療法が検討され、最終的には幹細胞移植が行われることになった。もちろん、彼の健康と家族を最優先にしなければならないので、会長職とCEO職を分けるという案は消えてなくなった。

2016年の12月、私は投資家向け広報担当のクリビンスとともにヘリコプターでニューヨークへ飛んだ。数人の投資家とランチをともにするためだ。話すべきことが山ほどあった。市場を圧倒していた2015年とは対照的に、2016年のGEは後塵を拝していた。最大の問題は石油・ガス部門で、2年以上も原油価格の低迷が続いていたので、顧客は石油の探査や生産へ投資するのを控えていたからだ。ただし、ベーカー・ヒューズとの合併が予定されていたので、市況が回復すれば、私たちもうまく波に乗れるだろうと期待できた。

その日の遅く、私はトライアン社のペルツ、ならびに同社の最高投資責任者であるエド・ガーデンに会うためにホワイト・プレインズへ飛んだ。私たちは良好な関係を保っていた。小さな私有空港にある会議室で面会したときも、友好的な雰囲気は失われていなかった。ドナルド・トランプが大統領に選ばれたばかりだったので、トランプの相談役であるペルツは、その週何度か次期大統領と電話で組閣について話し合ったと話した。

そして突然、ペルツが口調を変えた。「ジェフ、君も知っているように、私は君のことをじつの息子のように思っているし、君を傷つけることもしたくない。だが、どうやら変化が必要な時期が来たようだ」。そしてこう続けた。「GEは10億ドルのコストを削減すると発表してもらいたい。発表しなくても、君たちとおおっぴらに争うつもりはないが、その代わりに、GE株を売り払うと宣言することになるだろう」

その時点で、すでに私たちは、GEパワーならびにGEオイル&ガスの抱える問題に対処する目的で費用削減計画を検討していたので、ペルツの言い分自体はよく理解できた。しかし、ペルツの脅迫めいた言葉が私を不安にさせた。主要な出資者であるトライアンがGEに背を向けると、市場が大いに混乱するだろう。

加えて、ペルツはある要求を突きつけてきた。ガーデンをGEの取締役会に加えろと言うのだ。その要求自体は大きな驚きではなかったが、自分がCEOでいられる時間が残り少なくなっていることを、今一度思い出させるにはじゅうぶんなインパクトがあった。

トライアンが私たちをせかすのも当然だった。私たちがコストの削減に時間をかけすぎていたのだから。しかしそれでもなお、私はトライアンの手引きなしに、GE取締役会が後継者を選ぶほうが好ましいと考えた。現時点で、ガーデンを取締役会に迎えたくなかった。

そしてまもなく、GEパワーが利益目標を達成できなかったことが明らかになった。その事実を公表する予定だった日の2日前の1月18日、ボルツはボストンにあるGE本社にいた。廊下を歩いていたとき、彼はクリビンスに出くわした。すれ違いざま、ボルツは手を上げてクリビンスにハイタッチを求める。ボルツは一体何を祝おうとしたのだろうか。「我々の営業利益と売上を見てくれ」。とても自慢げな様子だ。「思ったよりもよかったんだ！」

しかし、祝賀会が開かれることはなかった。GEパワーの売上は、ボルツが経営計画で設定した目標にも、私たちがウォール街に期待してくれと言っていた値にも届いていなかったからだ。その後すぐ、クリビンスは眉をひそめながらボーンスタインのオフィスに入ってこう言った。「ボルツは何もわかっていないようだ」

我慢の限界だった。2017年1月、私は三度目の正直として、取締役会にふたたび進言した。「恥ずかしい話だが、ボルツを取り除かなければならない」。しかし今回もまた、後継者選びを理由に答えはノーだった。だから世界は、私たちはボルツのことを強力な後継者候補とみなしていると勘違いしたのである。スーザン・ピーターズでさえ、ボルツを解雇すれば、人々の注目が必要以上に早く後継者選びに集まってしまい、その結果として、世間が私のことを死に体とみなすのではないかと恐れた。ほかのトップアドバイザーも同意した。

この時点で、取締役会がボルツをCEOにすることはないと予想できたし、もしCEOになれなければ、彼が自らの意志で会社を去るのは確実だと考えられた。1年以内に私の後継者が指名されれば、マスコミにネガティブな記事が載ることのないままボルツが去っていくのだから、今はそっとしておこう。みんなはそう考えたのだ。彼を今すぐ解雇して、メディアに炎上の火種を与える必要があるだろうか。

　だから私は、アルストムの買収は予想したほどの成果をもたらさなかった、と発表した。社の内外からアルストムへの支援が集まっていたのではあるが、私はそれでも契約を破棄しておくべきだったのではないかと考えることがある。しかし、もしそうしていれば、おそらくフランスで大きな訴訟に発展しただろう。だが、複雑な買収合併、混乱したチーム、さらにそこにCEOの交代劇と、やっかいな問題が重なりすぎた。疑わしいときには、手を引くほうがいい。

　加えて、今回の取引を通じて、GEは周囲の期待に見合う成果を上げることができなかった。この意味で、ここ3年間、アルストムの物語が歪んだ形で伝えられてきたことは、GEの役には立たなかった。私は、少なくとももっと早い段階で誤った主張を覆しておくべきだったと後悔している。ただ当時の私はじっと黙って、新しいリーダーにすべてを委ねるのがいいと思い込んでいた。

　ところが彼らは、目的意識ももたずに、自分たちを犠牲者とみなす文化を育んだのである。一方、アルストムの買収を支援し、GEは市場を支配できると考えていたリーダーたちは口を閉ざした。失敗の原因になった人たちだけが、大きな声を発した。その結果として、アルストムを手に入れたGEパワーは、スタートラインでつまずいたのである。

第11章
リーダーの責任

2017年3月、私はフォックス・ビジネスの見出しからネルソン・ペルツがとても不満であることを知った。「トライアンのペルツを怒らせたゼネラル・エレクトリックCEOイメルト」という見出しの記事で、私が収益増加や経費削減などといった重要な項目で目標を達成できなかったと主張されていた。「イメルトとペルツの両人に親しい人によると」、もしGEがこのまま目標を達成できないままなら、トライアンは正式にイメルトの追放を求めるだろう、と。

最も目をひいたのは次の部分だ。「ペルツとトライアン社は経営トップの更迭を望むのか……という問いかけに対し、トライアン社は『トライアンとGEは株主価値を最適にするために、建設的な協力を続ける』と宣言した」。これほど強烈な無言の圧力はめったにない。私のクビが切られる寸前であることを否定しないことで、クビが今まさに切られようとしていることをはっきりとほのめかしていた。

翌日、私はGE取締役会を交えた3日間の会議に出席するために上海へ飛んだ。フォックスの匿名情報源が示唆していた内容とは対照的に、その会議はGEにとって勝利の瞬間となった。私たちは取締役会メンバーを中国商用飛機が所有する格納庫に案内し、そこで同航空会社の新型ナローボディ機のリースを祝った。その新型機には、世界のどの飛行機よりもふんだんにGEの部品が使われていた。

その後、中国のほかのプロジェクトも確認した。GEヘルスケアは広州にバイオプロセス製造工場を建設中で、その工場を世界の製薬会社のパートナーにするつもりだった。GEパワーは発電設備の製造において中国で3本の指に入るハルビン電気と合弁事業を行っていた。GEアビエーションが中国で設置したエンジンの数もおよそ1万にまで増えていて、まもなくアメリカを追い抜きそうな勢いだった。

中国政府は、東南アジア、東ヨーロッパ、そしてアフリカを結ぶ21世紀のシルクロードをつくろうとしていて、GEはこの「一帯一路経済構想」を大いに活用できる数少ない西側企業の一つでもあった。一帯一路という名は、新しい〝帯〟としての陸路と、新しい海の〝路〟が必要であるという意味から来ているのだが、その実現には新しい発電施設などのインフラ整備も不可欠だ。だから、GEは中国市場に参入し、世界の資本にアクセスできたのである。おかげで、2015年の米国輸出入銀行（EXIM）の閉鎖による損失を相殺することができた。

取締役会と50人の中国人顧客を招いて開いたディナー会が、この旅で最高の夜になった。ゲストの多くはGEの中国人CEOプログラムの履修者で、たくさんの懐かしい顔に会うことができた。GEは、ほかのアメリカ人CEOたちが中国を避けようとしていたころに、まさにその中国でチャンスをつかんだのであり、そのことに中国人たちは恩を感じていた。

GE社員たちの努力がなければ、そのような和やかな雰囲気は決して生まれなかっただろう。私も俄然やる気が出た。しかし、この旅では数多くのやっかいな問題にも遭遇した。

たとえば、ある日には取締役会が集まって、珍しいことに私抜きで2時間近くも会議を行った。私は外の廊下を行ったり来たりするだけ。私のチームも、なかで何が行われているのかと問うばかりだ。もちろん、私にもはっきりしたことは何もわからなかった。トライアンからの圧力と後継者問題が、取締役会と私とのあいだに亀裂を生んでいたことは確かだ。見出しなど読まなくても、私がCEOである時間がまもなく終わることは明らかだった。

後継者候補

すでに述べたように、1990年代後半、まだCEO候補の一人に過ぎなかったころの私は、ジャック・ウェルチの後継者選びを巡る騒々しさに嫌気がさすことがあった。あまりにもおおっぴらだったので、私は候補者がジャックと取締役会に自分をアピールすることだけが目的の行動を起こすのではないか、そのせいで正しい人物が選ばれずに会社を害するのではないか、と恐れていた。だから、私の後継者選びでは違うやり方にしようと心に決めていた。

GEのリーダーに不可欠な要素は何かと尋ねられれば、私はハードワークと会社へのコミットメントだと答えるだろう。そのため、2012年に後継者について本格的に検討を始めたとき、私は候補者の才能を見極めたうえで、彼らに新しい役割を与えてそれぞれの能力を試し、広げることにした。ジャックも私とボブ・ナルデリとジム・マックナーニを相手に同じことをした。

ただし、『フォーチュン』が「最も注目され、高い期待を寄せられていると同時に、批判されることも多い企業継承ドラマ」と呼んだ一大イベントを催したジャックとは違って、私はそのような派手さを欲しなかった。私は内々で話を進めるつもりだった。

いつものように、私はスーザン・ピーターズに支援を求めた。ピーターズ率いるチームが、次期CEOの職務書の作成にとりかかった。何度も書き直しながら、チームはビジネス環境の変化やGEの社風など、あらゆる要素を職務書に盛り込んだ。専門家や学者にアンケートをとり、「企業リーダーシップ能力」に欠かせない要素のリストも作成した。そのうえで、次のCEOが成功できるかどうかの鍵は、今現在における知識ではなく、学習能力と苦境からの回復力だと結論づけた。

2013年、私たちは取締役会と相談して、私の後継者を2017年に指名することに決めた。具体的な日付は決めなかったが、大切なのは年を決めて、次のステップに必要な動きを促すことだった。GEに限らず、ある会社の取締役会が新しい時代の新CEOを選ぶ際の判断基準を決め、候補者を見つけて評価するのは、時間のかかる作業だ。私たちの場合、十数人に目をつけ、彼らに社内で新たな役割を与えた。

当初、私はGE退職者の数人も候補として検討した。たとえば、私は2003年にGEを去ったグレッグ・ルシエを大いに尊重していた。ルシエは私たちのために新しい医療機器サービスを立ち上げたのち、ライフサイエンス会社を次々と創業した。戦略に長けた人物で、あるとき私は彼のことをGEへルスケアのCEO——場合によっては私の後継者にも適していると考えた。

私はルシエをディナーに誘い、すぐに気に入った。隅々まで目配りのできる賢い男だという印象を受けた。しかし、私には彼がGEのCEO候補になるために、今のCEO職を手放すつもりがあるかわからなかったし、彼を候補にすることをGE社内の候補者がどう受け取るか心配だった。

また、私は当時バイエル社のCEOだったマライン・デッカーズにも興味をもっていた。デッカーズは1985年からGEでさまざまな研究に携わっていたが、1995年に会社を去って、アライドシグナル社で管理職を得たのである。デッカーズは世界クラスの経営者だった。そこで私は、彼に対し2012年にGEの取締役会に加わるよう願い出た。後継者の候補にするというのも、申し出た理由の一つだ。

デッカーズを取締役会に加えたのは大正解だった。彼は、報酬委員会のメンバーそしてリスク委員会の会長として、GEの主要幹部と密につながり、会社の抱える大きな困難を知り尽くしていた。今改めて思うのだが、私は彼をもっと真剣にCEOに推すべきだったと思う。しかし、当時の筆頭取締役ジャック・ブレナンが、GEという複雑なコングロマリットでは社内候補から選ぶことが重要だという考えを曲げなかった。私も同意した。

2015年、私は取締役会に「私の役割は候補者を準備すること、選ぶのはあなた方の仕事」と言った。変化の早い世界では、死に体のCEOにはあっという間に発言力がなくなる。つまり、取締役会が選び、取締役会が責任を負う。

今思うと、私は後継者選びという課題の難しさを見くびっていたようだ。自分が後継者候補だった1990年代後半の様子を思い返してみると、当時の会社はトップスピードで突っ走っていたので、後継問題に集中するのも容易だった。しかし2015年は、GEキャピタルの解体やアルストムの買収が並行して進んでいたし、ベーカー・ヒューズの買収も目前に迫っていた。加えて、トライアンというアクティビスト投資家の関与もあった。

会社にポジティブな変化をもたらすために全力を尽くしながら、そのかたわらで自らの実権を他人に譲る準備をしなければならないリーダーなどめったにいない。この二つの行動には、ある意味、真逆の考え方が必要になる。いわば、アクセルを踏み込みながら、同時にブレーキをかけようとしているのだから。しかし、私はGEを心から愛していたので、会社を危険な状態にしたまま去るつもりはなかった。だから〝日々の仕事〟がどれほど忙しくても、後継者選びにも真剣に取り組んだ。

2015年の末までに、取締役会は候補をスティーブ・ボルツ、ジェフ・ボーンスタイン、ジョン・フラナリー、そしてロレンツォ・シモネッリにまで絞り、彼らの仕事ぶりに注目を向けるようになった。すでに説明したように、私たちは取締役会メンバーに、3人から5人のグループに分かれて毎年二つの事業を訪問し、経営陣の仕事ぶりを実際に見るように求めていた。したがって、この訪問も完全に後継者問題を視野に入れて行われるようになった。

あるグループは、GEヘルスケアのライフサイエンス部門があるスウェーデンのウプサラを訪れ、フラナリーの仕事ぶりを観察した。ほかのグループは、フィレンツェで、ロンドンで、ヒューストンでシモネッリに、ニューヨーク州スケネクタディで、あるいはガスタービン工場のあるサウスカロライナ州グリーンビルでボルツに会った。取締役たちは事業の様子を観察しただけではなく、リーダーたちの評価も行っていたのだ。

私はボーンスタインとは二十年来の付き合いがあった。ボーンスタインと言えば、金融危機の時期にGEキャピタルのCFOとして中心的な役割を担っていた人物だ。それ以降、彼はGEのCFOとして、私のパートナー役を務めてくれた。

確かな経営術が社内で高く買われているボーンスタインは、産業にも金融業にも理解が深く、コミュニケーションスキルも高い。ぱっと見はいかついことで知られるが、内面はとても優しい人物だった。そのため、厳しい批判にさらされたとき――CEOになった者は絶対に避けては通れないこと――彼は耐えられないのではないかと危惧された。それに、彼が会社を経営した経験がないという事実も不安要素だった。

私はフラナリーともおよそ20年にわたって親しくしていた。GEキャピタルでキャリアをスタートさせたあと、事業開発に携わってきたフラナリーは経験豊かで、GEヘルスケアでも手腕を発揮していた。私は南米、アジア、そしてインドで経験を積んできた彼の国際性を高く買っていた。

しかし、問題点もあった。フラナリーは決断力が乏しいと思えた。判断するまで時間がかかり、大量のデータがなければ、次の一手を決めることができない。また、彼はGEのデジタル化でもかなりの遅れをとっていた。これも、物事を動かす力が欠けている証拠だと言える。

シモネッリは、私の指導の下で、GEトランスポーテーションの顧客基盤のグローバル化や、同社製造本部のペンシルベニアからテキサスへの移転など、複雑な案件を担当してきた。疲れ知らずの働き者で、私はこの点を高く評価していた。

シモネッリの唯一の問題点は、彼のフォーマルなスタイルだ。彼はイギリスの全寮制学校の卒業生で、私はそのフォーマルさがあだとなって、GEの社員とうまく関係が結べないのではないかと恐れていた。今では根拠のない心配だったと思う。また、シモネッリは当時まだ40代前半だったので、今回はだめでもまたそのうちGEの最高経営責任者になるチャンスが来るとも思えた。私は、CEOの言動が厳しく監視される今の時代、一人の人物が20年連続でGEのCEOの座に居座りつづけることはないだろうと思うようになっていた。

特筆すべきは、4人の最終候補に対する私の意見は、取締役会からほとんど参考にされなかったという事実だ。取締役会メンバーは求める才能のリストをつくり、いつでも見返せるようにそれをラミネートカードにして財布に入れていた。カードの片面には、自己認識や適応力などリーダーに欠かせない内的な性質が、もう片面には、資本の分配や複雑な取引など、過去に学んでおくべきスキルが書かれていた。ピーターズのチームが各候補者をあらゆる角度から観察して、リーダーシップ評価プロファイルを作成した。それを書いたのはGEの副会長陣（ジョン・ライス、ベス・コムストック、デビッド・ジョイス）と外部コンサルタントたちだ。

正直な話、私はある朝目を覚まして「最終候補者の誰も適していない」と思うようになった。今思い返してみると、候補者の数が少なすぎたのだと思う。ジョン・ライスやマライン・デッカーズなら最高だったのだが、彼らは候補に含まれていなかった。選考の対象のなかから選ぶとすると、シモネッリが最高の選択だった。

その一方で、私たちは過去数年でトップクラスのリーダーたちを失っていた事実も認めざるをえない。すでに紹介したグレッグ・ルシエに加えて、少なくともあと2人は、GEのCEOになるにふさわしい人物がいた。一人は、真のスーパースターであるオマール・イシュラク。私からGEヘルスケアのCEOに任命された彼は、のちにメドトロニック社のCEOになるためにGEを去っていった。もう一人はスコット・ドネリーで、彼はGEアビエーションのCEOだったが、ロードアイランドに本拠を置くテキストロンへ移籍した。どちらも、GEにとっては巨大な損失だった。しかし、2016年と2017年に話を戻すと、候補者への不安が生じるたびに、私は「1999年には私もそのように不安視されていたのかもしれない」と自分に言い聞かせるようになっていた。GEのCEOはあまりにも大きな役職なので、実際になってみないとその大変さがわからない。

取締役会が誰を選ぼうとも、選ばれた者には強力なサポートチームが絶対に欠かせないと、私は確信していた。だが、そのチームにキース・シェリンはいない。2016年8月末に、彼は引退を発表したからだ。しかし、ライスも、コムストック、ジョイス、ピーターズも、あるいは顧問弁護士のアレックス・ディミトリエフもまだ現役だ。私は彼らが私の後継者を支えてくれると信じ、安心していた。

ラストスパート

2017年5月13日、取締役会がピークマンホテルで4人の最終候補者を相手に面接を行った。ロウアー・マンハッタンにある最近人気のその場所を会場に選んだのは、そこなら取締役会メンバーの身元がばれてマスコミに情報が漏れることがないと考えられたからでもある。私は出席していなかった。私と違うビジョンをもっているとしても、それを気兼ねなく発表してもらうためには、私がいないほうがいいと考えたのである。

朝の7時半に始まった会議は、午後の4時まで続いた。4人それぞれがおよそ90分にわたり、ブレナンが「GEが前進する方法」と呼んだものを発表したのち、役員からの質問に答えた。ピーターズのチームがつくった質問リストには次のような問いが含まれていた。

- あなたが率いる今の幹部チームは、あなたの指導力のどの点を最も高く評価しているのか。
- 資本配分やポートフォリオ管理なども含めて、あなたは戦略的にどのような変化を推し進めるつもりか。
- GEの文化において、あなたが維持すべきと考える最大の長所は。逆に、変えようと思う点は。

・これまで受け取ったなかで、個人的に最もつらかったフィードバックはどんなものか。
・あなたは何を通じて学習するのか。

その夜、私は候補者たちがどんな様子だったかを聞くのを楽しみにしていた。役員の数人は、ボルツの回答がなかなかよかったと教えてくれた。ボーンスタインの印象もかなりよかったらしい。なぜなら、取締役数人の予想に反して、彼がとても謙虚な態度を示したからだ。シモネッリは情報量、判断力、戦略性の点で冴えていた。一方、参加者の話によると、フラナリーは本調子ではなかったようだ。だが、ブレナンはそれを理由に彼を候補から外すつもりはなかった。

後継者、決まる

この時期、私はプロジェクト・ハッブルのころから温めてきた別のアイデアにも取り組んでいた。GE株に関心を向ける産業アナリストたちに、GEキャピタルを売却したあとのGEをどう評価すべきかを考える手助けをすることだ。

私はすでに2015年4月の時点で、2018年までに1株あたりの利益を2ドルにすると話した。私はジェフ・ボーンスタインとともにボトムアップ分析を行い、この値が実現可能な利益目標だと考えたのである。GEキャピタルの売却を発表したわずか1カ月後に、私はフロリダ州サラソタに一団のアナリストたちを集めて開かれた「エレクトリカル・プロダクツ・グループ・カンファレンス（EPG会議）」でこのアイデアを披露した。この会議では、毎年私が締めの講演を行うのが伝統だった。

2015年5月のEPG会議で、私は自分の考えを述べた。自社ブランドの金融ビジネスから撤退し、GEキャピタルを手放すことは収益減につながるが、株の買い戻しで相殺できるだろう、と。もし産業を通じて1株あたりの利益を年間4パーセント増やすことができれば、2ドルという目標を達成することができる。そう説明した。

それから2年後、サラソタで開かれるEPG会議の直前、私はいつものように会議を締めくくるスピーチの準備をしていた。一部の投資家やアナリストたちは、私たちが1株あたり2ドルという数字から10パーセントほど目標を引き下げることを望んでいた。彼らはエネルギー市場に吹く世界規模の逆風に対処するために、柔軟性が必要だと感じていたのだ。しかし私たちのほうは、GEアビエーションとGEヘルスケアが好調だったし、GEデジタルでコストの削減も計画していたので、その時点でもなお2ドルを達成する算段はついていた。

1株あたり2ドルと言うとき、私は2009年に配当を減らさないと約束したときと同じような心意気になっていた。約束したのだから、絶対に守ってみせる。目標を下げるということは、GEの社員たちに本来の目標を達成しなくてもいいと許可を与えるような話だ。私はそんな許可を与えたくなかった。さらに重要なことに、私は2ドルを達成できると確信していたのである。その証拠に、私は2016年から2017年にかけて、公開市場で800万ドル分のGE株を買ったほどだ。

2017年5月半ば、私はEPG会議で行うスピーチを作成する手助けをしてくれるチームを組んだ。しかしその際、私は二つの問題に悩まされていた。一つは、後継者レースが最終局面に突入していたこと。もう一つは、1株あたり2ドルという数字自体に複雑な問題が生じていたことだ。状況は本当にやっかいだった。

5月24日水曜日、スピーチのためにフロリダへやってきた私は落ち着かない気分だった。私たちには1株あたり2ドルを実現する詳細で具体的な方策があったのだが、同時に困難な問題が生じていることも理解していた。ステージに上がったとき、私はいつになく不安だった。自分の時代の終わりが近づいているという感覚が強く、それを受け入れざるをえなかった。

のちに親しい知人から聞いた話によると、その日EPG会議のステージに立った私は、彼らが16年前から知っているCEOとしての私とはまるで別人だったそうだ。いつものように自信をもってメッセージを伝えるのではなく、明らかに居心地が悪そうで、発言も妙にあいまいだった。1株2ドル問題に言及する時間が近づくにつれて、私は早口になっていった。多くの人が、私の言葉が理解できなかったほどに。

質疑応答が始まるとすぐ、あるアナリストが問い詰めてきた。「確認したいのですが」、とその男は言った。「あなたは2ドルという数字は達成できると繰り返しているのですね」。私はためらうことなく答えたが、その言葉が事態をさらに悪化させた。「射程距離には入るでしょう」

反響はすさまじかった。ある見出しには、「GEのイメルト、2017年の1株2ドル目標に迷いか」と書かれていた。コーウェン・アンド・カンパニーのアナリストであるガウタム・カンナは、私のコメントを総合すると「わずかな後退である」と書いた。プレゼンテーションのあと、空港に向かうためにボーンスタインとマット・クリビンスとともに車に乗り込んだ私は、努めて毅然とした表情を装った。「マティ、君の感想は?」。私が尋ねると、投資家向け広報担当のクリビンスは首を横に振って言った。

「よくなかった」

「そのとおりだ。うまくいかなかった」と、私は応じた。そこから三人とも無言のまま空港に到着し、私は待っていた飛行機に乗り込んでテキサスへ飛んだ。

翌日私は、ベーカー・ヒューズとGEの合併および統合計画を確認するためにヒューストンにいた。加えて、グレーターヒューストン国際問題評議会が主催するランチ会にも、ゲストとして招待されていた。同評議会が私を2017年の国際市民オブ・ザ・イヤーに選んだのだ。これは石油・ガス事業では大きな出来事であり、私は同賞の受賞を誇りに感じていた。しかし、受賞の喜びも長くは続かなかった。午後、ふたたび空港へ戻っている道中、ピーターズが電話をかけてきて、筆頭取締役のジャック・ブレナンが私と今すぐ話したがっていると言う。私の引退時期について話し合うためだ。

私が電話すると、ブレナンはわずか2週間後に予定されていた次の取締役会会議で私の後継者を指名するつもりだと言う。

ヒューストンからボストンへの飛行機のなか、乗務員を除けば、乗客は私だけだった。ふだんなら、そのような旅の時間は仕事をして過ごすのだが、この夜ばかりはやる気が出ず、心が傷つき、イライラしていた。私に、燃え尽き症候群だったのではないか、と尋ねる人もいる。間違いなくそうだったのだろう。だが同時に、私はCEOとしての仕事をまだ終えていなかった。もっと時間をもらって当然だ、と思っていたわけではないし、CEOの座に長くしがみつこうという気もさらさらなかった。だが、会社をまだ望んでいた場所まで連れて行っていなかった。

それからの3連休の週末、私は会社のことを考えるのを避けて過ごした。幸運なことに、その週末は戦没者追悼記念日ということもあり、妻と私は娘の婚約者の両親をサウスカロライナの自宅に招いていた。私たち全員にとって楽しい週末になるはずだった。私たちは、娘サラの婚約者クリスを気に入っていたし、みんな9月の結婚式を心待ちにしていた。だが、そのときの私は、明るくふるまうのが難しかった。それほど落ち込んでいたのだ。それでもアンディやサラの週末を台無しにするわけにはいかないので、私は自分の感情を必死に隠した。

月曜日、会社で何が起こっているかを話すと、アンディは憤慨した。その怒りは、私のためでもあり、私に対しても向けられていた。アンディにしてみれば、そんなに急いで私を締め出すのは不当な扱いなのだ。その一方で、彼女は私の突然の辞職というドラマがサラの幸せを台無しにするのではないかと恐れていた。

私がCEOになって以来、家族は多くの犠牲を払ってきた。アンディは、私が週7日24時間働くのを容認し、GEが最優先される生活にも我慢してきた。しかし、何事にも限度がある。私はGEのせいで娘の結婚に悪影響が出ることだけは何としてでも防ぐ、と約束した。

私のなかでは、さまざまな感情が渦巻いていた。何よりもまず、私はチームをがっかりさせてしまったと感じていた。子どものころから、私はGEのために全力を尽くしてきた。私の生涯にとって、GEがどれほど重要だったか、誇張のしようがない。CEOになる以前から、私は起きている時間のほとんどをGEのために使ってきたし、収入のほとんども、エネルギーのほぼすべても、GEのために投じてきた。

しかし、悲しいかな、人々が私を不満に思う理由があった。会社はあるべき場所になかった。それは私の責任だ。心残りなのは、ボルツの一件だ。度重なる取締役会の「ノー」に対して、私が毅然と立ち向かっていれば、そして取締役会が彼の追放を承認していたら、状況は違っていただろう。

私とブレナンの関係は冷え切っていた。彼は私と直接話そうともしなかった。それでもなお、私は年の半ばで引退する気にはなれなかった。自分の成功と失敗がはっきりとわかる年末のほうがよほどいい。年の半ばだと、私が退いたあとの失策まで私のせいにされかねない。しかし、望み通りにはいかなかった。

ＣＥＯになってから16年、私はそれまでの努力が何らかの形で評価されるものと信じたかった。２００９年、連邦預金保険公社の廊下でシェイラ・ベアに話を聞いてもらえるまで絶対に立ち去らないと粘りつづけた夜には意味がなかったのか。取引を成立させることができずにいるＧＥ社員を助けるために、世界中を飛び回って過ごした数千時間は無駄だったのか。ＧＥのリーダーたちと会議を繰り返した数えきれない週末は無意味だったのか。ＧＥポートフォリオの再構築と将来の繁栄のために社内文化の強化に注いできた努力はどうなる。

「ジャック・ウェルチのあとを継ぐというのは、どんな感じなのでしょうか」——私は何度こう問いかけられたことだろう。しかしそのたびに、私は笑顔で熱心に答えた。いつの日にかこれらすべてが、うれしい形で私のもとに戻ってくるものと考えながら働いてきた。しかし、今になって、そのような努力が報われることは決してないと思えた。35年間をＧＥのために費やし、最後には誰もそのことを顧みない。

これからは取締役会の出番だ。誰が私の後継者になるのだろうか。取締役会はまだ決めていなかったが、ボルツを指名することはないという点では合意していた。ところがどうやら、社内に一人だけ、その事実に気づいていない者がいたようだ。ボルツ自身である。最終決定が行われる取締役会に先立つ数日間、ボルツはＧＥの主要幹部にアプローチしては、自分がＣＥＯになった暁には、彼らと協力して仕事するのを楽しみにしている、などと話していたのである。

取締役会が開かれる6月9日は金曜日だった。当時、ボストンの臨時本社には取締役会用の会議室がなかったため、川を隔てた向かいにあるボストン・ハーバー・ホテルの大会議場に、役員たちが集まっていた。私はいつものように早めに到着して、会議場に足を踏み入れた。長く話し合う必要はなかった。

ブレナンが事前に役員たちに合意を促していたので、取締役会は満場一致でフラナリーを選出した。彼の国際経験、謙虚さ、根本的な変化に対する前向きさが評価されたのだ。選挙は終わった。それは私にとっても終わりを意味していた。会議場を沈黙が支配した。マサチューセッツ工科大学元学長であるスーザン・ホックフィールドが話しはじめた。

「ジェフ、あなたがGEのためにしてくれたすべてに感謝しています」。ホックフィールドの言葉に同意を示すため、取締役会メンバー全員が静かにテーブルをたたいた。アンドレア・ユングが私を抱き寄せようと歩み寄ってきた。立ち上がった瞬間、私の目から涙があふれた。自分でも驚いたことに、感情が抑えきれなかった。何か言おうとしたが、言葉が出てこなかった。覚悟はできていたのに、感情が予想を超えていた。

私はアレックス・ディミトリエフに付き添われて部屋を出た。ロビーを抜けて乗車エリアに向かう。そこでは長年私のボディガードを務めてきたエディ・ガラネクが車の横で待っていた。ガラネクが私のためにドアを開ける。しかし私は、その必要はないと言った。ディミトリエフと歩いてGE本社に戻るつもりだ、と。そのとき、ガラネクがディミトリエフに言った言葉を私は決して忘れないだろう。「彼のことをよろしくお願いします」

気温は27度だったが、ファーンスワース通りのGE社屋に向かって歩く私たちには、その倍ほどの暑さに感じられた。ディミトリエフも私も大柄で、それにスーツも着ていたので、二人ともすぐに汗をかきはじめた。シーポート・ブールボード橋の上から南を眺めると、フォート・ポイント運河の中央にボストン茶会事件の船が展示されているのが見えた。話題が軍事の歴史になるたびに、私はすべてが失敗だったと言ってきた。そのときの私も、まったく同じ気持ちだった。敗戦将軍のように疲れ切っていた。

本社に戻った私は、ベス・コムストック、ジョン・ライス、デビッド・ジョイスをオフィスに呼び、新しい知らせを伝えた。私は感情を押し殺そうとしたが、彼らはとくに目をかけていた三人だったので、うまくいかなかった。だから話を手短に切り上げた。次に、シカゴにいるフラナリーに電話をかけ、祝いの言葉を述べた。そして、次の飛行機でボストンへ来るように伝える。CEOの交代を発表しなければならない。

その日の残りの時間、私は候補者だった者たちに個別に会い、取締役会がフラナリーを選んだと明かした。シモネッリはがっかりした様子だったが、ベーカー・ヒューズで非常に大きな仕事を受け持つことが決まっていたので、さほど大きなショックにはならなかった。彼の前途にはまだまだたくさんの機会が横たわっていた。

ボーンスタインは、私のオフィスに来たときにはすでにフラナリーが選ばれたことを知っていた。ブレナンから聞いていたのだ。もとからボーンスタインは、最初の忠誠の相手はあくまでも会社であって、CEOという役職ではないと明言していた。自分がCEOにふさわしい人物だと確信したことがなかったので、がっかりはしているが、同時に肩の荷が下りたような気分だと言う。また、彼はGEが大きく変わろうとしていたことを知っていた。

最後にボルツに会った。取締役会の決断を伝えたとき、彼は驚いた様子だった。しかしすぐにきびすを返し、それまで何度も脅し文句として使ってきた言葉を実行すると言った。GEを去る、と。次のボルツの言葉はあまりにも彼らしくなかったので、私は今でも驚きが拭えない。「あなたにご迷惑をかけて、申し訳ありませんでした」。そう言ったのだ。それが最後の言葉だった。5日後、ボルツはリンクトイン上でGE退社を発表し、6週間後にブラックストーンに加わったことを報告した。

翌6月10日土曜日の夜、私とアンディはフラナリーと彼の妻のトレイシーをバック・ベイの自宅に招待した。楽しいディナーだった。私は取締役会にフラナリーを推していたし、彼の成功を望んでいた。彼に厳しい試練が立ちはだかることを知っていたので、私は彼のためにできることなら何だってすると約束した。経験豊かな現行の経営陣の助けを借りながら、彼が成功するのをただ祈るばかりだった。

日曜日、翌日に行われるフラナリー指名の発表に備えるために、私はコミュニケーションチームとともに1時間ほど打ち合わせをした。そのあとでGEの主要幹部三十人ほどと電話会議を開き、彼らに8月1日からフラナリーがCEOになること、そして私は12月31日まで会長職を務め、その後はフラナリーが同職も兼務することを伝えた。会議は静かで、誰一人として質問しなかった。

次に、5人の相手に――礼儀と愛情から――電話をかけた。私は、すでに退職していたビル・コナティにはニュースを知らせる義務があると感じていた。私が愛着をもってミスター・ウルフと呼んでいた元人事担当者だ。「そんなばかな」、私の話を聞いてコナティが言った。「本当に残念だ」。サンディ・ワーナーにも電話をした。2015年に再選に立候補しないように頼んだ元取締役だ。私がワーナーに電話をしたと聞くと驚く人も多いだろうが、意見こそ一致しなかったものの、私は彼がGEを愛していたことは認めている。ワーナーは私を心から思いやってくれた。私から電話がかかってきたことがうれしかったのだと思う。

もちろん、両親にも電話をした。父は言った。「どうして今辞めるんだ。すばらしい仕事をしてきたじゃないか」。心が沈んでいるときに、そう言ってもらえるのは本当にうれしかった。当時、国際法律事務所のホーガン・ロヴェルズのCEOだった兄のスティーブは、私をかばうような言葉をかけてくれた。兄はトライアンがメディアの影響力を利用しながら、年末まで待たずに私を会社から追い出そうとするのではないかと心配し、「話がお前の思うように進まないのではないかと心配だ」と言っていた。そしていつものように、兄の言葉は正しかった。

最後に、私はジャック・ウェルチに電話した。結論を自分の口から伝えたかったからだ。ウェルチは慰めてくれた。「君が一時も休まずに働きつづけたことを、私も君も知っている」と。そして何の前触れもなく、こう付け加えた。「取締役会がボルツを選ばなくて、本当によかった」

翌日、私の引退を発表すると、GEの株価は4パーセント上昇し、28・94ドルに達した。投資家たちは、私の引退を会社にとってポジティブな出来事と捉えたのだ。マスコミの記事は容赦なかった。私はテディ・ルーズベルトの次の言葉にいつも感心していた。「大切なのは批判する者ではない。強い男がつまずくのを指摘する者でもない。……栄誉は実際にアリーナに立つ者のものだ」だが、今となってはこの言葉が正しいのか、私にはわからなかった。私はいつもアリーナに立つ者を応援してきたが、批判する者のほうが重要なように思えてきた。批判は大きな打撃を与えることができるのだから。

GEのコミュニケーションチームは最善を尽くしたが、この交代劇が正常なものであると世間に見せるのは不可能だった。最初、私はコミュニケーションチームを率いるディアドラ・ラトゥールを非難した。だが私はすぐに自分の未熟さを悟って謝罪した。自分の部屋にこもって見出しばかりを読んでいたとすれば、私は孤独感がますます強まっていたことだろう。だが、友人たちがそうさせてくれなかった。

私は、185人の主要幹部と取締役会メンバー宛てに、それまでの協力に感謝する個人的な手紙を送っていたが、それをはるかに超える、社の内外の文字通り数千の人々から、激励の言葉が届いたことに驚いた。しばらくのあいだ、私のオフィスは手紙であふれていた。顧客からも、科学者からも、投資家、あるいは他社のCEOからも手書きの手紙や電子メールが届いた。「マスコミにあなたを正当に評価する意図と能力があるとは思えない」と書いてある手紙もあった。「才能のない者たちからの騒音は無視すればいい」という意見も届いた。

手紙の大半は、GEの社員から届いたものだった。社員の多くが、私と仕事ができたことが光栄であり、会社が彼らのキャリアはもちろんのこと、世界の見方にも大いに影響を与えたと書いていた。私から会社を第一に考える姿勢を学んだと書いている人もいた。

グローバル・グロース・オーガニゼーションで働いていたある人物は、「それが会社のためになるのなら、あなたは私を1分も待たずにクビにするでしょう。でも、それこそが正しいやり方なのです」と書いて寄こした。

私の発した言葉で、心に刺さったものを引用している手紙も多かった。GEヘルスケアの社員は、初めて会ったときに私からこう言われたと書いていた。「顧客のニーズを満たすことに集中し、仲間と世界クラスの関係を築き、必要だと思うよりももっと大胆に行動しなさい」

アルストムの統合にかかわっているある幹部は、私から聞いたこの言葉を引用していた。「困難に直面したとき、つねに改善する方法を探し、直面する前よりもいい仕事をすること！」

GEの最高情報責任者は、私から「大きなスイングをすること、そしてそれを続ける粘り強さを養うこと」を教えられたと書いていた。中国GEの最高幹部の一人はこう言った。「今後、私が何をしようとも、あなたが言った『その場その場で全力を尽くす』という言葉を忘れない」

手紙の多くは、私が時の流れのなかで忘れてしまっていたことを思い出させてくれた。「あなたがとても重要な転機で信頼してくれたおかげで、私は成長することができた」と書いている人がいた。「あなたが後ろにいて支えてくれると知っていたので、まだ人のほとんど通っていない険しい道を進む勇気が出た」と書いてきた人もいる。

あるいは、「あなたのためなら、どんな戦いにも身を投じる」という人も。3人の社員が、それぞれ別々に、私の任期の終わりを知って、マヤ・アンジェロウの言葉を思い出したと書いてきた。「私は、人々はあなたの言葉を忘れることを、あなたの行いを忘れることを学んだ。だが、人々はあなたからもらった感情を決して忘れることはない」

それらの手紙を見れば、GEの社員とその家族たちは、私が彼らと同じ人間としてかかわってきたと感じていることは明らかだった。離婚でつらい時期にサポートしてくれてありがとうと言う者もいれば、子どもが病気に罹ったときに最高の治療を受けるサポートをしてもらったと指摘する者もいた。

いちばんうれしかった手紙は、と聞かれたら、GEオンショア・ウインド（GE Onshore Wind：GEリニューアブル・エナジー内の陸上風力部門）のCEOからの手紙と答えるだろう。それは次の追伸で終わっていた。「追伸　あなたの引退を知った私の16歳の娘がこう言いました。『ジェフなしで、私はこれからどうしたらいいの』」。彼の説明を読んで私も思い出したのだが、ある週末、彼は緊急の仕事をするために出社する必要があり、娘のメレディスを会社に連れてきたのだ。「あなたは娘に、将来GEで働く気があるか尋ねました」と、彼は回想していた。そのメレディスは、私の再就職先を考えてくれたそうだ。「娘はあなたが現役で働きつづけることを望んでいます。あなたを最も必要としているのはスナップ社ですが、ウーバーでも彼女は満足だそうです」

どの仕事も簡単に見える、自分でやってみるまでは

ビジネスに関する記事をよく読む人は誰でも知っているだろうが、CEOの交代はスムーズにはいかなかった。GE内にたくさんの障害があったのはもちろんのこと、我々自身がそれらをより悪化させてしまった。まもなく明らかになったのだが、この交代劇における私の役割は〝責められる人〟だったようだ。責める側の中心はトライアン社。おそらく、数多くの匿名の情報を流したのも彼らだ。彼らは私のクビを欲し、実際にそれを得た。

私と新CEOフラナリーの関係は急速に悪化した。「私たちはこの場所を再定義しなければならない」と彼は言いつづけた。「数字は小さければ小さいほどいい。私はこの会社を持株会社にしたい。拠点も、事業もいらない。ビジネスをどんどんスピンアウトして、数字を小さくしたいと思っている。すべてを売りに出す」

初めのうち、私は機会を見てはフラナリーにGEの経営で気をつける点を教えようとした。会社の分割のことばかり話していると、コングロマリットが混乱するとも助言した。私が思うに、壇上に立って会社の抱える問題を列挙するだけではだめだ。社員たちをそれらの問題に取り組む気にさせる必要がある。

その後まもなく、『ウォール・ストリート・ジャーナル』に、私がGEで成功劇場《サクセスシアター》を催していたと載った。私が社員に、何もうまくいっていないときも、うまくいっているふりをしろと言っていた、という主張だ。しかし、それをやったのはフラナリーである。彼が成功劇場を推し進めた。なのに、批判され

たのは私だった。また、何人かの知人の話では、彼は投資家などの前で私のことをこき下ろしていたそうだ。彼は私の助言など求めていなかったのである。

9月、役員たちがトライアンを取締役会に迎え入れることを承認し、11月に実行することに決めた。私にも、いよいよ立ち去るときが来たのだ。2017年10月2日、私はGEの会長職を返上した。予定されていたよりも3カ月早い。その日から、私はGEを外から眺めることになった。フラナリーにはやることがたくさんあった。そのうちのいくつかは私がつくったと言える。この時期までにGEキャピタルの処理がすでに終わり、アルストムの買収が確かな成果を上げていればよかったのだが、実際にはまだ実現していなかった。トライアンが引き起こした動揺のせいで、その道のりはさらに険しくなった。

GEに必要なのはアクティビスト投資家ではなかった

お前が言うな、と思うだろうが、アクティビスト投資家は必ずしも解決策とはなりえないようだ。彼らの矢筒には矢が4本しかない。CEOを解任し、会社を切り売りし、コストを削減し、責任を転嫁する。会社のなかには、これらのいくつか、あるいはすべてが役に立つ場合もあるだろう。これら四つの方策では解けないほど複雑な問題を抱える会社では、アクティビスト投資家は混乱を引き起こすだけだ。

念のために言っておくが、財政的なパフォーマンスのみを重視する彼らの態度そのものは間違いではない。たとえば、GEを去った私はアテナヘルス社の会長に就任したが、そのアテナヘルスも、当時はエリオット・マネジメントというアクティビストに株式の15パーセントを握られていた。慎重に付き合う必要はあったが、エリオット・マネジメントは会社に貢献していたと評価できる。しかし、いつもそうとは限らない。

アクティビスト投資家は景気の悪いときに限って姿を現すのではあるが、危機的な状況下ではとくに破壊的になる。彼らはリーダーの視線を内側に向けさせる。市場で勝つことに集中しなければならない瞬間に、リーダーはアクティビストの攻撃をかわすことにエネルギーを使わなければならなくなるのだ。

厳しいサイクルに突入したとき、リーダーは社員のモチベーションを高めなければならない。アクティビストの責任を追及する態度が、その努力を台無しにする。彼らがメディアを支配し、中傷合戦を繰り広げる。彼らの声が、ほかの株主の声をかき消してしまう。

アクティビストは、最高の広報要員を雇い入れる。情報操作の専門家を使って、自らの主張を世間に広めるのだ。この事実を痛切に実感した日のことを、私は決して忘れない。トリスタンによるGEへの投資を発表する前日のことだった。私たちはその第一報を『ウォール・ストリート・ジャーナル』に委ねることにした。そこで、2人の記者をコネチカットの私のオフィスに招いた。トライアン担当のデビッド・ベノワと、GE担当のテッド・マンだ。そのときに気づいたのだが、GE関係者とマンの関係は緊張していたのに、トライアンとベノワの関係はじつに打ち解けたものだったのだ。

こう考えてみよう。命を救う薬を開発するには、10年以上がかかる。ガスタービンは、一度設置すれば30年は長持ちする。投資信託会社が特定の株式を保有するのは長くて6カ月ほどだ。現在、CEOの在任期間は平均しておよそ5年。要するに、時間軸が一致しないのだ。そこに、さらに短期的な成果を強要するアクティビスト投資家がやってきて支配的な力を発揮すると、混乱が拡大する。アクティビストがシステムの負担となる。

トライアンはGEを6カ月以上の時間をかけて調べ尽くしていた。それなのに、彼らが投資するやいなや、主要市場で景気が悪化しはじめた。その鬱憤を、彼らは私個人を不当に非難することで晴らそうとしたのである。のちに彼らは、取締役会のメンバーとGE社内の主要幹部たちを互いに競わせた。内部的には、GEのリーダーたちは会議室にこもりきりになり、重要な決断を下すどころか、マスコミに情報を漏らす者もいた。対外的には、非常に有害な話が語られた。

ある日、トライアンのペルツが私にこう言った。「勝者はどんな手を使ってでも目標を達成する」。しかし、今のGEが民間機用エンジンの市場で優位な立場を守れているのは、2008年から2010年、まさに金融危機のさなかに、研究開発費を倍増したからにほかならない。

長期的な目標に比べれば、目先の数字など重要ではないのだ。最も困難な時期に費用をかけてでも将来のために大きな決断を下さなければならなかった事例なら、いくらでも挙げることができる。しかし、アクティビスト投資家に干渉されたら、そのような大局的な考え方ができなくなるのである。

短い任期

フラナリーの時代は長くは続かなかった。私は彼に同情せざるをえない。GEを経営するのは大変な仕事だということは、私もわかっている。だが、GEはどうしてここまで一気に衰退したのだろう。私たちの決断のいくつかは、明らかに失敗だった。その責任は私にある。しかし、その実情はマスコミで報じられているよりもはるかに複雑だ。

何より世界のエネルギー市場は、予想したよりもはるかに厳しい状況に陥った。そのため、フラナリーには冒険をする余裕がなくなり、厳しい状況を切り抜けるためにチームの助けに頼らざるをえなくなった。

また、ＧＥキャピタルの尻尾は、ＧＥリーダーたちが想像していたよりも有毒だったようだ。長年の病は瞬く間に転移していた。ＧＥキャピタルは、連邦準備制度理事会など数多くの専門家によって継続的に監視されていた。ＧＥ取締役会の監査委員会の委員長はかつて証券取引委員会で局長を務めていた人物だ。何が来るかがわかっていたら、私たちはプロジェクト・ハッブルで得た資金を蓄えに回し、株の買い戻しをしなかっただろう。

１９９０年代から現在までをひっくるめて考えると、保険業にかかわったことでＧＥは多大な支出を強いられた。私は会社をそこから引き上げようとしたが、最悪の部分のいくつかを手放すことができなかった。過去に結んだ保険契約から生じた損失額が、私たちが慎重に打ち立てた予測を超えていたのだ。その事実が明らかになったのは、２０１７年末、つまりフラナリーがＣＥＯになってからだった。

しかし、私の考えでは、フラナリーの問題点は、ＧＥ最大の事業であるＧＥパワーのコントロールを怠ったことだ。フラナリーは経験が乏しかった。新しいリーダーというものは、ハードルを下げるという誘惑に負けがちだ。自分を守るために、前任者から大問題を引き継いだと主張する。しかしながら、フラナリーはあまりにも長く「成功劇場《サクセスシアター》」という言い訳に頼りすぎた。

その態度が自分の失敗につながることに、彼自身が気づいていなかった。ＧＥパワーは長年にわたって投資家たちに多くの価値を生み出してきたのだから、過去を誹謗しても、何の解決にもならないのである。フラナリーはＧＥパワーの人々のモチベーションを高めるべきだったのに、そうしなかった。同社の上級幹部の多くが去って、あるいは、追い出されていった。

　ＧＥパワーで大きな責任を担う人々は、同じような厳しい状況を見事に切り抜けたＧＥオイル＆ガスとは違って、迅速に行動しなければならない局面で歩みを止めてしまった。顧客はＧＥの営業担当者からではなく、ソーシャルメディアから品質に問題があることを知った。

　２０１８年9月、ＧＥパワーの新ＣＥＯラッセル・ストークスが、ＧＥの次世代ＨＡタービンの生産に問題が生じている事実をリンクトイン上で認めたのだ。みっともない話だ。ＧＥのガスタービンは２０１７年の第１四半期の時点では70パーセントのシェアを誇っていた。それが1年後には18パーセントにまで下がっていた。２０１８年、ＧＥが販売した分散発電ユニットの数はゼロだ。それまでは毎年およそ20億ドルの売上があった。メキシコやイラクなど、数十年にわたって高いシェアを誇ってきた地域で、ＧＥは市場を失いつつあった。

　ＧＥは、需要を生み出すのに欠かせない手段だった発電所建設に対する融資も停止した。三菱重工業が、歴史を通じて初めてマーケットリーダーになった。シェアを失うと工場の効率が下がり、在庫が生じる。市場損失の重荷を感じるのは工場労働者なのだ。それまでの15年で４００億ドル以上の現金を生み出してきた事業が、赤字に転じた。この経営ミスにより、負債レベルが高まってバランスシートを圧迫した。

　私の目には、フラナリーには決断する力がないと映った。この点を、私はいつも心配していた。おそらく、社内や銀行家から「とにかく何かしろ！」と誤った助言を受けていたのだろう。私は、フラナリーが私のやり方を引き継ぐとは思っていなかったが、それにしても彼はアイデアばかりが先行して、行動がともなわなかった。２０１７年11月、フラナリーはＧＥのオイル＆ガス事業を売りに出すと発表した。その3年後、本書の執筆を終えた時点で、GEは同事業の大部分をいまだに所有している。

フラナリーはGEのポートフォリオに合わないという理由で、GEヘルスケアの〝スピンアウト〟も承認した。しかしその後、考えを変えて、GEヘルスケアを維持することにした。代わりにライフサイエンス事業を売り払った。もし売っていなければ、コロナウイルスの大流行で会社に多大な利益をもたらしたに違いない。GEデジタルは、現金の無駄遣いのレッテルが貼られたかと思えば、すばらしいと称賛を受け、最後にはオークションにかけられた。

しかし、私が思うに最大の問題は、フラナリーを支える力をもつ人材が去りつつあったのに、誰もその点に気づいていなかったことだ。2018年の初頭までに、CFOのジェフ・ボーンスタインを筆頭に、ジョン・ライスも、ベス・コムストックも、スーザン・ピーターズ、アレックス・ディミトリエフ、さらにはGEパワーの上級幹部のほとんども、GEを去っていった。

後継者たちがチームとして機能するならそれでもいい。すでに指摘したように、リーダーにはプレッシャーに耐える才能が欠かせない。ところがフラナリーのチームは問題を解決するどころか、互いに責任をなすりつけ合った。メディアに情報を漏らす者や、フラナリーの知らないところで取締役会に取り入ろうとする者もいた。

あなたをCEOにしてくれるのは、あなたの仲間だ。だが、その関係にほころびが生じたとき、あなたをクビに追い込むのも彼らなのだ。それがフラナリーの命取りになった。

誰もが自分のためだけに戦い、会社のために戦わなかった。GEにまつわる話題はどんどん暗くなっていった。たとえ満足のいく業績が得られなくても、誰かが人前に立って進むべき方向を示し、人々をその方向へ導かなければならない。フラナリーのチームにそれができないことがわかった時点で取締役会が介入し、主導権を握るべきだった。

しかしそれができなかったのは、おそらく取締役会を3分の1にするという計画を推し進めていたトライアンの影響によるものだろう。取締役会の縮小は考えとしてはおそらく間違っていないのだろうが、役員同士の関係を希薄にしてしまった。GEの取締役会は、最悪のタイミングでバラバラになったのである。結果として、会社はまさに行動が求められている瞬間にフリーズ状態に陥り、18カ月もの時間を無駄にしてしまったのだ。

フラナリーにも、GEにも気の毒な話だ。フラナリーは運が悪かったのだろうか。確かにそう考えることもできる。だが、GEは明快で迅速な決断、強力なチームワーク、責任ある経営、そして企業ブランドの名声のために戦うことをいとわない人物を必要としていた。しかし、そのすべてが欠けていることに気づいたとき、GEの人々はフラナリーについていくのをやめたのである。

私が去ってから1年後の2018年10月1日、GE取締役会はフラナリーの解任を発表した。2018年の前半にフラナリーが取締役会に招聘していたラリー・カルプ――ダナハー社の元CEO――が新たにGEのCEOに就任した。

2018年の11月、カルプがCEOとして最初に行った仕事は、フラナリーが追放したジョン・ライスを呼び戻して、GEパワーの再建を託すことだった。流れが変わりはじめた。2018年、アルストムの蒸気事業が好調で、およそ8億ドルの収益を記録した。発電用天然ガス市場も大きく拡大した。現在の頭痛の種は、ガスタービン事業における品質問題だ。だが私の予想では、GEパワーはそのうち収益性の高い事業に返り咲くだろう。

今のところカルプとそのチームは、コロナ危機に取り組んでいる。この危機により、航空事業が多大な損害を被った。これは不運としか呼びようがない。だが、カルプは必要な対策を講じているようだ。おそらくカルプにとって最大の課題は、社員たちに意義のある会社で働くことから得られる誇りを取り戻すことだろう。

ジャック・ウェルチの時代、そして私の時代、社員たちはいつも――いい日も悪い日も――協力し合ってきた。社内では会社をよくするために言い争うこともあったが、外に向けてはいつも団結していた。私はこの団結が再現されることを心から望んでいる。また、そのために力を尽くしている限り、カルプをフィールドの外から応援している。

私は、真実とは事実に文脈を足したもの――真実＝事実＋文脈――と言うことが多い。私がCEOだった時代、GEの株価が市場に後れをとっていたことは、紛れもない事実だ。私の在任中に株価が大幅に下がったことが、数字として記録されている。しかし、そこには次の文脈があった。

私がCEOを務めていた16年間で、GEの累積収益は2400億ドル、累積キャッシュフローは2800億ドル、累積配当は1450億ドルに達していたのだ。この数字は、それ以前の110年を足したものよりも大きい。私の任期の最初の7年だけで、ジャック・ウェルチが指揮していた20年よりも、収益も配当も多かった。

私がCEOだった時期、GEは参入しているほぼすべての業界でナンバー1だった。2001年から私がGEを去る1年前の2016年までで、GEアビエーションは市場シェアを25ポイント増やした。ヘルスケアとして、私たちは業界で最も評価の高いブランドを誇る200億ドル規模のイノベーションリーダーを築き上げた。再生可能エネルギー分野では、120億ドルのグローバルビジネスをゼロから立ち上げた。アメリカの外では750億ドル規模の会社を設立し、中国やインドなどの市場をリードしていた。特許出願数、リーダーシップ開発、ブランド価値、「最も称賛される企業」のリストでもトップ10に入っていた。

今は消えてなくなりそうだが、GEには強い文化があった。社員は互いを尊重していたし、会社に誇りを感じていた。ほかの会社は、GEのパートナーになることを望んでいた。GEは誠実な会社で、ルールに従い、世界各地で水準を高く保った。景気がいいときも、この上なく悪いときも、チームは助け合いながら一丸となって理想のために進んできた。

第3章で述べたように、私たちはGEをもっと技術中心の、顧客に寄り添うグローバルで多様な会社にしたかった。そのあらゆる点で、私たちは前進していた。もちろん、完璧ではなかったが、それでもGEは改善を続けながら、世界にインパクトを残してきたと、私は確信している。

確かに、GEキャピタルの重荷から生じる不透明性のために、GEの株価収益率は50倍から15倍に減った。私はGEの株が過大評価されていて、巨大な困難が目前に迫っている時期にCEOに就任した。そして、GEを大いに変革させたものの、まだその過程の途中で去ることになった。株価もまだ低迷したままだった。

2019年5月、私はある会議に参加するためにオーストラリアに飛んだ。思いがけないことに、そこはさながらGEの同窓会だった。テーブルを囲む12人のうち5人がCEO、2人はオーストラリアの公開会社の取締役、残りが何らかの部門のCEOだった。そして、彼ら全員が、かつてGEで働いていたのだ。

S&P500企業の現職CEOのリストがあれば、GEで私の下で働いていた人たちを30人は簡単に見つけることができるだろう。私が去ってからしばらくのあいだ、GEのリーダーを正当に評価していなかった唯一の企業はGEだったのかもしれない。私はこの点でも変化が生じはじめていると期待している。

第12章
リーダーは楽観的

2018年、スタンフォード大学経営大学院で初めて授業を受けもった私は、その経験を通じて、この本を書くことができるという実感と、そこに何を書くべきかという確信を得ることができた。そして2年後、パンデミックのさなかに同じ授業を担当した私は、以前にも増してこの本を多くの人に読んでもらいたいと願うようになった。

2020年3月半ば、コロナウイルスの蔓延を理由に、スタンフォード大学は門を閉ざした。多くの人がそうであったように、私たち講師陣もコンピュータを使ったリモート授業のやり方をマスターしなければならなかった。

私たちはビデオ会議ソフト「ズーム」を使って、毎週火曜日と木曜日の午後に2時間、76人の学生を相手に授業を行った。また、私はすべての学生と1対1で1時間話すためにもズームを使った。しかし、変わったのは技術だけではない。カリキュラムも見直し、一つのトピックだけに焦点を絞った。「危機的状況下におけるリーダーシップ」だ。

例年のように、私たちはその授業にゲスト講師としてCEOを招いていた。すでに数カ月前に授業を受け持つように依頼していたにもかかわらず、彼らはトピックの急な変更にも快く応じてくれた。なぜなら、彼らこそ、今まさに危機的状況下で活動するリーダーだから。

その多くがGE出身である彼らは、それぞれウイルスが引き起こした想定外の問題にどう立ち向かっているか、学生たちに話して聞かせた。たとえばニューヨーク州最大の医療プロバイダーであるノースウェル・ヘルスのマイケル・ダウリングのように、病人の急増に対処しているCEOもいたが、ほとんどのCEOはほぼ完全に停止した経済活動の波紋に立ち向かっていた。

GEキャピタル出身で、今はスピリット・エアロシステムズでCEOを務めるトム・ジェンティーレは、彼の機体製造業はコロナウイルスの蔓延が始まる前から、ボーイング737MAXが欠陥を理由に運行停止になったあおりを受けて打撃を被っていたと話した。

そこにウイルスによる旅行客の激減が襲ってきたので、「我々の株は価値のおよそ75パーセントを失って、ジャンク株に格下げされた。銀行の融資規約に違反するのを避けるために、流動性を高める必要があった」と述べたうえで、こう付け加えた。「それでも私は楽観視している。時間はかかるかもしれないが、飛行機で旅行する人はまた増えるだろう。私たちのほうが変わる必要があるかもしれないが、需要は戻ってくる」

23アンドミー（23andMe）という個人用ゲノミクス会社のCEOであるアン・ウォジキは、技術と医療の関係について話し、この結びつきがコロナ後の世界を変えるかもしれないと述べた。「自分が千人の社員を抱える雇用主だと想像してみよう。彼らのことをよく知り、安全を確保することなしに、職場に戻れと言えるだろうか」

ウォジキは、個人の医療データを蓄積することで、現在のアメリカのGDPのおよそ20パーセントに相当する医療費の増加を抑えることができると熱く語った。「医療を混乱させたくないなら、いいアイデアを思いつくだけでなく、クリエイティブでなければならない。インパクトを与えるには、クリティカルマスが必要だ」

石油・ガス会社のコノコフィリップスのCEOライアン・ランスは、彼の会社が販売する製品は社会に欠かせないので、将来に不安を感じていないと話した。それでも、コロナ前のように、エネルギー需要が毎年1パーセント増えつづけるかどうかは定かではない。

それまでのランスは、「方向を示し、態勢を整え、モチベーションを与える」という単純なリーダーシップモデルを応用してきた。しかし、一万の社員が自宅で仕事をしている今では、「態勢を整える」ことに多くの時間を使うようになったそうだ。要するに、社員たちの不安を鎮め、会社は大丈夫だと言い聞かせることに割く時間が増えたのである。

CNNやフォード・モーター、あるいは州立のマンモス大学や急成長中の医療関連スタートアップなど、さまざまなタイプの事業のCEOたちが話してくれたが、彼らの誰もが、先行きが不透明ななかを前に進むには柔軟性を保つことが重要だと強調した。あるCEOは8日で自らの戦略をゼロから立て直した。ソーシャルディスタンスを確保するために、工場を再建し、自動化を取り入れた者もいた。多くは、リアルタイムで危機に対処するために時間の使い方を大きく変えたと話した。

＊　＊　＊

本書の冒頭で、私は1980年代に登場したリーダーたちが初めて「ほとんど起こるはずがないのに本当に起こってしまったリスク」、いわゆるテールリスクに矢継ぎ早に遭遇したと述べた。しかし、2020年リモートクラスのゲストの話を聞いているうちに、そのような不測の事態は珍しいことではなく、むしろ当たり前のことに思えてきた。学生たちは、危機管理に長けたリーダーに成長しなければならない。

あるとき、私といっしょにその授業を担当しているロブ・シーゲルが学生たちに向けて、リーダーはやっかいな問題が生じるのを防ぐことはできないが、「会社の経営者になったあとの君たちの任務は〝避けられることは避ける〟だ」と結論づけた。

私がCEOだった2001年から2017年をひとことで表すと、「不確か」だろう。私の前任者はいつも「コントロールできないことには手を出すな」と言っていた。しかし、CEOとしての任期が終わろうとしていたころの私の感想は、「企業がコントロールできることなどほとんどない」だった。コロナウイルスが改めて証明したように、これからの最上級リーダーは社員や人民の不安を理解し、吸収する準備ができていなければならない。

よく、悲観は現実的で楽観はただの幻想に過ぎない、という主張を耳にする。しかし私は皮肉や非難ではなく、楽観と希望を手段にGEを率いる道を選んだ。今でも同じ決断を下すだろう。

私は9・11以降も楽観的だった。ほかにどうすることができただろう。リーマン・ブラザーズが倒産した日もそうだった。もし、楽観的でなかったら、まともに働くこともできなかったに違いない。ウォーレン・バフェットに支援を求めたときも、GEキャピタルの資産をほとんど売り払ったときも、希望を捨てなかった。楽観主義とは現実を無視することではない。

CEOという仕事を通じて、私は自分自身について多くを知った。何よりもまず、どれだけ批判されて痛い目に遭っても、人々を導きつづけることができるとわかった。決して好奇心を失わなかったし、新しいことへのチャレンジもやめなかった。しかし、任期が終わるころには、私は共感する力を、他人の立場から世界を見る能力を失ったのではないかと不安になっていた。私は傷を負いすぎた。

GEを去る日、私はいくつかの小物を段ボール箱に詰め込み、ボストン本社を出て、ウーバーに乗り込んだ。悲しく、次に何をすべきかもわからなかったが、そのときでさえ楽観を捨てなかった。私の任期は不安定さのなかで始まり、不安定さのなかで終わった。この経験がきっと将来の役に立つと、私は信じている。

ミスを認める

CEOの平均在職期間は短くなりつつある。多くの専門家が企業の近視眼的な態度を指摘しているように、取締役会や投資家は迅速な成果を求めつづける。そして、そのペースについてこられないCEOをどんどん追い出す。その一方で、CEOたちが公から求められる役割はますます複雑になりつつある。社員たちはCEOにより多くの政治的な活動を求めるが、同時にガバナンスやコンプライアンスも複雑化している。たとえば、2009年の時点で金融サービス会社を率いる者には、二つの仕事が期待されていた。まず、会社を死なせないこと。次に、様変わりした世界で、10年連続で痛い目に遭う覚悟をすることだ。この両方に、私はGE最大のサポーターとして取り組み、成功した。

しかし、私がCEOとしていくつかのミスを犯し、GEにダメージを与え、会社を誤った方向に導いてしまったのも事実だ。そのようなミスをすることがなければ、私は業績を長期的に改善することができただろう。次の過ちを犯したことを、私はここで認める。

・2000年代前半、9・11事件とハネウェル買収失敗のあと、私は会社をリセットすることができただろう。電力バブルと年金収入が業績を実際以上によく見せていたが、それも長くは続かなかった。私は、世界がすっかり様変わりしてしまったので、GEはアプローチを改め、これまでよりもはるかに低い成長を受け入れるべきだと主張することができたはずなのに、そうしなかった。9・11のあと、私はGEの社員たちには安定が必要だと考えた。また、ジャック・ウェルチに忠義を通すことを優先し、2001年に大きな方向転換をするのは、彼の遺産を傷つけることだと考えてしまった。私がリセットボタンを押し損ねたため、GEキャピタルが成長を続けた。また、産業部門のポートフォリオを取り繕うために、GEキャピタルのつくる現金に頼ってしまった。しばらくのあいだはそれでよかったが、2007年にそれが間違いだったことが明らかになった。

・数多くの育成プログラムがあったにもかかわらず、私はじゅうぶんな数の若きリーダーを育てるのに失敗していた。引退して以来、私はこの点について何度も考えた。ロレンツォ・シモネッリはスーパースターだった。だが、彼と同年代で同じぐらいの才能をもつ者が10人はいなければならなかったはずだ。有望な若いリーダーたちに利益と損失の責任を負わせ、経験を積む機会をもっと与えておくべきだった。2000年代が始まるころまでに、プライベート・エクイティ、あるいはベンチャーキャピタルがそのような機会を提供し、有能な人材を奪っていった。また、ベーカー・ヒューズ・GEカンパニーとアルストムを子会社に加えたとき、私はそれが現場で指揮するリーダーたち——工場管理者、調達責任者など——にどれほどの負担を強いることになるか、もっとよく考えておくべきだった。私たちは、そうしたリーダーたちの多くを再生可能エネルギーや石油・ガス事業の成長を後押しする役割に回したため、GEパワーに才能ある者が残っていなかった。そのため、実行能力に陰りが生じたのである。当時このことに気づいていれば、きっとまったく違う結果が得られただろう。

・私はGEキャピタルからもっと多くの株主価値を生み出せるはずだった。同社はすばらしい人材に恵まれ、ビジネスとしても強靭だった。ある時点におけるGEキャピタルの時価総額は2000億ドルを超えていたにもかかわらず、最終的に投資家のために確保することができたのはそのほんの一部だった。私たちは傲慢になっていたのだと思う。もしGEキャピタルが1995年に占有していたプラットフォームにのみ力を注ぎ、その成長だけに集中していたなら、もっといい結果が得られたはずだ。1995年以降、GEキャピタルは経験も競争手段もない分野へばかり手を広げた。もちろん、純粋に運が悪かった部分もある。だが、金融危機の前後のある時点で、ブラックストーンやアポロあるいはTPGなどといった外部の企業をパートナーにしておくべきだった。

・もっと「わからない」と言っておくべきだった。ときに私は、物事はこうあるべきだ、と発言することでポジティブな変化を起こそうとした。どの方向へ進むべきかを社員に示すのが私の仕事だと信じて。だが、意志の力だけで目標を達成しようとした部分もあった。そんなとき、私は私たちの使命を明らかにするのではなく、むしろ混乱を招いてしまった。

・私は、とくに任期の終わりが近づいたころに、あまりにも多くのことに手を出してしまった。これはGEの取締役会にとって不公平だった。CEOの後継者選びと並行して、彼らは大規模なデジタルイニシアチブならびに不安定な市場という二つのやっかいな問題にも取り組まなければならなかった。私はGEキャピタルの分離が終わった2015年の終わりに引退すべきだったのかもしれない。そうしていれば、私の任期はもっとポジティブな評価を得たに違いない。しかし、基盤を固めてから後継者に会社を委ねるのが自分の責任だと考えたのだ。そこで私は5年間の後継者計画を立て、適切な人物を選ぼうとした。私は会社を前進させることに力を尽くしたが、もっと早い時期に新しい考えの誰かに道を譲っていれば、GEはもっとうまくいっていたのかもしれない。

私の指揮下で行われた取引の数々については、今後も賢い人たちがそのタイミングや値打ちについて議論を続けるのだろう。2010年というのは、NBCUをコムキャストに売るのに最適な時期だったのだろうか。おそらくそうではなかったのだろうが、私たちには現金が必要で、当時、現金を得るための最良の方法がNBCUの売却だった。私たちにはボブ・アイガーがディズニーでやったような大胆な戦略を実行する計画はなかったので、売却を最善策とみなした。

2017年にベーカー・ヒューズ・GEカンパニーをつくったときも、まさか私が引退した1カ月後にGEが同社をスピンオフするとは予想していなかった。もし予想できたなら、同社を立ち上げようとはしなかっただろう。しかし、ベーカー・ヒューズ・GEカンパニーは時間とともに価値を高める可能性を秘めた、すばらしいフランチャイズだった。正直に言って、私に対する批判のいくつかは、後出しジャンケンとしか呼びようがない。

そんな話は聞きたくないと思うだろうが、ビジネスには運がつきものだ。好景気の風に背中を押されているときに、自分の運命をコントロールしろというのは簡単だ。今のコロナ危機について考えてみよう。在宅勤務の増加から、デジタルコミュニケーション分野は多大な恩恵を受けた。株価が3倍になったケースも少なくないが、旅行や輸送は全世界で停滞し、航空会社の株価は半減した。私は両分野をよく知っている。どちらにもたくさんの優れたリーダーがいる。何が好調と不調の違いを生んだのかと言うと、〝運〟だ。

リーダーは世界が回っていることを忘れてはならない。好調なときには謙虚であれ。共感を忘れるな。追い風と優れた管理の違いを見極め、好調がすべて自分の力だと思わないこと。市場が活発なときにすばらしい数字を残す部下がいても、その人物の真価はわからない。不況時に繁栄をもたらす者が現れたなら、あなたは宝石を見つけたのだ。

ほとんどの場合、聞くのが大事

「ジェフが私の言うことさえ聞いていればGEは完璧だったのに」。この主張だけは、私は断固として認めない。

在任中、私は活発な議論を会社の文化と位置づけ、育んできた。私たちの考えを磨き、最高のアイデアを見つけるのを手伝ってもらうために、毎年数百人のリーダー、指導者、コンサルタントを外部から招いた。それなのに私は不当にも、反対意見を封じ込める人物として批判されてきたのだ。事実はその逆で、私は新しい声を求め、声が出せずにいた人々にも発言の機会を与えた。リーダーは大勢がいる部屋で、公の場で、人に見られながら決断を下すことをためらってはならない。ただし、私も全員の意見を聞けたとは思わない。

どうやら、あまりに単純に聞くことが大切だと思い込み、誰のコメントであれすべてが貴重だと考えている人が多いようだ。だが私は、話を聞く相手を選ぶ技術は、リーダーに欠かせない重要な要素だと信じている。もしGE内のすべての批判に耳を傾けていれば、私はエコマジネーションをスタートさせることも、エンロン・ウインドを買うこともなかっただろう。GEは中国から利益を得ることもできなかったに違いない。

2004年に98億ドルでアマシャムを買った私を、メディアやあらゆるアナリストは何年も批判しつづけた。しかし2015年時点で、アマシャムはGEにとってなくてはならないビジネスに成長し、2019年には1年で20億ドルもの現金を生み出すまでになっていた。GEは最終的に同事業のバイオプロセス製造部門を210億ドルを超える額で売ることにしたが、同部門の価値はGEによって買収されたときにはおよそ30億ドルと見積もられていた。

もし、当時の私がアナリストたちの意見を聞いていたら、そのような取引をする機会すら得られなかったのである。ここで紹介したどのケースでも、私の頑固さがGEの役に立ったと言える。役に立たなかったときもある。サブプライム住宅ローンを販売するWMCの買収に、賢明にも反対する声は少なくなかった。それなのに私たちは買収した。私の指示で。だが、それは間違いだった。

大企業の内部で何らかの変化を促そうとすると、数え切れないほどの意見が沸き起こる。そんなとき、「あなたにはこれとこれが見えていない。もっとうまくやるにはこうすべきだ」などと伝える声には聞く価値がある。しかしそのような声は、「変化は面倒だ、何も変えたくない」という大合唱にかき消されてしまう。会社を変えようとしているリーダーたちに、私はこう伝えたい。「大切な声を見つけるために、さまざまな意見をもつ人々をまわりに集めなさい」

経験上、私は四つのタイプの人に出会ってきた。1番目のタイプは、いつもスイッチが入っていて、会議でも集中し、重要な点を指摘しながら、他人の話にも耳を傾けることができる人。2番目のタイプは、一方的に話し、会議室を詳細な情報であふれさせ、反対意見に余地を残さない者。三つ目のタイプは、聞き役に回るのを好むが、洞察力に優れていて貴重な考えをもっている人。リーダーは彼らから発言を引き出さなくてはならない。そして第4のタイプが、黙り込んでくすぶっている人たちだ。彼らは自分たちのことを、ほかの誰よりも優れているとみなしているのに、自分の手を汚したくないから議論には参加しない。そのような人たちが、「匿名の情報提供者」になる。しかし、彼らのことを恐れていては、何も成し遂げることなどできない。

リーダーにはサポートしてくれる有能な部下が必要だが、最終的に行動を起こすのはリーダー自身の務めである。いつ人の話を聞き、いつ行動を起こすのかは自分で決める。そこに簡単な決まりなどない。だが、経験から、一つ確実に言えることがある。リーダーは信頼できない人物を排除しなければならない。たとえ、それがどれほど有能な人材であっても。

GE後の生活

GEを去ってからの3年間、私は会社について何も話さなかった。話した言葉がバラバラに切り刻まれるのが嫌だったからだ。私にとって、すべてを話すか、何も話さないか、の二択だった。また、新しいGE経営陣に、私の声に惑わされることなく根を張る時間とスペースも与えたかった。

私自身、少し考える時間が必要だった。絶望もしたし、困惑もしたし、怒りにも震えたのだから。私は、たとえGEが私の知る会社ではなくなったとしても、これからもGEを応援するだろう。しかし私自身も前に進み、挑戦と学習を続けなければならない。私は人からよく「面の皮が厚い」と言われる。しかし、あらゆる痛みを跳ね返せるほど厚いわけではない。嫌われれば心が痛む。

現在私は、シリコンバレーのベンチャーキャピタル会社であるニュー・エンタープライズ・アソシエイツ（NEA）のパートナーとして、新しい会社の創業者や、生き残るためにもがいている既存ブランドのリーダーたちと多くの時間を過ごしている。

私はいい時期も悪い時期も経験したので、彼らの気持ちに寄り添うことができる。彼らも、その点を高く評価してくれているようだ。すでに述べたように、企業経営者は軍事の歴史から多くを学ぶことができる。カリフォルニアでは、私はある意味、戦いでボロボロになりながらもまだ立っている退役軍人のような扱いを受けている。彼らは私の成功と挫折から学ぼうとしている。

2017年の私はまだ知らなかったが、たとえ物事が思い通りに進まなくても、満足することは可能なようだ。この事実を、あなたには知っておいてもらいたい。この理由のためだけでも、あなたは諦めるべきではないのだ。GEで、私は自分自身だけでなくほかの人々にとっても、とても価値ある教訓を学んだ。それを人々に分け与えることが、今の私の使命だ。この活動を通じて、私はGEを去ったときには予想もしていなかったほどの満足と幸福を感じている。

NEAとの出会いは、私にとって天からの贈り物だった。おかげで私は、社会に恩を返し、役に立つことができる。ときには、私はサポートするCEOや参加する取締役会のために、具体的な何かをすることもある。たとえば、セールスを成功させるためや、取引を成立させるために顧客とちょっと話すとか、有能なマネジャーの雇用を手伝うとかだ。

一方で、私の示す共感こそが、私が彼らにできる最大の貢献だと言ってくれる人もいる。私自身がCEOだったので、彼らが外部のアドバイザーから求めているのは行軍命令――ここではこうやれ！――ではなく、情報にもとづいた見解であることを知っている。それに、社員全員の未来を背負うことがどれほどの重圧であるかも理解している。彼らが孤独であることもわかっているので、私はできる限り接触を絶やさないよう心がけている。

もう一つ、きわめて貴重な視点を、私は大学で教えることから学んだ。スタンフォード大学で私たちは、学期の終わりに学生たちにどこに就職したいかアンケートをとることにしている。ありがたいことに、大半が20代から30代の学生たちのほとんどは、いまだにGEのようないわば古典的な会社で働くことを希望している。しかし彼らは同時に、そのような企業が真剣に今後も繁栄しようとしているのか、不安を覚えているようだ。

私は学生に、「将来、ヘルスケアの改善により多く貢献するのはGE？　それともアップル？」と尋ねることにしている。すると学生たちは、GEの歴史、記録、能力などを考えはじめる。それなのに、答えとしてはアップルを挙げるのだ。その理由は、若者たちがテクノロジー企業のリーダーになることを第一の目標にしているからとも言えるが、それだけではない。彼らは偉大になろうとする意志を世間に示す企業を支持するのである。

この点こそが、今のGEの課題だ。GEはふたたび未来をはっきりと約束しなければならない。私が入社した1982年、大学卒業生の90パーセントがGEでのキャリアを検討していたのではないだろうか。今ではおそらく50パーセント程度だろう。

よりよいリーダーになるために

ビジネスの世界には、無から何かをつくりあげたアイコンたちがいる。ジェフ・ベゾスなどだ。ほかのリーダーたちは、運やタイミングがよくて成功できた。もしこの本を読んでいるあなたが2000年から2007年にかけて銀行のCEOだったのなら、あなたは英雄とみなされていただろう。しかし、2008年から2015年で同じ仕事をしていたら、あなたは悪者扱いされていたに違いない。同じ人物が、同じ仕事を、異なる環境でやっただけなのに。

リーダーの多くは、道を示す地図なしで重要な決断を下せるほど完璧でもないし、幸運でもない。だが、危機的状況下で空が晴れるのをじっと待っていては、何もできなくなってしまう。行動をやめることは最悪のリーダーシップだが、止まるほうが行動するよりも安全に感じられるのだ。行動を起こそうとすれば、批判にさらされるのがわかっているのだから。CEOとして活動した16年間、私はメディア、投資家、前任者からの批判を浴びつづけた。しかし、チームと顧客が私の味方になってくれた。

私たちは、グラデーションのない白か黒かの世界に生きている。複雑な状況や人々も単純化される。2020年、ジャック・ウェルチが84歳で他界したとき、かつて彼を崇め立てていたビジネス系メディアが、ウェルチという人物とその遺産を一斉に批判した。しかし、彼がGEとビジネスの世界にもたらした功績を総合すると、ジャックが偉大なリーダーであったことに疑いの余地はない。

ジャックの葬儀はニューヨーク市のセント・パトリック大聖堂で行われた。ベーブ・ルースやボビー・ケネディの葬儀も行われた由緒正しき場所だ。億万長者のケン・ランゴーンとジャーナリストのマイク・バーニクルが弔辞を述べたが、私は教会後方の席でじっとしていた。私はジャックを知り、彼を愛し、多くの時間を彼と言い争いながら生きてきた。その彼がいなくなったという実感がわかなかった。

GEのなかに、自分たちは私から裏切られたのだと考える人がいる。２０１９年、GEがアメリカ国内の二万人の社員の年金を凍結しようとしたとき、その動きは信頼に対する裏切りと受け取られた。そして多くの人が、私にもその責任があると考えるのだ。

私が引退を発表したときの株価は28・94ドルだった。それが本書を書き終えた今では、7ドルを下回っている。そのことには、私自身心を痛めている。しかし間違いなく、私のチームは団結して多くを成し遂げた。確かに私たちは完璧ではなかったが、その事実を私は隠さなかった。GEはすばらしい会社、目的意識の高い企業だ。

毎年春になると、私は学生たちに、この複雑な世界では、リーダーは対立する物事をうまくやってのけなければならない、と話す。互いに矛盾する原則をうまく調和させなければならない、と。彼らは会社を大きく、しかも身軽で、グローバルで、なおかつローカルで、デジタルで、さらには産業的な何かにしなければならない。競合と共感の両方を駆使する必要がある。短期的にも長期的にも考えなければならない。あいまいな何かに取り組まなければならない。

２０２０年の春、私たちはこの現実に気づかざるをえない状況に追い込まれた。家に閉じこもり、未来が見えず、コンピュータのスクリーンを通じて互いの顔を眺める状況に。最後の授業の日、私はカメラを見つめ、遠くにいる学生たちに向けて、私には君たちの気持ちがわかる、と言った。そしてこう続けた。「確かに、〝ズーム〟を通じてビジネススクールの最後の授業を受けなければならないのは腹立たしいことだ。このパンデミックの世界に直面して、君たちがイライラするのも不安になるのもわかる。だが、信じたくないかもしれないが、この経験を通じて、君たちは優れたリーダーになれるだろう」

画面のなかに見える表情はあまり納得していなかったが、私はこう強調した。「君たちのキャリアにも、いい日もあれば悪い日もある。信じようが信じまいが、君たちには悪い日も必要なのだ。悪い日が、君たちをよりよいリーダーにしてくれる」

謝辞

本書を通じて、私はGEにいたころの経験を詳しく述べるだけでなく、自分自身の強みや弱みも探るつもりだった。そのため、執筆はとても難しく感じた。完成させることができたのは、気の合うすばらしい仲間たちの助けがあったからだ。私のチームをここで紹介したい。エージェントとして、初めから執筆に携わってくれたのはエリス・チェイニーだ。彼女が私に共同執筆者を見つけ、企画を前に進め、最後にはベン・ローネンというこの上なく有能な編集者を探し出してくれた。そのすべてに、私は感謝している。

共同執筆者のエイミー・ウォレスは、強い意志をもつ優れたストーリーテラーだ。私を執拗なまでに質問攻めにしただけでなく、GEについて知る七十人を超える人々とも繰り返し話した。インタビューに応じてくれた彼らにも、この場を借りて感謝を伝えたい。彼らは本書を正しい物語にするために、貴重な時間を割いてくれたのだから。彼らの貴重なインプットのおかげで、私は嘘をつかずに済んだ。しかし、私たちが目指したのは正しさだけではない。危機に見舞われた大企業でCEOを務めることがいったい何を意味しているのか、読者に理解してもらいたかった。この意味で、本書が目的を果たせたことを願っている。本書で紹介した会話の場面では、実際に使われた言葉よりも、内容を正確に再現することに努めた。

コミュニケーション・アドバイザーのゲーリー・シェファーにも感謝を述べなければならない。GEにいたころにゲーリーと結んだ友情は今も続いている。私が本書を書くことの是非について最初に助言を求めたのもゲーリーだったし、書くと決めたときに、本書は私の在任期間を澄んだ目で問いただすものでなければならないと率直に教えてくれたのも彼だ。厳しい意見ではあったが、私はそのとおりだと思った。私がへこんでいたとき、ゲーリーはいつも的確なアドバイスをしてくれた。彼がいなければ、私はこの本を書けなかっただろう。

この「謝辞」を書いていたときにふと気づいたのだが、私は本書全体を通じて、GEのすばらしい人々にことあるごとに感謝の意を示してきた。引退した時点で、私はおそらく数千人の社員を、名前も含めて知っていただろう。困難に見舞われても会社のことを第一に考えて全力で働く彼らを、私は尊敬していた。

ジョン・ライス、スーザン・ピーターズ、デビッド・ジョイス、ベス・コムストック、ロイド・トロッター、ナニ・ベッカリなど、何十年もともに働いてきた仲間がいる。私は彼らを心から敬愛している。みんな家族だ、と言うのはたやすいが、私は本当にそう思っているのである。

私といっしょにミルウォーキーで働いていたころ、キース・シェリンに娘ができた。その彼女はもう医学部に入学した。ピーター・フォスとスティーブ・パークスは、GEの仕事仲間の枠を超えた親友だった。GEのリーダーのなかには、私が指導者とみなす人々もいる。グレン・ハイナーとジョン・オーピーがその代表だ。彼らを含むたくさんの人々から、私は多くを学んだ。私にとって、GEで働くことは大きな喜びだった。

私の仕事や時間の管理をしてくれた仲間たち――キャシー・ローレンズ、シェイラ・ネビル、エド・

ペットウェイ、エド・ガラネク――にも感謝している。バンガロールから夜中の3時に帰国したときに仲間の顔を見ると安心するものだ。長年、二人のエドがそばにいてくれたのは、私にとって幸運だった。そして本社に戻ると、ありがたいことにキャシーとシェイラが私を我慢強くサポートしてくれたのである。

取締役の多くも、GEに多くを与えてくれた。ラルフ・ラーセンと仕事をするのは本当に心地よかった。しかし、会社に大いに貢献してくれたのは彼だけではない。9・11や金融危機のような困難に立ち向かうとき、人の本性が現れる。ありがたいことに、取締役会はグループとして、GEを第一に考えてくれた。

社員以外にも、GEを勝ちに導き、私に何が重要なのかを教えてくれた人々が世界中に存在している。全員の名を挙げるわけにはいかないので、ここでは数人だけを紹介するにとどめよう。ボブ・サンタムーアは労働組合IUEのリーダーとして、従業員のために力を尽くした。私は彼の言葉を聞き、信頼した。アンドリュー・ロバートソンと彼の広告会社のBBDOは、つねに私たちの進む道を理解し、そこへたどり着けるようサポートしてくれた。ゴールドマン・サックスのジョン・ワインバーグとセンタービュー・パートナーズのブレア・エフロンはどちらもすばらしいアドバイザーで、悪い知らせがあるときも、必ず事態を好転するための方法を思いついた。

ほかの会社を率いるCEO仲間からも多くを学んだ。その数はあまりにも多いので、全員の名を挙げることはできない。うまくいっているときに、多くの友を得るのは簡単だ。だが、どん底に沈んだとき、手を差し伸べてくれる人の数は限られる。私の場合、アメリカン・エキスプレスのケン・シュノールト、デルタ航空のリチャード・アンダーソン、そして絶対に忘れてはならないのがシスコのジョン・チェンバースだ。チェンバースを友にもつのは、本当に幸運なこと。彼は才能と共感という最強のコンビネーションを備えた人物だ。

今の私の仕事仲間であるＮＥＡのパートナーや数多くの起業家たちにも感謝している。彼らが私に新しい自分になる手伝いをしてくれた。彼らの情熱が、私にも乗り移った。毎朝私は、彼らの信頼に応えるために頑張ろうと思いながら目を覚ます。

最後になったが、すべてを可能にしてくれたのは私の家族である。母と父が、私に成功するためのツールを与えてくれた。兄を手本にして、私は努力することを学んだ。妻と娘、そして最近では義理の息子が、ときには犠牲を払ってでも、私に満足のいく仕事をする余裕を与えてくれた。みんな、私が苦しむ姿を間近で見てきたが、私が絶望することは許さなかった。妻と家族が、私に前を向く理由を与えてくれた。

著者について

ジェフ・イメルトはゼネラル・エレクトリックの第9代会長であり、16年にわたりCEOを務めた。『バロンズ』により3度「世界最高のCEO」に選ばれている。イメルトがCEOだったころのGEは、『フォーチュン』からは「アメリカで最も称賛される企業」と評され、『バロンズ』と『フィナンシャル・タイムズ』からは「世界で最も尊敬される会社」に選ばれた。イメルトは15の名誉学位に加えて、ビジネスリーダーシップを称える数多くの賞を授与され、オバマ政権下では大統領直轄の雇用・競争力評議会の議長を務めた。アメリカ芸術科学アカデミーのメンバーであり、スタンフォード大学で講義も行っている。ダートマス大学において応用数学分野で学士号を、ハーバード大学ではMBAを取得した。妻と一人娘がいる。

ＧＥ《ジーイー》のリーダーシップ　ジェフ・イメルト回顧録《かいころく》

2022年9月30日　初版1刷発行

著者 ───── ジェフ・イメルト
訳者 ───── 長谷川圭《はせがわけい》
翻訳協力 ───── 株式会社リベル
ブックデザイン ───── 長坂勇司（nagasaka design）
編集協力・本文レイアウト ───── 福井信彦
発行者 ───── 三宅貴久
印刷所 ───── 堀内印刷
製本所 ───── ナショナル製本
発行所 ───── 株式会社光文社
〒112-8011　東京都文京区音羽1-16-6
電話 ───── 新書編集部 03-5395-8289
書籍販売部 03-5395-8116
業務部 03-5395-8125

落丁本・乱丁本は業務部へご連絡くだされば、お取り替えいたします。

ISBN978-4-334-96257-9 Printed in Japan